国家社科基金项目"文化强国背景下提升中国学术话语权的生成逻辑、评价体系与实现路径研究"（21BTQ103）成果

杭州电子科技大学学术专著项目出版资助

中国学术话语权评价体系的构建与实证研究

余波 著

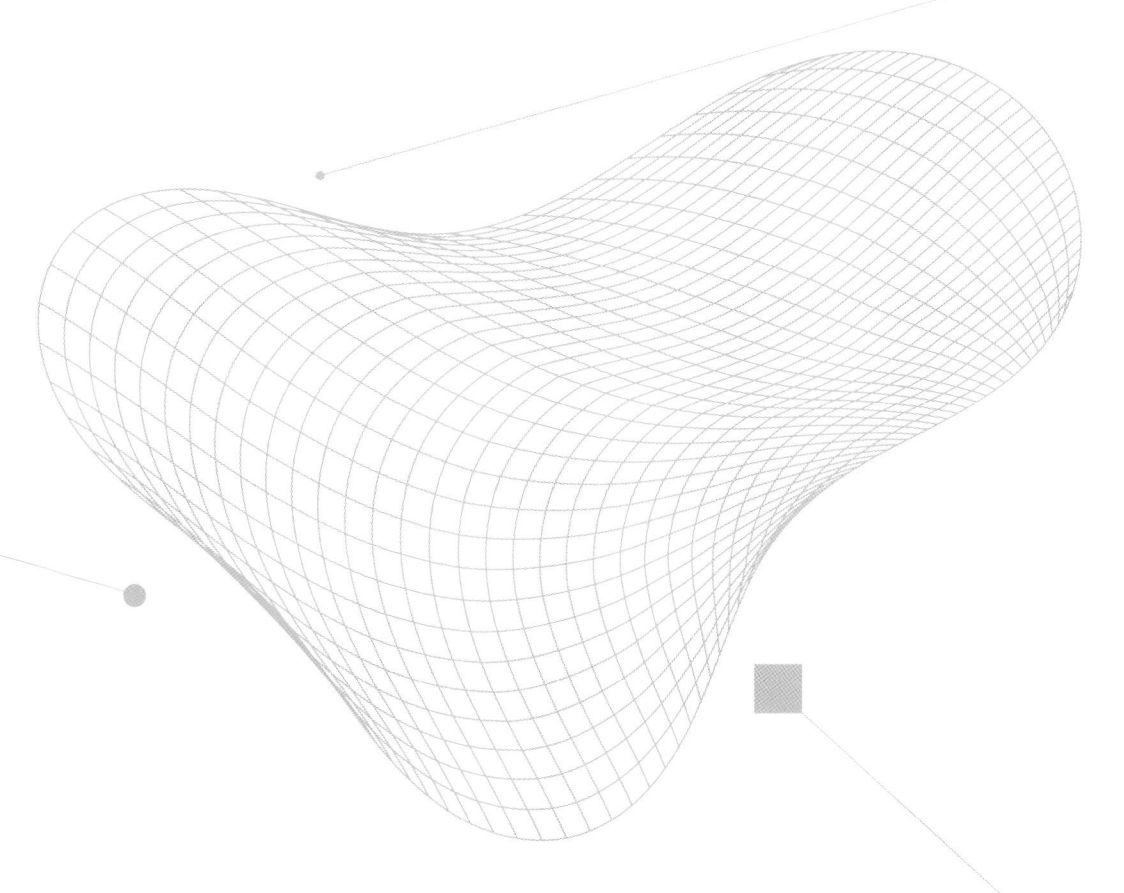

中国社会科学出版社

图书在版编目(CIP)数据

中国学术话语权评价体系的构建与实证研究 / 余波著. —北京：中国社会科学出版社，2022.6
ISBN 978-7-5227-0371-8

Ⅰ.①中… Ⅱ.①余… Ⅲ.①学术交流—研究—中国 Ⅳ.①G321.5

中国版本图书馆 CIP 数据核字（2022）第 106447 号

出 版 人	赵剑英	
责任编辑	田　文	
责任校对	张爱华	
责任印制	王　超	
出　　版	中国社会科学出版社	
社　　址	北京鼓楼西大街甲 158 号	
邮　　编	100720	
网　　址	http://www.csspw.cn	
发 行 部	010-84083685	
门 市 部	010-84029450	
经　　销	新华书店及其他书店	
印　　刷	北京君升印刷有限公司	
装　　订	廊坊市广阳区广增装订厂	
版　　次	2022 年 6 月第 1 版	
印　　次	2022 年 6 月第 1 次印刷	
开　　本	710×1000　1/16	
印　　张	18.25	
插　　页	2	
字　　数	281 千字	
定　　价	98.00 元	

凡购买中国社会科学出版社图书，如有质量问题请与本社营销中心联系调换
电话：010-84083683
版权所有　侵权必究

序　言

　　学术话语权是国家科技创新、发展及软实力的重要组成部分，也是一个国家在国际上学术话语权力的地位和影响的重要体现。学术话语权作为实现"文化强国"的重要组成部分，是衡量其综合国力和文化软实力强弱的重要尺度，受到世界各国的高度重视。欧美发达国家相继提出了"话语权力理论""文化领导权理论"，以及文化霸权等理论，这些理论一直主导着世界话语权的发展。2016年习近平总书记在全国哲学社会科学工作会议上明确提出："我国哲学社会科学领域的学科体系、学术体系、话语体系建设水平总体不高，学术原创能力还不强。"国家"十四五"规划特别强调"建成文化强国、增强国家文化软实力"的重要目标。当今中国学术话语权有了较大程度的提升，但在国际学术话语格局中仍处于弱势地位。我国在学术话语、学术议题、学术标准上的能力和水平同我国的综合国力和国际地位还很不相称，存在明显的落差。当前，学界急需根据中国实际建立一个全新的学术话语权评价体系，使中国学术话语权获得"新生"并得到快速的发展，以提升我国学术话语权在国际上的地位和影响力。因此，开展中国学术话语权评价研究，已成为建设文化强国战略亟须解决的重要课题，成为目前学术界和科研管理及决策部门关注的重要理论和现实问题。

　　目前其研究在学术话语权的基础理论、提升路径等方面已经取得了一些成果，有效推动了学术话语权从概念、内涵探讨到优化路径转变；有些成果还探讨了不同学科和领域的"学术话语"和"学术话语体系"的构建等问题。这些成果为文化强国背景下中国学术话语权的深度探讨提供了厚实基础，为厘清学术话语权的发展脉络、构建评价体系和优化实现路径的基础理论提供了有效思路。为了帮助和促进各学术领域的深入研究，亟须构建一套中国学术话语权的评价标准和评价体系，真正将学术话语权纳入信息计量与科学评价领域，将学术话语权和科学评价结合起来进行研究。因此，学界期待进一步探索学术话语权的理论基础，分析中国学术话语权的核心构成要素，建立中国学术话语权评价体系及应用模型，并进行实证研究以及探讨相应的提升路径和保障措施。这些正是该书的研究目标。从整体来看，该书的研究呈现出以下特点：

第一，理论研究新颖。目前国内对学术话语权理论的研究主要集中在对西方学术话语权理论的翻译和介绍，以及特定领域对学术话语权的研究，如语言学、新闻传播学、哲学、社会学及政治学等领域。而该书的研究将学术话语权纳入评价学领域，通过对学术话语权的评价研究，有助于从理论上认识学术话语权的本质，丰富与拓展学术话语权理论的研究视域和研究意义。

第二，提出了学术话语权评价新方法与新模型。作者利用大数据、云计算、深度学习等技术深度挖掘学术话语数据关联，通过模糊综合评价法对学术话语权的核心要素指标进行设置，再通过数据分析、数学建模形成评价模型、预测模型、匹配模型、推荐模型等。这有利于学术话语权评价方法与模型的构建。

第三，应用价值较大。（1）构建多渠道、全流程参与中国学术话语创新、提升传播效果的实现路径，为政府和学术管理部门制定、引导和评估学术话语创新提供决策支持；（2）分析影响提升中国学术话语权效果的关键因素，并运用大数据和社交媒体手段破解瓶颈问题，为全面探寻中国学术话语权实现路径提供可操作的决策思路和解决方案；（3）赢得国际学术话语权认可。通过研究新环境、新技术、新元素和新问题以及中国特色、中国元素和中国问题等背景，探讨和解决学术评价理论、方法和应用中的关键问题，构建学术话语权评价体系，有利于从源头上赢得国际学术话语权地位。

但是，作为一个较大的综合研究课题，正如作者在研究展望中提到的不足，有待继续努力耕耘、探索和完善。

余波博士在攻读博士学位期间对学术话语权有着浓厚的兴趣，从那时起到现在一直坚持这方面的研究。这次出版的《中国学术话语权评价体系的构建与实证研究》是在其博士学位论文的基础上，经过修改补充和完善而成的，并且获得了学校出版基金的资助。由此可见，该书具有较高的学术水平和出版价值，我作为余波博士的领导，对他近年来在学业和科学研究上取得的很大进步感到由衷的高兴！我希望他再接再厉，为学科的发展取得更大业绩，在新时代作出新的更大贡献！

邱均平

2021年12月6日于杭电

前　言

学术话语权是国家科技创新、发展及软实力的重要组成部分，是一个国家在国际上学术话语权力结构的地位和影响力的重要体现。当今中国学术话语权有了较大程度提升，但在国际学术话语格局中仍处于弱势地位。当前，急需建立一套全新的学术话语权评价体系，使中国学术话语权获得"新生"并得到快速的发展，以提升我国学术话语权在国际上的地位和影响力。基于此，开展中国学术话语权评价研究，已经成为目前学术界和科研管理及决策部门关注的重要理论和现实问题。

本研究遵循理论与实践相结合的原则，紧紧围绕"中国学术话语权评价"这一核心研究主题，通过"提出问题"、"分析问题"和"解决问题"的逻辑思路展开研究。从学术主体视角出发，对学术引领力、学术影响力和学术竞争力三个学术话语权构成要素进行相关指标的遴选，最后构建了中国学术话语权评价体系和模型，并对中国学术话语权进行了综合的实证研究，为探究中国学术话语权在国际上的地位和优势的提升提供了新的视角与途径。

本书对中国学术话语权评价进行了较全面、综合的研究，除了引言、总结与展望部分外，还主要包含以下几个部分的研究内容：

第一章：相关理论基础与方法。本章全面地梳理和分析了本研究的相关理论基础与方法，主要包括科学计量学理论与方法、评价学理论与方法以及学术评价理论与方法，为本书的研究奠定了理论和方法基础。

第二章：中国学术话语权评价的理论体系分析。首先，本章阐述了话语权的定义、类型和作用；其次，本章对中国学术话语权的概念、中国学术话语权评价的作用及中国学术话语权的核心因素进行了分析和梳理；再次，本章引入引领力、影响力和竞争力作为学术话语权的评价理论，并对其原理进行了论述。最后，本章在相关学术评价和话语权评价理论与方法的基础上，明确了中国学术话语权的评价理论、方法和标准。

第三章：中国学术话语权评价指标体系模型的构建。本章主要是对中国学术话语权评价指标体系模型的构建进行分析。首先，本章分析了中国学术话语权的内涵、类型和产生过程；其次，本章阐述了中国学术话语权评价的构成要素，明确了适用于中国学术话语权评价的相关指标；最后，本章从学术主体层面出发，构建了中国学术话语权评价指标体系模型。

第四章：中国学术话语权单维度评价实证分析。本章选取了国际生物学研究 10 年的高影响力论文为数据样本，对中国学术话语权评价进行研究。主要包括对学术主体层面的学术引领力、影响力和竞争力进行分析，分别对中国学者、机构和国家的学术引领力、影响力和竞争力进行了评价分析，通过选取点度中心度、中介中心度、接近中心度、网络聚类系数、论文被引频次、网络总连接度、文献耦合度、学科规范化引文影响力、作者发文数（机构发文数、国家发文数）、基金资助数、使用次数 u1、使用次数 u2、作者合作数（机构合作数、国家合作数）等 13 个指标，计算了不同学术主体的学术话语权评价得分和排名。着重分析了中国学术主体的得分和排名变化特征，并从国际背景下，深入分析了中国学术话语权的现状及发展变化情况。

第五章：中国学术话语权综合评价的实证分析。本章仍以国际生物学研究领域近 10 年的高影响力论文为数据样本，首先，在对前一章实证分析的基础上，通过综合、融合指标分析等方法对中国学术话语权进行了综合评价分析，通过构建中国学术话语权的 13 个指标体系进行综合评价分析。其次，通过建立中国学术话语权的评价指标体系，计算学术主体的学术论文引领力、影响力和竞争力得分，按综合得分值进行了排名，并分析了不同学术主体综合得分的排名情况。最后，根据中国学术话语权评价指标与综合得分排名的分析，对评价结果进行了验证。

第六章：中国学术话语权提升策略与保障机制。本章从学术主体层面，通过学术引领力、学术影响力和学术竞争力层面综合提升中国学术话语权的策略；并提出了中国学术话语权的提升路径与推进机制，在此基础上，提出了从技术—人—平台—政策体系提升中国学术话语权的保障机制。

本书在写作过程中参考了大量的国内外专家和学者的论著和资料，本书的出版得到了中国社会科学出版社有关领导的大力支持，在此一并表示真挚的谢意！

余波

2021 年 6 月 30 日于杭州

目　　录

引　言 …………………………………………………………（1）
  第一节　选题背景与研究意义 ………………………………（1）
    一　选题背景 ……………………………………………（1）
    二　研究意义 ……………………………………………（5）
  第二节　国内外研究现状 ……………………………………（7）
    一　国外研究现状 ………………………………………（7）
    二　国内研究现状 ………………………………………（16）
    三　研究现状述评 ………………………………………（22）
  第三节　研究目标、内容与方法 ……………………………（25）
    一　研究目标 ……………………………………………（25）
    二　研究思路与内容框架 ………………………………（26）
    三　研究方法 ……………………………………………（28）
  第四节　创新之处 ……………………………………………（30）
  第五节　本章小结 ……………………………………………（31）

第一章　相关理论基础与方法 ………………………………（32）
  第一节　科学计量学理论与方法 ……………………………（32）
    一　社会网络分析理论与方法 …………………………（32）
    二　引文分析理论与方法 ………………………………（33）
    三　文献信息统计分析法 ………………………………（35）
  第二节　评价学理论与方法 …………………………………（36）
    一　评价学理论 …………………………………………（36）

二　综合评价理论与方法 …………………………………… (37)
　　三　比较与分类理论 ………………………………………… (38)
　第三节　学术话语权评价理论与方法 ……………………………… (39)
　　一　科学评价理论与方法 …………………………………… (39)
　　二　学术评价理论及方法 …………………………………… (42)
　　三　学术话语权评价理论 …………………………………… (45)
　第四节　中国学术话语权的评价理论 ……………………………… (47)
　　一　引领力理论 ……………………………………………… (47)
　　二　影响力理论 ……………………………………………… (50)
　　三　竞争力理论 ……………………………………………… (52)
　　四　创新力理论 ……………………………………………… (54)
　　五　传播力理论 ……………………………………………… (54)
　第五节　本章小结 …………………………………………………… (55)

第二章　中国学术话语权评价的理论体系分析 ……………………… (56)
　第一节　话语权评价分析 …………………………………………… (56)
　　一　话语权的定义 …………………………………………… (56)
　　二　话语权的类型 …………………………………………… (59)
　　三　话语权评价的作用 ……………………………………… (65)
　第二节　中国学术话语权评价分析 ………………………………… (66)
　　一　中国学术话语权的概念 ………………………………… (66)
　　二　中国学术话语权评价的作用 …………………………… (68)
　　三　中国学术话语权评价的核心因素 ……………………… (73)
　第三节　中国学术话语权评价的标准 ……………………………… (76)
　　一　中国学术话语权评价的基本方法 ……………………… (76)
　　二　中国学术话语权评价的标准 …………………………… (78)
　　三　评价的组织实施要点和局限性 ………………………… (79)
　第四节　本章小结 …………………………………………………… (82)

第三章 中国学术话语权评价模型的构建 (83)
第一节 中国学术话语权分析 (83)
一 学术话语权的概念 (83)
二 学术话语权的内涵 (84)
三 学术话语权的类型 (86)
四 学术话语权的产生 (87)
第二节 中国学术话语权评价的构成要素 (89)
一 学术引领力 (89)
二 学术影响力 (97)
三 学术竞争力 (99)
第三节 中国学术话语权评价指标模型构建 (101)
一 中国学术话语权评价指标选取 (101)
二 中国学术话语权评价模型的构建 (107)
三 中国学术话语权数据来源与处理 (108)
第四节 本章小结 (109)

第四章 中国学术话语权单维度评价实证分析 (110)
第一节 基于引领力的中国学术话语权评价分析 (110)
一 学者引领力分析 (110)
二 机构引领力分析 (120)
三 国家引领力分析 (129)
第二节 基于影响力的中国学术话语权评价分析 (137)
一 学者影响力分析 (137)
二 机构影响力分析 (150)
三 国家影响力分析 (163)
第三节 基于竞争力的中国学术话语权评价分析 (177)
一 学者竞争力分析 (177)
二 机构竞争力分析 (187)
三 国家竞争力分析 (197)
第四节 本章小结 (205)

第五章　中国学术话语权综合评价实证分析 (207)
第一节　中国学术话语权评价指标与模型 (207)
一　中国学术话语权综合评价指标模型 (207)
二　中国学术话语权综合评价指标权重的设计与验证分析 (208)
三　中国学术话语权综合评价模型构建 (218)
第二节　中国学术话语权综合评价结果分析 (230)
一　中国学者学术话语权评价结果分析 (230)
二　中国机构学术话语权评价结果分析 (233)
三　中国学术话语权评价结果分析 (236)
四　中国学术话语权评价结果验证分析 (239)
第三节　本章小结 (241)

第六章　中国学术话语权提升策略与保障机制 (243)
第一节　中国学术话语权的提升策略 (243)
一　提升学术引领力 (244)
二　增进学术影响力 (245)
三　扩大学术竞争力 (245)
第二节　提升中国学术话语权的保障机制 (246)
一　中国学术话语权提升路径与推进机制研究 (247)
二　中国学术话语权的保障体系研究 (247)
第三节　本章小结 (248)

第七章　研究结论与展望 (249)
第一节　主要研究结论 (249)
第二节　研究不足与展望 (252)

附　录 (254)

参考文献 (258)

引　言

第一节　选题背景与研究意义

一　选题背景

（一）中国在国际上的话语权受到了阻挠，对中国话语权的构建提出了更高的要求

话语权作为国家对外影响力和竞争力的集中体现形式，其话语权的研究一直是科学界和国家管理部门关注的热点问题。党的十八大报告首次使用了话语权的概念，话语权象征着一个国家、一个民族和一个文明的发展状况，在现实生活中包含了政治、经济、文化、艺术、外交和日常生活等诸多方面，它们具有不同的文化意义和价值，也有着不同的话语权标准。简单而言，话语权就是指影响社会发展方向、民众判断和选择方向的能力。同时，话语权也代表了信息传播主体潜在的影响力，在当今社会话语权也是影响社会发展方向的一种能力。[①] 中国话语权是以国家利益为核心，发表国家、国际相关事务意见的权利；从而体现了知情权、表达权及参与权的综合运用。中国话语权正是中国价值及其话语对世界上其他国家的影响力，影响力越大话语权越大，没有影响力也就没有话语权。近些年，国际上各种事件频发，每一次事件的发生都带有不同的政治目的和不同的价值观，然而，对中国事件的报道均呈现不同的立场和观点。这说明，在国际舞台上，中国的国内事务以及学术话语权被西方所掌控，中国处于被动地位，急需采取相应的话语体系和对策

---

① 《话语权》（https：//baike.baidu.com/item/话语权/11020616？fr=aladdin）。

积极应对。

随着中国的经济和综合国力的提升,世界的目光开始逐步聚焦中国,中国在国际上的声音受到了不同程度的阻挠。特别是西方国家的恶意舆论、价值观渗透和我国国际话语权的被动局面导致了中国话语、学术话语的弱势地位。中国制度、中国道路、中国理论的实践在国际活动和重要外交场合要求讲述好中国故事、发出中国声音。① 在这种情况下,努力构建中国话语体系有利于中国话语权、中国学术话语权的全面提升,有利于提升中国政治、经济、学术等认同感,更有利于构建中国特色话语体系和中国特色学术话语体系。

中国作为全世界的一部分,在国际上承担着各种经济、政治风险和责任,对世界经济的发展作出了极大的贡献,但却不能在国际上拥有同等的话语权,甚至被西方国家或媒体削弱了自己在国际上的话语权。而且,在当前国际背景下,中国在较短时间内还暂时无法颠覆西方国家话语权主导的模式,这些西方国家也不会主动让出自己的话语权力。因此,中国急需争取自己在国际上的对等话语权,能客观地享有传播自己国家话语的权力。可通过平等对话的方式与西方国家进行谈判,达成一定程度的妥协,成为推翻西方霸权话语规则的突破口,从而推进国际话语权公正合理化构建和发展。

(二)在现代化、全球化背景下,国际上对中国话语权的剥夺与中国话语权的传播存在悖论

话语权在汉语中指说话权,也就是控制舆论的权力。通过说话等发言形式对某个领域的问题达成共识,形成共同、平等、公正的契约和权力,有利于各方互利互惠。但现实国际环境中,这种公正、平等的话语权实际上并不存在。世界各国发展水平参差不齐,存在国际实力差距大的问题。因此,实力强的国家主导了国际话语权,也就限制了其他国家话语权的传播和构建。目前,中国面临着复杂多变和国际国内形势敏感问题等,一些有国际影响力的国家主导并引领国际话语权,并成为重要

---

① 殷文贵、王岩:《新中国 70 年中国国际话语权的演进逻辑和未来展望》,《社会主义研究》2019 年第 6 期。

国际议题、全球问题权威话语引领者和主导者。而中国在相当长时间内对中国改革开放造就的"中国模式"出现了集体失语，导致了世界对中国的歪曲和误解。如今中国全面改革进入攻坚阶段，对中国话语权提出了更高的要求，中国话语权的问题日益凸显。中国要在国际话语权争夺战中抢占一席之地，必须打造有国际战略视野以及具有国际影响力的中国话语权。

学术话语权是一个非常重要的问题。面对复杂多变的国际国内形势，我国国际学术话语权的被动地位导致了中国话语权的弱势地位。2016年5月，习近平总书记在哲学社会科学工作座谈会上对中国哲学社会科学话语体系的相关问题进行了深刻的论述，并强调要建立中国哲学社会科学话语体系。学术话语权不仅仅在学术层面，而且要从更大的格局中把握学术话语权。学术是一个民族、一个国家的立国之本。学术话语权是国家话语权的重要组成部分，代表了国家软实力和国家综合实力的重要标志。[①] 学术话语权是国家实力的组成部分，它也体现了国家实力的发展。学术话语权在一定程度上代表了一个国家的发展实力和水平，我国高度重视学术话语权的发展与建设。在这种背景下，如何提升中国学术话语权已成为学术界必须面对的一个重大课题。随着时代的发展，学术话语权则溢出了学术之外的政治和国家的象征的更多功能，不同学科也从学科以及专业主体性的建设转向了对学科话语权的高度重视。在全球化的背景下，也使学术话语权的建构超出了本土"学术场域"的重要性和紧迫性。

（三）近年来，国家越来越重视文化软实力、学科话语权和话语体系构建等相关主题研究，更加强调和重视中国在国际上的学术话语权

在全球化背景下，学术话语权体现着一个国家的综合国力。2011年10月，党的十七届中央委员会通过的《中共中央关于深化文化体制改革、推动社会主义文化大发展大繁荣若干重大问题的决定》中，特别强调要增强国际话语权的方式和目标。时任中共中央政治局委员、国务委员的刘延东对该《决定》进行了深入的解读和分析，并发表了《推进文

[①] 唐扬、张多：《权力、价值与制度：中国国际话语权的三维建构》，《社会主义研究》2019年第6期。

化改革发展，增强我国国际话语权》的文章，强调了中国的文化软实力建设与国际话语权之间的关联。2012年6月2日，李长春阐述了用中国话语体系解读中国实践、中国道路，强调要打造中国特色、中国风格、中国气派的哲学社会科学学术话语体系；强调了进一步开展对外交流，及全面扩大中国在国际学术领域中的话语权和影响力。另外，国家也首次强调了我国国际学术话语权的相关问题，将我国国际话语权问题提升到构建话语体系的高度。党的十八大报告进一步强调了增强国际话语权的关键路径。2013年12月30日，习近平总书记在中共中央政治局第十二次集体学习时，强调要提高国家文化软实力、国际话语权和加强国际传播能力建设，以及构建对外话语体系、发挥新兴媒体作用，进一步提升对外话语的创造力、感召力、公信力，在国际上讲好中国故事，传播好中国声音，阐释好中国特色。

中国的发展与世界息息相关，争夺国际话语权涉及中国的外部发展环境。文化软实力建设需要拓宽国际话语视野，全面探索国际话语权构建的路径和思路。中国对学术话语权的重视已提到了一个全新的高度，早在21世纪初就提出了繁荣哲学社会科学、文化走出去、文化软实力等问题。十八大以来习近平总书记多次提到了话语权问题，他指出："哲学社会科学是人们认识世界、改造世界的重要工具，其发展水平体现了一个国家的综合国力和国际竞争力。"社会科学话语权是国际话语权的重要基础，当今主流的国际话语大多是社会科学领域学者提出来的，都具有较深厚的学术理论支撑。① 党的十九大后，习近平总书记以中国制度、中国道路和中国理论实践为基础，利用国际活动和重要外事场合的机会讲述了中国故事，发出了中国声音。全球化的大格局号召中国话语权，国际政治局势也呼吁中国话语权。新时代呼唤中国经济学学术话语体系。恩格斯指出："一个民族要想站在科学的最高峰，时刻都离不开理论思维。"学术产出能力、学术研究水平是掌握学术话语权的两个重要因素。因此，一个国家学术产出的能力与学术研究的水平与技术、经济、社会的发展水平息息相关。

---

① 陶文昭：《论中国学术话语权提升的基本因素》，《中共中央党校学报》2016年第5期。

学术话语权是一个综合性工程，当下各国十分重视学术话语权的理论构建和实践应用的效果。习近平总书记在十九大报告中指出："文化自信是一个国家、一个民族发展中更基本、更深沉、更持久的力量。"学术自信是以文化自信为基础，学术自信将体现在学术话语权上。然而，学术话语权较弱是我国学术发展中存在的问题。学术话语权需要通过媒介、学术成果交流和传播等重要平台，引领学术发展和提升中国学术话语权，更需要国家和学术界进一步提升文化软实力和文化自信。因此，就中国学术话语权而言，不仅要在全球共同关注的问题上发出中国声音，更应该在国际舞台上讲好中国故事。在当前日益复杂的国际国内形势下，如何构建中国学术话语权的评价科学理论、方法及应用体系的研究已成为当今重要而紧迫的命题。

二 研究意义

构建具有中国学术话语权的科学评价理论、方法及应用体系的相关研究缺乏整体、系统的研究成果。本书的理论意义与现实意义主要体现在以下三个方面：

（一）有助于提升中国学术话语权研究的国际化发展水平，促进中国学术话语权的发展

在当前复杂学术话语权时代背景下，对中国学术话语权评价理论、方法与应用进行创新性探索，构建中国学术话语权的评价体系框架，是评价科学理论上的创新。以往对有关学术话语权的研究相对较少，多是从语言学、社会学、政治学等视角研究国家话语权的提升等相关问题。基于此，本研究从学术话语权的评价来诠释中国话语权，进一步丰富了中国学术话语权的研究视域。因此，中国学术话语权研究的国际化发展水平，有助于促进中国学术话语的发展。中国学术话语权是国家文化软实力的重要组成部分，文化软实力依靠文化的魅力；同时，文化承载的思想、价值、理念又有利于形成独特的见解，其"中国声音"和"中国见解"具有广泛的吸引力和影响力。构建中国学术话语权的科学评价理论、方法与应用体系研究源于文化之根，并得到大众和海内外学界以及社会公众的广泛接受和认可。因此，构建中国学术话语权对提升中国学

术话语权的国际化水平和促进学术话语权的发展具有重要的意义。

(二)有利于丰富学术话语评价理论和方法,推进中国学术话语评价机制创新,从而提升中国学术话语权的国际影响

中国学术话语权的理论和方法研究有利于拓展中国学术话语权理论研究的视野,丰富学术话语权研究的维度,并有助于提出一种面向国际学术界的学术话语权评价体系和标准,实现对传统学术话语体系的重构;更有助于学术话语权评价理论的完善与拓新。本书对中国学术话语权的评价理论、方法及应用体系进行深入研究,在研究视角、研究成果、研究应用等方面对不同学科的学术话语研究具有重要的理论参考价值。本书的研究思路与范式可为相关话语权的研究提供参考。同时,对拓展中国学术评价理论、方法和应用体系视野、促进各学科的交叉融合、丰富学科内涵、推动学科发展等具有同样的重要意义。推进中国学术话语权的评价科学理论、方法与应用体系研究也是构建中国特色哲学社会科学的重要任务,对于促进中国学术话语权的评价科学理论、方法与应用体系研究的发展,增强国家核心竞争力和软实力都具有非常重要的意义。中国学术话语权的评价科学理论、方法与应用体系研究有助于中国学术制度、中国学术理论、文化强国战略以及科技强国战略的贯彻与实施。因此,本书有利于增强学术制度创新、国家核心竞争力、文化软实力,从而提升中国学术话语权的国家影响力。

(三)有利于提高中国学术话语权评价的作用,推动中国学术话语权评价体系的建立

中国学术话语权评价的理论、方法与应用体系研究事关中国学术制度、中国学术理论乃至科技和文化强国战略的良性发展,也关乎广大科研人员的职称评定、科研资助和奖励的获取等切身利益。国家学术制度、人才引进、绩效评估、学术资源分配和学术政策制定等都离不开客观、全面的学术评价理论、方法与应用体系的作用。本书从国际国内学术话语权研究的视角出发,对中国学术话语权评价理论、方法与应用体系进行系统的研究,有助于激发科研人员的创新潜力、合理分配学术资源及科研政策的制定。从而从更加开放的角度和视野来探讨中国学术话语权。本书以学术主体、学术期刊和学术数据库表征学术话语权的构成因素为

基础数据，探讨学术话语权要素在表征、量化、评估学术话语权中所起的客观作用，并建立基于学科数据的中国学术话语权综合评价体系或标准，并对中国学术话语权评价进行实证分析，对于丰富中国学术话语权评价体系和标准具有重要的现实意义。因此，本书对于国家、教育管理部门和科研管理部门政策的制定和科研人员的管理具有重要意义。

第二节 国内外研究现状

学术话语权的研究是一个极为重要的研究课题，是国家话语权的重要组成部分。如何构建中国学术话语权来客观、公正地体现中国的学术在国际上的地位，已成为学界研究的重点，并吸引了国家、学界以及社会公众的广泛关注。目前，国内外学者们已在学术话语权研究方面取得了一定的研究成果。为了更全面地了解国内外学术话语权研究的现状和发展趋势，针对本书的选题，本研究分别在 Web of Science 核心合集、中国知网等国内外重要电子资源数据库以及百度学术等搜索平台进行了文献调研，并运用文献计量方法对相关重要研究文献的演进和主题进行了梳理、分析、归纳和总结，以掌握国内外学术话语权研究的发展状况。

一 国外研究现状

在 Web of Science 核心合集数据库中，通过高级检索表达式：TI = (Academic Discourse OR Academic Competition OR Academic Influence) 进行检索，时间跨度和语种不限，共检索出相关文献 2141 篇，检索时间为 2020 年 12 月 31 日。

学术文献的年度数量及其变化在一定程度上反映了某一学科或领域发展过程中的规模大小、繁荣程度、研究水平和研究速度。[①] 为了清晰地掌握国外学术话语权研究的学术文献量及变化趋势，本研究对学术话语权的相关文献的发表时间和累积量进行了统计，并绘制了年度文献量

---

① 汤建民、邱均平：《评价科学在中国的发展概观和推进策略》，《科学学研究》2017 年第 12 期。

和累积量分布情况,如图 0-1 所示。

从 Web of Science 的文献数量分布来看,在 20 世纪末和 21 世纪初,相关研究的学术文献量相对较少,年度发文量多数仅有 1 篇,到 21 世纪前后,才达到 20 篇左右。最早研究的是 Lauer, AR(1930)在 *Journal of Abnormal and Social Psychology* 发表的"Note on the Influence of a So-called emotional Factor on Academic Success"一文。进入 21 世纪以后,相关文献数量增长较快,由拟合趋势曲线和指数函数发现,拟合曲线和指数函数分别为($y=3.7283e^{0.1599x}$,$R^2=0.896$),由此可见,拟合曲线和函数相符,且曲线的拟合程度较高,年度发文数量呈现指数增长模式。

文献数量的发展趋势可以通过统计文献的累积量来体现,通过绘制模拟趋势线对相关研究文献的发展趋势进行预测。从文献的累积量来看,相关文献的拟合曲线和指数函数分别为($y=10.493e^{0.2058x}$,$R^2=0.9624$),较好地说明了文献呈指数增长,且拟合程度较显著。同时可以预测未来该领域研究文献的发展趋势较好。

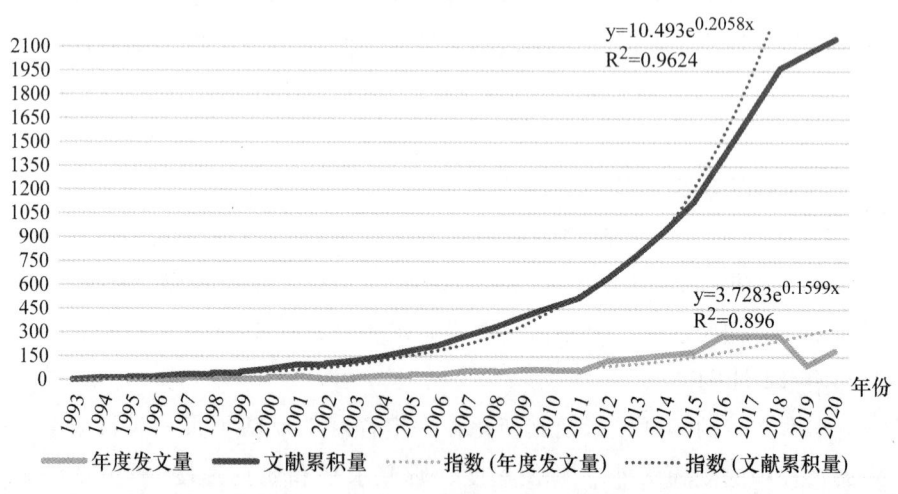

图 0-1 Web of Science 中学术话语权文献数量分布情况

学术话语代表了某一学科领域学术研究的地位、竞争力和影响力,对国内外学术研究产生重要影响和作用,学术话语、学术话语体系、学术话语评价成为国内外研究的焦点。通过以上分析,结合对本研究的相

关文献进行阅读、分析和总结,本研究认为国外学术话语权研究主要是从以下几个视角展开的:

(一)学术话语与语言学的相关理论研究

学术话语与语言学的研究密切相关。

第一,话语、语言等相关术语在学术话语中的作用研究。目前,大量的研究表明,书面文本体现了作者和读者之间的互动,语言和文本对学术话语产生着重要的作用。学术话语与语言之间存在着一定的关系,这种关系通过中间人的交互体现出来。① Spack, R. 为了帮助学生在大学学习中取得成功,通过启动 ESL 学生进入学术话语社区,探讨了许多不同写作教学方法的发展过程。② Duszak, A. 借鉴了话语组织与处理、体裁分析和传播民族志等来源,利用语言研究英语和波兰语数据,得出了学术话语中的跨文化差异。③ Hyland, K. 介绍了作者表达自己立场与读者参与联系的语言和文本,提出了作者立场和参与在学术话语中互动模式的作用。④ 自 20 世纪 90 年代末以来,韩流已成为一种全球文化现象,而且还成为国际学术界的一个重要学科。Hong, S. K. 通过 Web of Science 上收集的韩流学术论文,从每篇文章中提取了作者、期刊和关键词等数据,探讨了国际研究中韩流学术话语之间的异同。⑤ Hyland, K. 分析了学术话语中不连续词汇的束缚以及词汇和位置变异,发现这些词汇模式在学术语言使用中普遍存在,阐述了各类新手和专家使用这些词汇的现象。⑥ 这些研究均表明了学术话语与语言学存在的关系表现在语言

---

① Kutz E., "Between Students Language and Academic Discourse: Interlanguage as Middle Ground", *College English*, 1986, 48 (4), pp. 385 – 396.

② Spack R., "Initiating ESL Students into the Academic Discourse Community: How Far Should We Go?", *Tesol Quarterly*, 1988, 22 (1), pp. 29 – 51.

③ Duszak, A., "Academic Discourse and Intellectual Styles", *Journal of Pragmatics*, 1994, 21 (3), pp. 291 – 313.

④ Hyland, K., "Stance and Engagement: a Model of Interaction in Academic Discourse", *Discourse Studies*, 2005, 7 (2), pp. 173 – 192.

⑤ Hong, S. K., "Geography of Hallyu Studies: Analysis of Academic Discourse on Hallyu in International Research", *Korea Journal*, 2019, 59 (2), pp. 111 – 143.

⑥ Hyland, K., "Bundles in Academic Discourse", *Annual Review of Applied linguistics*, 2012, 32, pp. 150 – 169.

交流和传播的不同层面上。

第二，英语与学术话语权的相关研究。全球语境中的英语对学术话语的影响也较大。英语与不同语言的学术话语既有趋同也有差异。Xiao Y. 对英语学术口语中词的频率和功能进行了调研，发现学生和讲师使用某个词之间存在一些差异，表明了用"英语"教学的学术目的。① Kayumova, A. R. 基于语料库的语言学框架的研究检验了两个语料库的共同特征和独特现象，提出了英文期刊上俄罗斯学者的文本通常与英国和美国学者撰写的高质量研究论文中的主要词汇和句法特征相匹配，阐述了文化和母语影响学术话语。② Itakura H. 等认为从语言学领域分析了英语和日语的相似之处和显著差异，探讨了解释两种语言的经验数据中种族文化差异的重要性。③

第三，学术话语的概念演变及相关研究。有学者探讨了工业话语和学术话语中的概念模式、数据驱动的学术话语等。Tsui, Christine 探讨了中国学术话语中"设计"概念的演变，以及语境因素对概念发展的影响，认为设计学科的学术话语概念正朝着更全面、创新驱动和国际化的方向发展。④ 学术话语和健康、体育教育之间的关系长期以来一直是争论的主题，Tinning, Richard 讨论了学术话语的概念，并通过会议案例探讨了学术话语惯例的误解混淆了对健康与体育之间的关系。⑤ 数字学术话语也是近年来关注的热点话题。数据、信息、情报、知识（智能）是情报学领域研究的问题，随着网络技术的发展，数据驱动的学术话语概

---

① Xiao Y., "Academic Discourse: English in a Global Context", *Journal of English for Academic Purposes*, 2011, 10 (3), pp. 198 – 199.

② Kayumova, A. R., "English-Russian Academic Discourses: Points Of Convergence And Divergence", *Modern Journal of Language Teaching Methods*, 2017, 7 (9), pp. 324 – 332.

③ Itakura H., Tsui A. B. M., "Evaluation in Academic Discourse: Managing Criticism in Japanese and English Book Reviews", *Journal of Pragmatics*, 2011, 43 (5), pp. 1366 – 1379.

④ Tsui, Christine, "The Evolution of the Concept of 'Design' in PRC Chinese Academic Discourse: A Case of Fashion Design", *Journal of Design History*, 2016, 29 (4), pp. 405 – 426.

⑤ Tinning, Richard, "'I Don't Read Fiction': Academic Discourse and the Relationship Between Health and Physical Education", *Sport, Education and Society*, 2015, 20 (6), pp. 710 – 721.

念引起了学界的关注。① 从某种程度而言，数据驱动促进了学术话语权概念的发展和变化。另外，关注研究人员使用数字媒体博客、推文和其他数字平台，以及这些新的学术交流模式如何影响学术界的学术话语。Maria K. 首先概述数字学术话语的概念，然后讨论了在数字媒体背景下数字学术话语、相关写作实践与网络的联系，最后针对数字学术话语研究中的方法论问题预测了语境和社会语言学研究的当下趋势。②

（二）跨文化、跨语言、跨学科学术话语研究

跨文化学术话语权是不同文化研究的热点问题。目前，在跨学科、跨文化学术话语研究中，学者们重在关注学术话语模式在跨文化和跨学科中的体现和差异方面的研究。

第一，跨文化跨语言学术话语权研究。早在20世纪80年代，学术话语的模式通过跨文化得到了相应的体现。Clyne M. 探讨了学术话语模式的跨文化反应。③ 关于中欧跨文化学术对话中平等话语的异同，Sotelo, X. 分析了中欧学者性别之间的共性点，认为跨文化的误解不是由我们之间的本质差异引发的，而是由于特殊性和具体背景的原因。④ 跨文化对话与学术话语的关系十分紧密，Cmejrkova 等通过跨学术视角的作家、读者及学术文本中的互动来研究文化与学术话语之间的问题，讨论了跨语言和文化的交流为这种关系提供了事实依据。⑤ Lengyel, D. 讨论了"学术语言"对教育研究和实践的影响，认为学术话语的跨语言与跨文化视角中语言经验、知识、能力和兴趣的异质性等影响学术语言和话语发

---

① MacDonald, S. P., "Data-Driven and Conceptually Driven Academic Discourse", *Written Communication*, 1989, 6 (4), pp. 411–435.

② Maria K., Mauranen Anna, "Digital Academic Discourse: Texts and Contexts", *Discourse Context & Media*, 2018, 24, pp. 1–7.

③ Clyne, M., "Cross-Cultural Responses to Academic Discourse Patterns", *Folia Linguistica*, 1988, 22 (3), pp. 457–475.

④ Sotelo, X., "Differences and Similarities in the Discourse of Equality in Cross Cultural Academic Dialogues Europe-China", *CLCWeb-Comparative Literature and Culture*, 2018, 20 (2): SI.

⑤ Cmejrkova, S., "Intercultural Dialogue and Academic Discourse", *Dialogue and Culture*, 2007, 1, pp. 73–94.

中国学术话语权评价体系的构建与实证研究

展。① Bogdanova，L. I. 讨论了学术话语中的跨文化差异，阐述了研究生对学术领域跨文化交际的理论和实践的形成。② 另外，跨学科的学术话语反映了人们对口语和书面学术语言跨学科变异的兴趣，有助于研究学术话语。Hyland K. 等利用各种专业口语和书面语料库来说明变异的概念，并探讨了学科的概念以及研究这些语料库的不同方法。③ 学术话语中的学科和流派也可通过词性来体现，学术话语的特点因学科和流派不同体现较为多样化。Benelhadj，F. 认为研究生论文和博士生论文可从不同的学科中找到跨学科的类型，通过医学和社会学博士论文和研究论文发现了研究生论文的跨学科差异。④ Bennett K. 分析了单词的语料库中不同类型和学科的学术文本的特定话语特征，得出了学术话语与理性经验范式的差异。⑤

第二，医学学科话语权研究。学术话语对医学学科认同的影响，家庭医学学术话语对本科医学生职业认同建设具有一定影响。教育工作者在开展和改革医学教育时，必须考虑本科医学培训期间职业认同形成的过程。Charo Rodríguez 利用国际医学院的案例研究设计，对记录本进行了话语主题和内部跨案例分析，强调了学术话语对家庭医学实践能力的影响。⑥ 随着网络技术的发展，书面学术话语与医学话语社区之间存在重要的关联。为了突出医学语篇社区的特征，以更好地理解其在当代书面学术话语中的作用。Marta，M. M. 从文献中可用的语篇社区概念出发，强调了坚持国际医学话语界共同的目标、惯例的重要性，使医疗保健专

---

① Lengyel, D., "Academic Discourse and Joint Construction in Multilingual Classrooms", *Zeitschrift Für Erziehungswissenschaft*, 2010, 13 (4), pp. 593 – 608.

② Bogdanova, L. I., "Academic Discourse: Theory and Practice", *Cuadernos de Rusistica Espanola*, 2018, 14, pp. 81 – 92.

③ Hyland K., Bondi M., "Academic Discourse Across Disciplines", *English for Specific Purposes*, 2010, 29 (4), pp. 296 – 298.

④ Benelhadj, F., "Discipline and Genre in Academic Discourse: Prepositional Phrases as a Focus", *Journal of Pragmatics*, 2019, 139, pp. 190 – 199.

⑤ Bennett K., "Academic Discourse in Portugal: A Whole Different Ballgame?", *Journal of English for Academic Purposes*, 2010, 9 (1), pp. 21 – 32.

⑥ Charo Rodríguez, Sofía López-Roig, Pawlikowska T., et al., "The Influence of Academic Discourses on Medical Students' Identification With the Discipline of Family Medicine", *Academic Medicine*, 2014, 90 (5), pp. 660 – 670.

业人员能够创造有价值的书面学术话语来获得个人与机构的认可和声望。① 学术话语中的文化差异也来自医学研究论文的方法。Williams, Ian A. 基于修辞移动类别和语言概况的定性分析,通过特征文本比较,发现西班牙语的频率明显较高,且来自医学研究论文中修辞动词的分布也有显著差异。②

(三) 学术话语在政治话语权、身份认定及社会化中的作用

第一,学术话语在政治话语中的作用。19 世纪和 20 世纪德国的学者研究了社会科学和学术话语的政治作用。③ 评估工具、学术话语和政治改革等三个方面紧密相连,Gil L. V. 阐述了评估学生的能力是国家和地区教育政策合理化和合法化的工具,强调了各地区政府应将其话语重点放在教育的优点上。④ Semenenko, I. S. 等认为分析民族间关系的话语有助于了解当代政治机构的共同体,强调话语与国家建设有关问题的复杂性,提出了评估国家建设和民族、公民身份、文化多样性等因素有助于建立国家公民的政治地位。⑤ 关于学术话语中的种族政治问题,Ulysse B. 等运用种族在学术话语中所建立的辩证法,阐述了反本质化的理解来推动学术话语中种族政治话语。⑥ 国家、民族主义、国家身份是学术话语研究的新维度,Jovilė Barevičiūtė 研究了学术话语中认识论与政治哲学

---

① Marta, M. M., "Written Academic Discourse and the Medical Discourse Community", *Discourse As a form of Multiculturalism in Literature and Communication-Language and Discourse*, 2015, pp. 295 – 303.

② Williams, Ian A., "Cultural Differences in Academic Discourse: Evidence fom First-person Verb Use in the Methods Sections of Medical Research Articles", *International Journal of Corpus Linguistics*, 2010, 15 (2), pp. 214 – 239.

③ Kraus, H. C., "Politics of the Scholars, Social Sciences and Academic Discourse in Germany in the 19th and 20th Century", *Historische Zeitschrift*, 2008, 297 (3), pp. 769 – 770.

④ Gil L. V., "Juan Carlos Hernández Beltrán, Eva García Redondo. PISA as a Political Tool in Spain: Assessment Instrument, Academic Discourse and Political Reform", *European Education*, 2016, 48 (2), pp. 89 – 103.

⑤ Semenenko, I. S., "Nations, Nationalism, National Identity: New Dimensions in Academic Discourse", *Mirovaya Ekonomikai Mezhdunarodnye Otnosheniya*, 2015, 59 (11), pp. 91 – 102.

⑥ Ulysse B., Berry T. R., Jupp J. C., "On the Elephant in the Room: Toward a Generative Politics of Place on Race in Academic Discourse", *International Journal of Qualitative Studies in Education*, 2016, 29 (8), pp. 989 – 1001.

问题。①

第二,学术话语的社会化。随着各学科的快速发展,学术话语中的社会化对学科的发展产生了重要的影响。国外大量研究从不同的理论视角对英语学术话语进行了探讨,学术话语社会化是一个动态的,社会定位的过程,在当代语境中通常是多模式、多语言和高度互动的方式,学术话语社会化的结果难以预测。Duff P. A. 简要介绍了语言社会化进入学术界的研究,回顾了社会化进入学术出版物和特定文本身份的研究,最后讨论了种族、文化、性别和学术话语社会化以及社会定位对参与者的影响。② 中国研究生口语表达的个案研究也反映了学术话语的社会化。Wang S. 通过代表最多的学习英语作为外语的国际学生,得出了英语成为新学术界的教学媒介,书面教学和口语任务的表现决定着他们的学业成就。③ Wang, S. 以语言社会化理论为框架,通过系统的功能语言学方法研究 ESL 中国研究生在话语社交过程中纵向发展情况,发现参与者在学术界的话语社会化对文本资源的使用有所改善。④ Anderson,T. 通过采访参与者生成的书面叙述和书面反馈的方式考察了加拿大七名中国博士生的内外部学术话语社会化,揭示了多个复杂因素促进了学生在博士研究阶段融入当地实践以及话语社区的社会化。⑤

第三,学术话语的身份认同与定位。学术话语中的个性与社区从某种程度上体现了学科认同的层面。⑥ Flowerdew J. 等通过期刊文章和应用语言学专著探讨了受众参与的学术认同、学科认同以及学术认同建构中

---

① Jovilė Barevičiūtė,"Problems of Epistemology and Political Philosophy in the Academic Discourse",*Problemos*,2007,71,pp. 171 – 175.

② Duff P. A.,"Language Socialization into Academic Discourse Communities",*Annual Review of Applied Linguistics*,2010,30,pp. 169 – 192.

③ Wang S. "Academic Discourse Socialization:A Case Study on Chinese Graduate Students' Oral Presentations",*Dissertations & Theses-Gradworks*,2009.

④ Wang, S.,"Oral Academic Discourse Socialization of an ESL Chinese Student:Cohesive Device Use",*Interantional Journal of English Linguistics*,2016,6(1),pp. 65 – 72.

⑤ Anderson,T.,"The Doctoral Gaze:Foreign Phd Students' Internal And External Academic Discourse Socialization",*Linguistics and Education*,2017,37,pp. 1 – 10.

⑥ Swales, J.,"Disciplinary Identities:Individuality and Community in Academic Discourse",*Journal of Second Language Writing*,2013,22(1),pp. 1 – 3.

的权力等问题，提出了建构以教学为导向的学术身份和学术认同研究中方法论的多样性和创新。[1] 学术话语中的社会认同与定位体现了一种自我认同感。Lehman, I. M. 通过关注作家身份的动态性，阐述定位理论和社会认同理论对学术文献中作者的作用；得出了作者身份是一个动态的概念，而不能完全由社会文化或制度因素决定，但可以进行谈判和改变。[2] 学术交流在很多方面仍然是一个高度个人化的事，积极参与一个学科社区，需要多维度的话语以及专业、制度、社会和个人身份。Mungra, P. 探讨了学术言论和写作中共同学科规范与个体特征之间的关系，分析了个人、集体价值观以及学术话语中集体与个人话语的特征。[3] Brusenskaya, L. A. 论述了社会科学领域的学术话语现状及多方面沟通现象，采用社会和语言现象的相关方法分析了学生话语的特征；提出了学术话语得到改善的可能性取决于言语和语言（社会文化）因素。[4]

（四）学术话语评价与计量研究

学术话语评价在学术研究中具有重要的作用。在学术话语计量研究方面，Borch, Anita 分析了一定时期科学期刊中关于欧洲粮食安全问题的学术话语文献，认为粮食不安全风险以及法律、经济、实际的群体、社会和心理上的限制阻碍了食物的获取。[5] 信息价值以及沟通对学术话语体裁的模仿具有一定的影响。学术话语取决于社会、文化和时间背景，论文和学位论文摘要作为主要和正式的学术话语类型展示了模仿的特征。论文摘要的分析可反映出学术话语的一些问题，Fiorentino, G. 分析了意大利学术话语中的问题，指出论文摘要是一种高度形式化的文本，建议

---

[1] Flowerdew J., Wang, Simon Ho, "Identity in Academic Discourse", *Annual Review of Applied Linguistics*, 2015, 35 (35), pp. 81 – 99.

[2] Lehman, I. M., "Social Identification and Positioning in Academic Discourse: An English-Polish Comparative Study", *Academic Journal of Modern Philology*, 2015, 4, pp. 65 – 71.

[3] Mungra, P., "Commonality And Individuality In Academic Discourse", *Peter Lang*, 2010, 19, pp. 173 – 176.

[4] Brusenskaya, L. A., "Imitation, Informational Value and Phatic Communication in the Genres of Academic Discourse", *Vestnik Rossiiskogo Universiteta Druzhby Narodov-Seriya Lingvistika-Russian Linguistics*, 2019, 23 (1), pp. 131 – 148.

[5] Borch, Anita, "Food Security and Food Insecurity in Europe: An Analysis of the Academic Discourse (1975 – 2013)", *Appetite*, 2016, 103, pp. 137 – 147.

中国学术话语权评价体系的构建与实证研究

在更广泛的学术话语研究背景下分析语言和文本。① Boudon, E. 介绍了识别开放获取学科知识并描述其特征的类型,认为学术话语的功能是特定学术社区成员话语过程的基本任务。② 同行评审论文的系统评价是学术话语评价的内容之一,利用共同决策的基本原理评价学术话语的系统。James K. 等介绍了 SDM 在心理健康方面的基本原理,通过专题分析对精神卫生服务和参与联系进行评价。③

中国智库的计量与评价对学术话语权发挥着重要的作用。中国大学智库研究在学术话语权方面具有不可替代的价值,大学智库对学术话语权的产生具有一定的影响。中国比较西方大学智库在学术话语权方面处于弱势地位。2016 年,在第三届国际教育改革与现代管理会议上,Li, Y. J. 分析了中国大学智库学术话语权力建设中存在忽视成果应用、缺乏团队协作、研究质量、沟通渠道差、缺乏宣传等问题,针对这些问题提出了提升研究成果的水平、注重转型和应用、改革人事管理制度、建立交流宣传平台等解决方案。④ Limberg, H. 利用层次分析法分析了谈话的时间阶段,得出了不同时间阶段谈话对学术话语和意义的影响。⑤

二 国内研究现状

在中国知网(CNKI)期刊数据库中,通过检索表达式:主题 = "学术 + 话语权"或"学术 + 话语"或"学术 + 话语体系"或"学术话语权"以及关键词 = "学术话语权"或"学术共同体"进行检索,时间跨

---

① Fiorentino, G., "Problematic Aspects of the Academic Discourse: An Analysis of Dissertation Abstracts", *Cuadernos de Filollogia Italiana*, 2015, 22, pp. 263 – 284.

② Boudon, E., "Multisemiotic Artifacts and Academic Discourse of Economics: Knowledge Construction in the Textbook Genre", *Revista SignosI*, 2014, 47 (85), pp. 164 – 195.

③ James K., Quirk A., "The Rationale for Shared Decision Making in Mental Health Care: A Systematic Review of Academic Discourse", *Mental Health Review Journal*, 2017, 22 (3), pp. 152 – 165.

④ Li, Y. J., "A Study on the Construction of Academic Discourse Right of Chinese University Think Tank", 3RD Interntational Conference on Education Reform and Modern Management, 2016, pp. 60 – 64.

⑤ Limberg, H., "Discourse Structure of Academic Talk in University Office Hour Interactions", *Discourse Studies*, 2007, 9 (2), *pp.* 176 – 193.

度不限，共检索出相关文献2211篇，删除会议通知等不相关文献记录，最后共获取相关文献2061篇；在中国知网硕博学位论文数据库检索到相关文献49篇；在中国知网会议数据库检索到相关文献4篇，在中国知网报纸数据库检索到相关文献46篇；检索时间为2020年12月31日。

学术论文的文献年度数量及其变化可在一定程度上反映某一学科领域发展的规模大小、繁荣程度、研究水平等。为了掌握国内学术话语权研究的文献量变化情况，本研究对学术话语权的相关文献的发表时间和累积量进行了统计，并绘制了年度文献量和累积量分布图，见图0-2。

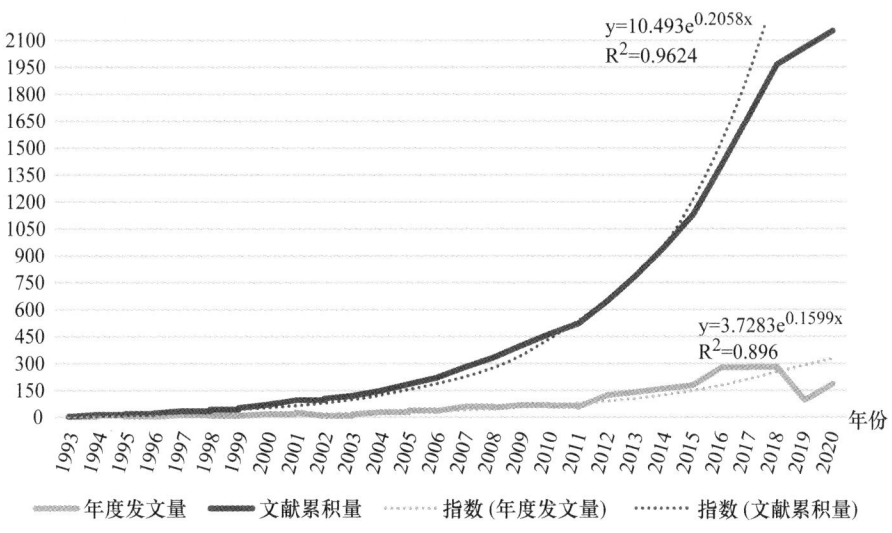

图0-2　CNKI中学术话语权文献数量分布情况

从中国知网的文献数量分布来看，在21世纪之前，相关研究的学术文献量相对较少，到1993年，年度发文量为3篇；直到21世纪后，文献量开始呈现急剧上升的趋势。国内最早研究的是1993年姚文放在《学术月刊》上发表的《重建美学和现代艺术的话语系统——"美学与现代艺术"学术讨论会综述》一文。进入21世纪以后，相关文献数量增长较快，由拟合趋势曲线和指数函数发现，拟合曲线和指数函数分别为（$y=3.7283e^{0.1599x}$，$R^2=0.896$），由此可见，拟合曲线和函数相符，且曲线的拟合程度较高，年度发文数量呈现指数增长模式。

文献数量的发展趋势可以通过统计文献的累积量来体现，通过绘制模拟趋势线对相关研究文献的发展趋势进行预测。从文献的累积量来看，相关文献的拟合曲线和指数函数分别为（$y = 10.493e^{0.2058x}$，$R^2 = 0.9624$），较好地说明了文献呈现指数增长，且拟合程度较显著。同时可以预测未来该领域研究文献的发展趋势较好。

通过对本研究相关期刊论文、硕博论文的调研、阅读和分析发现，国内相关研究主要体现在以下几个方面：

（一）中国学术话语相关研究

学术话语是一种思想表达的工具，代表一个学术领域的文化与思维，学术话语权与学科的关系紧密相连。随着新中国经济的快速发展，中国各学科的发展取得了较大的成就，在一定程度上改变了西方的霸权理论和学说。关于构建当代中国学术体系的问题，郑杭生阐述了中国社会学在创造学术话语、把握学术话语权方面进行了长期的探索之路，建议掌握学术话语权要从理论自觉基础上达到学术话语权的制高点。[①] 学术话语体系要建立中国自己的学术判断标准，李伯重认为中国经济史学的话语体系应与国际上一致，提出要利用国际学术资源和中国学术传统提升中国经济史学在国际主流学术中的话语权。[②] 李平认为争取中国管理话语权利需提升自己的话语能力，建议通过理论研究与组织管理实践来重构中国管理研究话语权。[③] 权衡认为构建中国特色经济学话语体系须具备经济学科理论创新发展规律，同时要处理好话语体系与经济学科、学术体系创新和学术评价体系重构、学术话语与政治话语的关系。[④] 冯建军分析了教育学的中国话语缺失问题，提出要确立马克思主义的指导思想、深入教育改革与实践等来重建中国教育学话语体系。[⑤] 李龙认为中

[①] 郑杭生：《学术话语权与中国社会学发展》，《中国社会科学》2011年第2期。
[②] 李伯重：《中国经济史学的话语体系》，《南京大学学报》（哲学·人文科学·社会科学版）2011年第2期。
[③] 李平：《试论中国管理研究的话语权问题》，《管理学报》2010年第3期。
[④] 权衡：《构建中国特色经济学话语体系要有科学的价值功能和定位》，《中共中央党校学报》2018年第3期。
[⑤] 冯建军：《构建教育学的中国话语体系》，《高等教育研究》2015年第8期。

国法学学术话语体系还未建立，提出了法学界应当结合民族语言与时代精神、马克思主义法学中国化与中国法治经验马克思义化等原则来建构中国的法学学术话语体系。① 付航认为外国档案学理论的借鉴与引进促进了中国档案事业、档案学科的成长，但在具体的借鉴过程中也存在不同学术话语权的问题。② 上述研究从国家、管理和组织等层面强调了中国学术话语权研究的理论问题。

（二）学术话语体系与构建研究

话语体系在学术话语权中具有重要作用。话语体系通过一种实践力量影响人的思维、行为乃至社会发展。国内学术话语体系及构建的相关研究主要体现在以下几个方面：

第一，中国学术话语体系研究。中国学术话语权的提升与话语体系的构建相辅相成。吴晓明分析了当代中国学术话语体系的本质定向的思想任务，提出了中国学术话语体系的建构应在哲学层面进行深入的探讨。③ 陈锡喜提出了重构社会主义意识形态话语体系的目标和原则，强调了学科话语体系对社会生活话语主导权的掌控。④ 朱振认为建构中国法治话语体系需要批判西方法治话语体系对中国的支配地位，从而创建在世界层面上的中国的法治话语体系。⑤ 李友梅认为中国社会学的学科体系和话语体系正处于构建和发展阶段，需要中国化和理论化方面的传统使国际社会客观实际地认识和理解中国。⑥ 构建中国哲学社会科学学术话语体系应坚持正确的建构方向，用马克思主义指导中国哲学社会科学话语体系的建设。吴新叶指出了社会治理本土化的话语体系在建构过程中对外来话语表现出依赖性，建议建构本土化社会治理话语体系可嵌

---

① 李龙：《论当代中国法学学术话语体系的构建》，《法律科学（西北政法大学学报）》2012年第3期。
② 付航：《树立档案学科自信 争取学术话语权》，《中国档案》2013年第3期。
③ 吴晓明：《论当代中国学术话语体系的自主建构》，《中国社会科学》2011年第2期。
④ 陈锡喜：《重构社会主义意识形态话语体系的目标、原则和重点——以马克思主义中国化历史经验为视角的思考》，《毛泽东邓小平理论研究》2011年第11期。
⑤ 朱振：《中国特色社会主义法治话语体系的自觉建构》，《法制与社会发展》2013年第1期。
⑥ 李友梅：《中国特色社会学学术话语体系构建的若干思考》，《社会学研究》2016年第5期。

入治理体系与治理能力、共建与共治、共享、法治、精细化治理等。①陈东琼认为构建中国特色社会主义话语体系应包含话语内容、表达方式、传播能力等重要方面。②打造中国特色社会主义话语体系来提高中国话语体系的大众化水平,从而进一步提高中国话语体系的国际化水平。

第二,学术话语构建研究。学术话语体现了一个学科的内在架构。学术话语建构的导向直接影响学科的发展。郭亚东通过语用身份理论分析框架考察了女性学者在学术社区中言语的交际特点,发现在特定交际情境中女性学者性别身份可通过具体的话语来建构。③刘建军认为文学理论学批评在实践层面具有当代问题意识,提出了建构中国特色的文学批评理论话语体系。④胡钦太认为中国的学术国际化模式出现了质量与数量不统一、评价体系不健全、学术标准偏移、国际化传播平台建设滞后等问题,提出了构建基于全面质量管理的学术论文质量管理体系、学术评价体系和数字化的国际学术传播平台。⑤高玉认为中国当代学术话语最大的问题是过于"西化",提出了要根据中国社会文化发展的实际来建构中国当代学术话语体系。⑥杨荣刚等认为可通过学术话语功底、传统话语、政治立场等方面来构建马克思主义学术话语体系。⑦刘亭亭从实践理性、学术依附等方面分析了影响中国课程学术话语自主建构的因素,并提出从学术话语的言说规范等方面来突破失语困境的路径。⑧田养邑等认为当前教育学术话语与教育时代变革不匹配,建议构建中国

---

① 吴新叶:《中国社会治理话语体系的当代建构》,《中国高校社会科学》2018 年第 3 期。
② 陈东琼:《马克思主义大众化与中国特色社会主义话语体系的构建》,《思想教育研究》2016 年第 2 期。
③ 郭亚东:《学术话语中女性学者的身份建构研究》,《外语研究》2016 年第 2 期。
④ 刘建军:《文学伦理学批评:中国特色的学术话语构建》,《外国文学研究》2014 年第 4 期。
⑤ 胡钦太:《中国学术国际话语权的立体化建构》,《学术月刊》2013 年第 3 期。
⑥ 高玉:《中国现代学术话语的历史过程及其当下建构》,《浙江大学学报》(人文社会科学版)2011 年第 2 期。
⑦ 杨荣刚、俞良早:《马克思主义意识形态学术话语建设的学理、困境与建构》,《思想教育研究》2018 年第 4 期。
⑧ 刘亭亭:《中国课程学术话语自主建构的困境及路径》,《课程·教材·教法》2018 年第 3 期。

特色、面向人类命运共同体的教育学术话语体系。[1]

第三，马克思主义中国化话语体系。话语体系重构是马克思主义学科研究的一个热点话题。马克思主义中国化的话语体系需蕴含中国特色、中国风格、中国气派，体现出一种综合而高品格的马克思主义理论的话语形态。思想理论通过话语体系表达和传播，卢凯等建议打造马克思主义中国化话语体系须提升理论创新和学术创新能力，并从中国实践出发推进"中国模式"的话语体系。[2] 汪馨兰认为破解当前马克思主义学术话语传播面临的困境，提出了宣传教育辩证观的思路来推动对内宣传话语与对外传播话语相互作用。[3] 董树彬提出了解中国协商民主的本质等基础上，掌握中国协商民主研究的马克思主义话语权。[4]

（三）学术话语权提升策略研究

学术话语权对于政治认同和社会建构具有重要的引导作用。提升我国学术话语在国际上的影响力和话语权是当前学术界使命和责任担当。张志洲强调通过理论创新和学术创新提升中国的学术话语权，并阐述了从国家战略的高度构建中国话语体系。[5] 郑杭生等认为总结"中国理念和经验"可形成具有中国特色的社会学学术话语体系，从而提升中国社会学的学术话语权。[6] 尹金凤等强调了学术期刊编辑在学术话语中的作用，提出学术期刊编辑应具有政治素养和学术素养。[7] 姚冬梅认为学术出版社是实现中国学术话语国际传播重要的平台，建议构建中国学术国际话语体系方面应考虑学术出版社积累的实践经验。[8] 王厚融等探测了

---

[1] 田养邑、周福盛：《论中国特色教育学术话语体系的新时代构建》，《国家教育行政学院学报》2018年第5期。
[2] 卢凯、卢国琪：《论打造马克思主义中国化话语体系的路径》，《探索》2013年第5期。
[3] 汪馨兰：《辩证观：破解马克思主义学术话语传播困境的新视角》，《学习论坛》2018年第6期。
[4] 董树彬：《论中国协商民主研究的马克思主义学术话语权》，《理论与改革》2014年第4期。
[5] 张志洲：《提升学术话语权与中国的话语体系构建》，《红旗文稿》2012年第13期。
[6] 郑杭生、黄家亮：《"中国故事"期待学术话语支撑——以中国社会学为例》，《人民论坛》2012年第12期。
[7] 尹金凤、胡文昭：《如何提升中国学术的话语权——兼论学术期刊编辑的问题意识与学术使命》，《中国编辑》2018年第7期。
[8] 姚冬梅：《论学术出版社在构建中国学术国际话语体系中的作用——以社会科学文献出版社探索与实践为例》，《出版广角》2018年第11期。

中国针灸研究的学术话语权构筑状况，建议在国际话语权视阈下提升中国针灸研究的质量。① 张新平等认为当前中国国际话语权存在西方官方话语打压、国际话语规则的制约等问题，建议从话语定位、话语质量、拓展话语平台等举措来提升中国国际话语权。② 顾岩峰认为大学智库建设是提升高校哲学社会科学学术话语权的有效路径，建议通过规划大学智库及学术声音传播平台，从而形成高校哲学社会科学学术话语权的载体。③ 陶蕴芳认为中西学术话语权的不对称性使我国政治认同的深层学理受到影响，提出需转变学术话语权的不对称地位来增强中国特色社会主义的道路自信。④ 刘益东剖析了盲目推行学术国际化等认识误区，强调了开辟各国学者平等交流、公平竞争的新局面。⑤ 侯利文等认为学术话语权的构建要突出理论实践建构的双重维度，提出了文化、实践、理论自觉是中国建构学术话语权的重要思路沿革。⑥ 上述研究从不同的视角对话语权提升策略进行了探讨，主要体现在政治、学科、智库和学术出版话语权等方面。目前，西方话语霸权对中国学术界产生着重要影响，提升中国学术话语权需要通过中国话语研究世界来推动全球学术话语体系的结构性变化。

三　研究现状述评

由国内外研究现状分析可知，国内外研究文献均探讨了学术话语权相关理论研究、话语体系研究以及学术话语评价研究，但各有侧重。

---

① 王厚融、孙贵平、郑博阳、袁恺：《国际话语权视阈下的针灸研究——基于近10年来Web of Science核心合集载文的计量分析》，《中国针灸》2018年第5期。

② 张新平、庄宏韬：《中国国际话语权：历程、挑战及提升策略》，《南开学报》（哲学社会科学版）2017年第6期。

③ 顾岩峰：《高校哲学社会科学学术话语权：中国语意、现实缺憾与提升策略》，《河北大学学报》（哲学社会科学版）2019年第2期。

④ 陶蕴芳：《学术话语权视域下我国政治认同与道路自信研究——兼论中国学术话语体系的构建》，《社会主义研究》2016年第1期。

⑤ 刘益东：《摆脱坏国际化陷阱，提升原创能力和学术国际话语权》，《科技与出版》2018年第7期。

⑥ 侯利文、曹国慧、徐永祥：《关于学术话语权建设的若干问题——兼谈社会学"实践自觉"的可能》，《学习与实践》2017年第12期。

在理论研究方面，国内外均对学术话语概念、学术话语体系、学术话语社会化以及学科学术话语等相关理论进行了探讨，国内外学术话语均侧重于对学术话语概念和学术话语体系的研究。另外，国内外研究文献均从语言学的视角研究了学术话语权概念及演变情况。国外相关研究相对较早，在国际上具有一定的霸权话语。

在学术话语体系方面，国内外均重视对学术话语体系的构建研究。目前，国内学者提出了构建中国哲学社会科学学术话语体系、马克思主义中国化话语体系的研究，为中国学术界在国际上的学术话语权奠定了基础。在研究过程中，充分考虑中国的实践和传统文化与国际学术话语的融合和发展，提倡中国声音和中国理念的学术话语体系，达到中国学术话语在国际学术界重要的影响的目的。

关于学术认同、跨文化和跨学科学术话语权研究，国外研究比较普遍；而国内对该方面的研究还处于探索阶段。国外较注重学术话语身份认定、学术话语社会化、学术话语的政治作用等相关研究。另外，国外对学术话语的研究不仅局限于某一学科领域，涉及的学科领域较广泛，其中在医学领域也涉及较多。然而，国内学术话语权的研究多涉及社会科学领域，对其他领域的研究有待进一步加强。

通过上述国内外相关研究分析发现，国内外各领域均对学术话语权、话语体系及相关术语进行了理论和实践探讨，取得了一定程度的研究进展，而专门针对中国话语权的科学评价理论、方法和应用体系的研究文献还十分有限。目前国内国外与本研究直接相关的研究还处在起步或发展阶段，缺少具有普遍规律意义的研究成果，某些方面甚至仍然是空白，研究不足主要体现在以下几个方面：

（一）缺乏专门针对中国学术话语权的评价理论的系统研究

与本研究直接相关的研究文献中，大多数都是以"学术话语"和"话语体系"为主题展开的研究，缺少专门针对中国学术话语权的科学评价理论、方法和应用体系的研究。中国学术话语权评价的相关研究文献中，大多数局限于马克思主义理论、哲学、历史学、政治学、管理学、经济学、社会学、新闻学、传播学、语言学、教育学、文学等学科领域，缺乏对当前国际国内形势、大数据、云计算及人工智能等环境下的具有中国学术话语权的科学评价理论、方法和应用体系研究。当今中国学术话语权的科学评价理论、方法与应用体系仍未形成，这种现象不仅影响中国学术话语权的评价科学方法的发展，也影响了应用评价体系的构建。科学评价的实践活动由来已久，但关于中国学术话语权的评价科学的理论、方法和应用体系研究方面仍缺乏系统性和综合性，制约了评价实践活动的发展，也使得评价的有关理论问题研究显得十分必要和迫切。因此，在当前国际国内局势环境下中国学术话语权的评价理论、评价指标、评价方法选用等方面还需进一步地探讨和完善。反观当今中国学术话语权的科学评价理论、方法及应用体系中存在的问题，从一定程度上反映出了当今中国学术话语权的科学评价缺乏权威的、公认的、客观的评价体系和标准。

（二）缺乏系统的中国学术话语权的评价指标体系和方法研究

从已有研究可以看出，在当今科研环境下，需有机结合综合评价方法，形成一个综合评价系统的中国话语权评价的科学方法，才能对当今复杂多变的国内外局势进行全面、准确的评价。目前，中国话语权的科学评价理论、方法及应用体系缺乏相对权威的、客观的、公认的评价体系和标准。中国话语权的科学评价理论和方法有待进一步的创新，需构建针对不同评价指标进行科学、系统评估的指标体系。虽然国际国内对学术话语权的评价研究取得了一定的进展，但研究较为分散，专门针对中国学术话语权的评价科学指标体系的相关研究十分有限。同时，在构建方法上还需实现宏观与微观、定量与定性的有机结合等。目前，学术话语指标和体系在学术界还未进行全面系统、综合的研究；但从研究成果的内容看，仍存在学术话语体系和指标不健全等弊端，学界在学术话语权评价方法上有所突破，但这些成果仍然未能实现具有中国学术话语权的评价科学问题的多样性和跨学科性本质，多数研究以偏概全，过于追求量化研究而忽视了学术话语权评价的本质等。解决中国学术话语权评价的科学理论、方法与应用体系研究中的关键问题，需要科学缜密的学科建设，全面明确中国学术话语权评价的科学研究问题域，规范科学的研究方法，才能取得较好的预期研究成果。

（三）缺乏对中国学术话语权评价的标准和应用方面的实证研究

通过对大量相关学术论文的研究内容分析发现，对学术话语评价应用的研究还比较有限，但现有研究成果大多是对评价体系应用的理论探讨，缺乏从学科角度进行理论升华和系统实证研究；现有的相关研究范围相对较狭窄，大多局限于哲学、经济学、社会学和科技管理等社会科学领域，从而使得这种有限的研究不具有普遍的适用性，很难应用到不同的学科实践或研究领域中。学术话语权的理论研究滞后，严重制约了评价体系应用的发展，因此，可将学术话语权的经验归纳、提炼等上升到学术话语权的评价体系理论，通过理论体系指导学术评价的应用实践，促进学术评价实践活动的健康发展，成为当前中国话语权的科学评价体系应用研究的迫切要求。从学科理论的高度丰富了学术话语评价的应用体系，构建更全面、综合的中国学术话语权评价的应用体系显得十分必要。

综上所述，目前有关话语权的评价研究均局限于多从语言学、社会学、政治学和新闻传播的角度对话语权的运用和提升策略进行了研究，强调了中国国际学术话语权的提升。缺少学术话语权以及相关学科领域的学术话语研究；缺乏学术话语权评价的具体指标和方法，缺乏定性和定量相结合的研究方法，缺乏对学术话语权评价的整体标准和原则的研究，整体研究较分散，不系统。因此本研究将从学术主体等视角深入探讨中国学术话语权的评价，进一步丰富了学术话语权评价的研究视域。

第三节 研究目标、内容与方法

一 研究目标

本书拟对中国学术话语权评价进行综合研究，通过研究中国学术话语权来探讨中国学术发展在国内外的变化和影响；并对中国学术话语权评价进行深入的研究，进一步探寻中国学术话语权评价的科学理论、方法和应用体系，从而探索在实践应用中的效果。主要实现以下几个方面的研究目标：

1. 梳理和总结国内外相关研究文献，确定学术话语权和学术话语权评价的核心概念，客观反映学术话语权的要素，并深入探讨学术话语权要素在学术话语权评价中的表征作用。

2. 探讨中国学术话语权评价对构建中国学术话语权体系和标准的作用与意义，以及通过中国学术话语权评价来分析中国学术在国际上的影响和地位。

3. 了解学术主体在中国学术话语权评价中的作用。通过对学术主体的综合统计和分析，找出学术主体在学术话语权中的分量，明确中国学术话语权在国际上的差距。

4. 探讨学术话语权的引领力、影响力和竞争力在中国学术话语权评价中的作用。通过对学术主体的分析，探寻中国学术话语权的评价指标，从而更客观地对中国学术话语权进行评价。

5. 基于不同学科的学术研究数据，通过建立的中国学术话语权评价体系和指标模型进行研究，对不同学科的学术研究数据进行比较研究，以此来评价学科领域的学术话语权。

6. 针对中国学术话语权的现状，结合国内外学术话语权的实际，提出了中国学术话语权评价相关的改进措施和提升策略。

二 研究思路与内容框架

通过对国内外相关文献的深入调研和研究，拟定了本书的研究内容框架图，具体如图 0-3 所示。

本研究在国内外已有研究的基础上，按照"提出问题—分析问题—解决问题"的思路，对中国学术话语权评价进行了系统的研究，全书共分为七个部分，具体内容如下：

第一章，引言，包括四个部分，一是本书的选题背景与研究意义，二是国内外研究综述和述评，三是研究目的、研究思路和研究方法，四是本书的主要创新点。

第二章，本书的相关理论基础与方法，包括四个部分，分别是科学计量学理论与方法、评价学理论与方法、学术评价理论与方法、中国学术话语权的评价理论。

第三章，中国学术话语权评价的理论体系，包括三个部分，阐述了

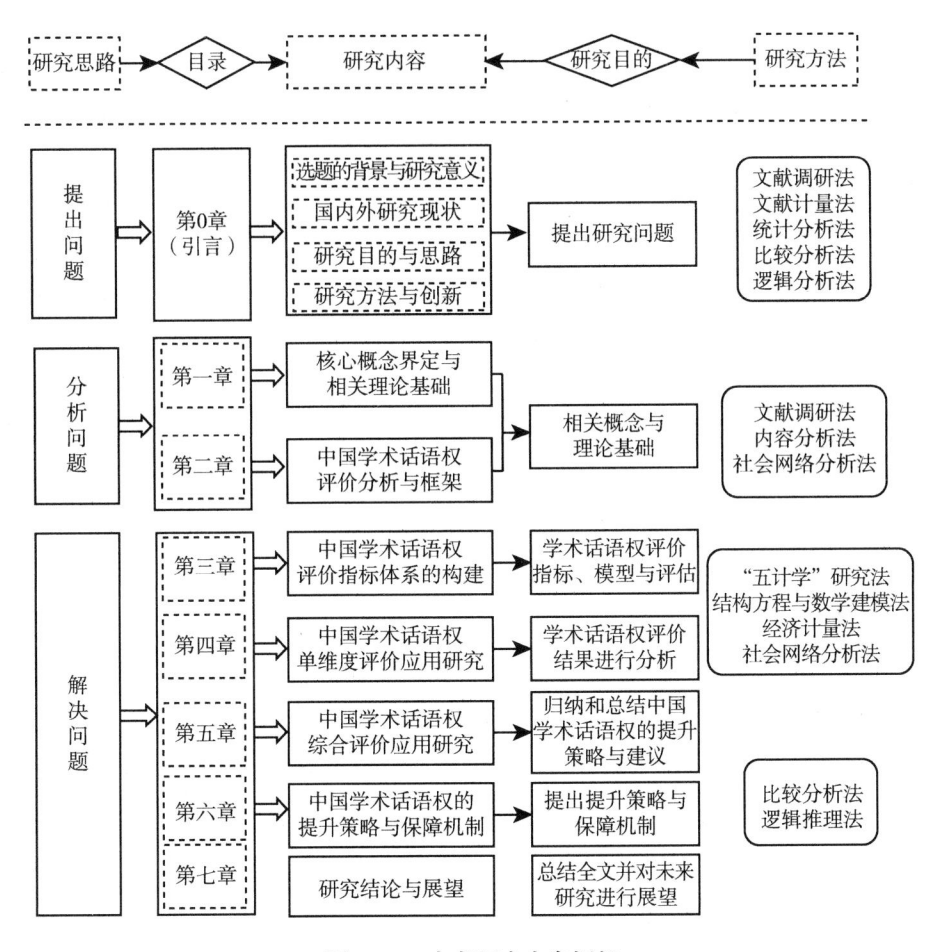

图 0-3 本书研究内容框架

话语权的定义、类型和作用；中国学术话语权的概念、中国学术话语权评价的作用和核心因素；并对中国学术话语权评价方法与标准进行全面的分析。

第四章，中国学术话语权评价指标模型的构建，包括三个部分，其主要内容包括中国学术话语权的内涵、类型和产生过程；学术引领力、学术影响力和学术竞争力等中国学术话语权评价的主要构成要素；中国学术话语权评价模型的构建。

第五章，中国学术话语权单维度评价，包括三个部分，其主要研究内容包含基于引领力的中国学术话语权评价分析、基于影响力的中国学术话语权评价分析、基于竞争力的中国学术话语权评价分析。

第六章，中国学术话语权综合评价及结果分析，包括三个部分，其主要内容包括中国学术话语权综合评价指标模型的构建、中国学术话语权综合评价结果分析、评价结果的验证、提升中国学术话语权的对策和建议。

第七章，本书的研究结论与展望。该部分是对本书的主要研究内容进行全面的回顾与总结，指出研究中存在的不足，并对未来的研究进行展望。

三　研究方法

本书拟采用的主要研究方法具体如下：

（一）文献调研法

主要是针对研究目的对国内外相关研究文献进行搜集和分析，并对其研究现状进行深入的分析和梳理。文献调研法包括统计文献研究、文献内容分析等。本研究通过查阅相关书籍、利用专业学术数据库、报纸杂志以及网络搜索平台，了解和掌握相关研究主题的最新研究进展，为本书的理论基础研究与实证分析提供研究基础，并在此基础上提出自己的观点和见解。

（二）文献计量法

是以文献体系和文献计量特征为研究对象，采用数学、统计学等计量方法，研究文献信息的分布结构、数量关系、变化规律和定量管理等，并进而深入探索科学技术的某些结构、特征和规律。[①] 文献计量法是一种用于研究学术成果和对学术成果进行评价的一种方法。本书主要用于对中国学术话语权研究的学术成果进行评价和分析。

（三）统计分析法

是对研究对象的规模、范围等数量关系进行的统计和分析，揭示事物之间的关系、变化和发展趋势等。本研究通过统计国际生物学研究领

[①] 邱均平：《文献计量学》，科技文献出版社1988年版。

域国内外权威学术主体、学术期刊和学术数据库的分布情况等,以及各国在权威期刊、数据库上论文的发表情况,对有价值的数据进行揭示、比较、分析,从学术主体层面分析期刊和数据库的学术成果来测度学术话语权。

(四) 内容分析法

内容分析法是一种针对研究对象的内容进行深入分析,从而透过现象看到事物本质的科学方法,美国传播学家伯纳德·贝雷尔森将内容分析法定义为一种客观、系统、定量描述交流研究内容的研究方法。作为研究社会现实的研究方法,内容分析法可分为解读式、实验式和计算机辅助式三种类型,且应用十分广泛,不仅应用在不同学科领域,也体现在空间应用上。[①] 内容分析法是对文献内容采取定量与定性相结合,计量与分析文献中有关主题的内在联系,并探讨其相互关联。[②] 本书主要通过该方法分析文献信息的内在联系。

(五) 数据挖掘法

数据挖掘可从技术和商业两个角度来定义。从技术的角度可将数据挖掘定义为从大量数据中提取有用信息的过程;从商业的角度可将数据挖掘定义为一种商业信息处理技术,其主要体现在对大量商业业务数据的抽取、转换、分析和建模处理等方法来挖掘有价值的信息,为商业决策提取关键、有价值的数据。[③] 本书主要通过数据挖掘法从文献中挖掘有用的数据。

(六) 比较分析法

对事物之间的差异进行比较,从而揭示事物本质的一种方法。主要是用于学术主体的学术成果的不同国别、权威作者和研究机构、权威数据库的论文占比等进行对比分析,从而找出国际生物学研究领域中国学术话语权与国际学术话语权的具体差距。

[①] 邱均平、邹菲:《关于内容分析法的研究》,《中国图书馆学报》2004年第2期。
[②] 闫慧:《我国信息资源公益性开发与利用政策的发展趋势——一项基于内容分析法的研究》,《图书情报工作》2009年第7期。
[③] 蒋盛益等:《数据挖掘原理与实践》,电子工业出版社2016年版,第6—10页。

（七）实证分析法

主要用于中国学术话语权评价的实证分析。本书拟选取一定时间范围代表的中国学术话语权的学术论文，构建中国学术话语权的评价模型进行实证分析，挖掘出中国学术话语权的地位优势和发展路径。

第四节　创新之处

本书的创新点主要体现在以下三个方面：

第一，提出了中国学术话语权评价的核心要素。

本书在深入分析学术话语权的基础上，采用文献计量分析方法对中国学术话语权评价的主要要素进行了归纳和总结；通过对三个核心要素的研究和比较分析，系统地梳理了核心要素与学术话语权评价要素之间的关系，明确了中国学术话语权评价的维度；为中国学术话语权评价提供了新的思路和视角，丰富和拓展了中国学术话语权评价的理论体系。

第二，提出了中国学术话语权评价体系与方法。

在对中国学术话语权的内涵、类型和标准进行论述的基础上，系统地梳理了国内外学术话语权的评价理论和方法；将话语权与学术评价的相关理论有效结合，提出了中国学术话语权评价的理论体系与方法；从方法、应用和制度等层面全面分析了中国学术话语权的评价标准和原则，提出了中国学术话语权的科学评价思路与路径，采用主成分分析方法、因子分析方法等确定了指标权重，明确了适用于中国学术话语权评价的相关指标，通过实证研究验证了评价指标模型和方法的可行性，通过对评价结果的优化，最终验证了其方法的可行性，进一步完善了中国学术话语权评价的指标体系和方法。

第三，构建了中国学术话语权评价指标体系和模型，并对中国学术话语权评价进行了实证分析。

本书从学术主体层面出发，通过学术引领力、学术影响力和学术竞争力，分别对应点度中心性、中介中心性、接近中心性、网络聚类系数、论文被引频次、网络总连接度、文献耦合度、学科规范化引文影响力、作者发文数（机构发文数、国家发文数）、基金资助数、使用次数

(U1)、使用次数（U2）、作者合作数（机构合作数、国家合作数）等 13 个指标组成的评价体系，构建了中国学术话语权评价模型并进行了综合的实证检验。通过构建的评价模型对中国学术话语权进行综合评价，计算出中国学者、机构和整个国家学术话语权的综合得分及其排名情况，对得分较高的学术主体进行了深入的分析。该评价模型的构建，对于优化中国学术话语权评价和提升中国学术话语权的国际地位和优势具有重要的参考意义。

第五节 本章小结

本章首先全面深入地阐述了本研究的选题背景和研究意义，其次对与本研究主题相关的国内外研究现状进行了深入的总结和述评；同时，阐述了本书的主要研究目标、研究内容、研究框架以及研究方法，最后提出了本书的主要创新之处。

第一章 相关理论基础与方法

本书对中国学术话语权进行综合评价研究，相关的评价理论和方法需要进行全面梳理和总结，为中国学术话语权评价框架和实证研究奠定理论基础。

第一节 科学计量学理论与方法

苏联学者纳里莫夫和穆里钦科于 1969 年首次提出了科学计量学（Scientometrics）一词，并将这一术语作为情报（信息）过程中的科学定量方法。[1] 科学计量学最初是一门具有"元科学"性质的学科，后来逐渐发展为对科学活动定量评价、评估的重要手段。[2] 下文将对科学计量学理论与方法进行分析。

一 社会网络分析理论与方法

网络是指事物与事物之间的关系，是从网络视角分析事物的结果。社会网络是指社会行动者与他们之间关系的集合，是由多个点和点之间的连线组成的集合。[3] 下面主要对整体网络和节点网络进行分析。

---

[1] 宋兆杰、王续琨：《纳里莫夫：苏联科学计量学的创始人——纪念纳里莫夫诞辰 100 周年》，《科学学研究》2010 年第 3 期；Squazzoni, F., "Scientometrics of Peer Review", *Scientometrics*, 2010, 113 (0), pp. 501–502.

[2] 邱均平等：《科学计量学》，科学出版社 2016 年版。

[3] 刘军：《整体网络分析讲义》，格致出版社 2009 年版。

(一) 整体网络分析

整体网络主要是对体现在整体网络中构成要素和规模的分析。网络的整体是由一个个的网络个体构成的，网络的整体可以根据某一类个体的兴趣或特征构成，也可以由不同兴趣或不同特征的个体构成。整体网络的研究与个体网络的研究是不同的两个概念。整体网络的规模是通过网络中全部行动者的数量来界定的，整体网络的规模可以通过统计和分析来掌握，类似于一个学者的引文网络，如果该学者的引文网络规模越大，说明该学者的引文数量越大，引文关系越复杂，从而引文网络的数量就越大。

(二) 网络节点的中心性分析

在社会网络分析中，通常通过中心性来衡量网络中节点的地位、权力、影响力等差异。中心性代表了权力的量化指标，中心性可分为中心性和中心势，具体分为点度中心性、中介中心性、接近中心性和网络聚类系数等。研究某一节点在整体网络中的重要性以及所处地位通过中心性的指标表示，中心势指标则研究整体网络的紧密程度。[1] 中心性可以说刻画了单个个体在网络中所处的核心地位。

在学术研究中，通常通过学术论文的发文和被引视角来分析学术主体的核心地位和优势。例如分析某研究领域的学者影响力和权力地位，可通过学者的发文量和被引网络来综合分析该研究领域学者的影响力和权力地位。

二 引文分析理论与方法

1955 年，美国的 E. Garfield 在 *Science* 期刊上发表了《科学引文索引》的论文，提出引文分析在文献计量学中的作用和地位。[2] 常用的引文分析法有文献引用和文献耦合分析等。下文将对引文分析进行介绍。

---

[1] 林聚任：《社会网络分析理论、方法与应用》，北京师范大学出版社 2009 年版。

[2] Garfiel E., "Dcitation Index for Science", *Science*, 1955, 122 (3159), pp. 108 - 111. Burger A., *Science Citation Index*, Science Citation Jndex, Institute for Scientific Information, Inc. 1961, pp. 789 - 790.

（一）引文分析

引文分析（Citation Analysis）是通过数学、统计学方法以及比较、归纳、抽象和概括等逻辑方法，对科学期刊、学术论文、研究著者等各分析对象的引证与被引证现象进行综合分析，从而揭示出其数量特征和内在规律的一种文献计量分析方法。[①]

文献引用和被引用反映了科学知识的继承和利用，标志着科学的传承和发展。文献作者引用与其论述主题相关的文章都有一定的关联性。可以说，文献之间的相关引用代表了学者之间学术思想的交流，从而反映了不同时段学者学术思想的学术交流网络关系。从引文分析的角度而言，可对作者公开发表的论文进行引文量、引文语种、引用文献类型、引用年代、国别和机构进行统计分析，发现不同学科在不同时期的发展轨迹，从而进一步促进学科的发展。

（二）文献耦合分析

文献耦合的概念国内最早是由王洧提出，他将"biblio- graphic coupling"翻译为文献合配，并介绍了国外开斯勒对文献耦合研究的成果。[②] 邱均平将"bibliographic coupling"翻译为引文耦合，阐述了引文耦合和同被引的关系，并提出了文献的学科主题、期刊、著者、国别、机构、发表时间等特征对象均可发生耦合关系，因此，耦合概念也反映了同时引证的学科、期刊、著者之间等的耦合关系。[③] Shen, S. 等基于信息检索领域的 TF-IDF 检索公式，提出了一种计算两文档之间书目耦合强度的新方法。[④] 可见，文献耦合分析可作为测量科学有用性程度的指标之一，在一定程度上反映了学术论文和科研成果的相互依赖关系。

因此，引文分析是科学计量和评价的重要方法，在不同的科研评估领域得到了广泛的应用。纪雪梅针对引文数量评价文献的问题，提出引入社会网络分析的权力指数指标，将所有文献视为存在引用和被引用关

[①] 邱均平：《文献计量学》，武汉大学出版社2006年版。
[②] 王洧：《开斯勒与"文献合配"》，《情报科学》1981年第4期。
[③] 邱均平：《论"引文耦合"与"同被引"》，《图书馆》1987年第3期。
[④] Shen, S., "A Refined Method for Computing Bibliographic Coupling Strengths", *Journal of Informetrics*, 2019, 13（2），pp. 605 – 615.

系的网络，结合社会网络分析及其权力指数进行评价文献来实现文献的引文质量以及科学研究的延续性的目的。① 因此，引文分析理论和方法为评价学术话语权提供了理论基础。

三 文献信息统计分析法

任何事物一般可由量和质构成，任何事物的发展规律也可表现在这两个方面。从统计学角度而言，对某一事物的统计需要从事物的数量和质量两个方面进行。文献信息统计分析法是利用统计学的方法和原理对文献信息进行统计，从而发现文献信息的数量特征和客观规律等。

文献信息统计是通过某一特定单位对文献或文献相关特征信息进行统一计量的方法。而文献信息统计分析方法是通过统计学方法对文献信息进行统计和分析，利用指标数据描述或揭示文献信息的数量特征及变化规律，从而达到一定研究目的的一种分析研究方法。② 邱均平认为，文献信息统计方法具有普遍的意义：首先，文献信息统计为文献信息定量研究奠定了基础和条件，不同学科和不同类型文献均可利用不同的方法进行文献信息定量统计分析。其次，文献信息统计分析可挖掘文献信息的量变规律，能够反映某不同学科研究文献的增长规律、规模、发展速度、比例和分布特征等。最后，文献信息统计分析为文献信息的管理和科研评价提供了依据。在科研评价中，文献信息的数量规模通常代表了一个学科研究领域的科研竞争力和实力。

通过以上分析，本书认为，文献信息统计分析法为学术话语权评价提供了理论基础，在文献信息统计中，如期刊量、论文量、著者量、合作量、基金资助量等，这些都已成为文献信息统计的常用指标，而这些文献信息统计指标的不同组合形成了一个比较完整的指标体系。文献信息统计指标已成为统计功能的重要手段。

---

① 纪雪梅、李长玲、许海云：《基于权力指数的引文网络分析方法探讨》，《图书情报工作》2009年第24期。
② 邱均平：《信息计量学（八）第八讲文献信息统计分析方法及应用》，《情报理论与实践》2001年第2期。

第二节　评价学理论与方法

一　评价学理论

邱均平曾说过:"没有科学的评价,就没有科学的管理;没有科学的评价,就没有科学的决策。"现在,我们生活在一个丰富且复杂的社会里,都离不开评价信息。评价的过程也是一个选择、决策的过程。在我们对一个事物作出判断之前,我们首先要认识事物,然后再根据一定的价值观念或者准则来评价事物。

科学评价是一个动态、综合、集合的概念。邱均平认为科学评价的概念有广义和狭义之分,广义的科学评价是指科学评价化,评价范围非常广,包含了不同学科、行业等的评价;狭义的科学评价是指以科学活动、科学研究活动为对象进行的评价,具体包含科学出版物的评价、科研机构的评价、科研工作者的评价、科学的评价和学科评价等。① 本书将从狭义的科学评价含义视角来研究中国学术话语权评价。

科学评价在应用上较为广泛,科学评价在图书情报领域得到了广泛的应用。随着大数据时代的到来,科学评价已应用在大数据研究中,邱均平分析了大数据环境的特点,探究了大数据环境与技术对科学研究产生的影响,探讨了大数据对科学评价活动的改进作用和影响。② 可见,大数据环境对科学评价的认识论和方法论都产生了非常重要的影响。

科学评价的作用。主要表现在有利于形成科学研究创新的机制、推动科学研究工作的规范化、改进科研机构自身的管理、建立更加公平的科研竞争机制、引导科研资源流向实现科研资源的有效配置、为政府和有关部门制定宏观科学政策提供参考等。③

科学评价的方法主要体现在定量分析、定性分析以及定量和定性分析结合的评价方法上。定量分析法指分析某个研究对象所包含成分的数

---

① 邱均平、文庭孝等:《评价学理论、方法和实践》,科学出版社 2010 年版,第 13—14 页。
② 邱均平、柴雯、马力:《大数据环境对科学评价的影响研究》,《情报学报》2017 年第 9 期。
③ 文庭孝、邱均平:《对科学评价作用与价值的再认识》,《科技管理研究》2007 年第 9 期。

量关系；从数量上进行分析比较研究对象的性质、特征、相互关系，通过数量来描述研究结果。[①] 定性分析法是对事物质的规定性进行分析研究的一种科学分析方法，其主要内容是判断事物的属性，以便区别其他事物来深入地认识事物的质。[②] 定性分析与定量分析相互统一、相互补充；而定性分析是定量分析的基本前提，没有定性分析的定量分析是一种较盲目的、毫无价值的定量分析；从某种程度而言，定量分析可使定性分析更科学、准确，并促使定性分析得出更广泛且深入的结论。

可见，科学评价是评价学在科研管理中的应用，评价学也是科学评价的重要组成部分，科研评价离不开评价学的相关理论和研究。

二 综合评价理论与方法

在评价学中，综合评价理论是利用多个指标和多种方法对研究对象进行定量和定性相结合的评价。综合评价是一种系统的评价方法和评价体系的结合，评价学的综合评价方法主要有层次分析法和多指标综合评价法等。[③] 下面主要对层次分析法和多指标综合评价法进行分析。

层次分析法。层次分析法是把一个复杂的问题分成各自不同的组成因素，再利用支配关系来组成层次结构，然后通过两两比较的方法确定各个因素的重要性，最后通过重要性来计算各因素的权重。层次分析法的实施步骤一般需要通过建立层次结构模型、构造判断矩阵、层次排序及一致性检验和层次总排序及一致性检验等四个步骤来完成。层次分析法在复杂的决策问题上得到了有效的应用，特别是在经济管理、政府决策、教育管理、医疗卫生和环境管理等方面应用较广泛。

多指标综合评价法。多指标综合评价法是相对单指标评价法而言的，主要是针对多个属性的研究对象进行系统和整体的评价。根据某个评价对象，利用一定的评价方法对评价对象赋予评价指数，再对评价指数进行整体的评估和排序。多指标综合评价的特点是针对评价指标通常比较

---

① 李伟民：《金融大辞典》，黑龙江人民出版社2002年版，第11页。
② 李庆臻：《科学技术方法大辞典》，科学出版社1999年版。
③ 邱均平、文庭孝等：《评价学理论、方法和实践》，科学出版社2010年版，第196—211页。

复杂和抽象，多指标综合评价方法结合了定性和定量评价的特点，最终目的是揭示评价对象的整体状况和发展规律，为科学、客观和公正的决策和管理提供有价值的信息。

三 比较与分类理论

比较和分类是科学评价中最常用的研究方法，两者联系密切，可以说比较是分类的前提，分类是比较的结果。

比较理论。比较是通过对比各个对象，区分各个对象的共同点和差异的一种方法。比较不同对象的差异是人们认识事物的起点和基础，也就是人们常说的有比较就有鉴别。比较的类型可分为同类比较、异类比较、横向比较、纵向比较、定性比较、定量比较、宏观比较、微观比较等。比较的方法有前后比较、对照组比较、多视角比较、分类比较等。可见，比较已成为科学评价的基本方法之一。比较分析法已应用在经济管理、社会科学、信息科学等不同的领域。[①]

分类理论。事物需要通过本身的属性分类来认识和区分，类代表了一种共性特征的集合。事物根据共性将其归纳为较大的类，再根据差异将较大的类分为较小的类，从而揭示事物之间的共性和差异。分类理论已成为一门专门的学科，如文献目录学。分类的类型通常可分为现象分类、本质分类和实用分类等，并在各学科领域得到了广泛的应用。[②]

比较与分类在科学评价中得到了广泛的应用，可以说是认识科学、研究科学的基础。通常有分类评价和分层次评价、比较评价等。在科学评价活动中，需要采用不同的评价指标体系、不同的评价方法，对不同的评价对象进行分类和比较研究，从而确定指标权重和标准对科学研究进行综合评价。在这个过程中，通常要运用大量的比较和分类理论和方法来实现，可以说，比较和分类理论是科学评价的重要理论基础。

[①] 张红梅、马强：《比较分析法在国际结算教学中的应用》，《山西财经大学学报》2014年第S1期；李昧宝：《比较分析法在历史教学中的应用》，《历史教学》1998年第6期。

[②] 张岩峰、陈长松、杨涛、左俐俐、丁飞：《微博用户的个性分类分析》，《计算机工程与科学》2015年第2期；李国秋、吕斌：《国际标准产业分类新版（ISIC Rev.4）的信息产业分类分析》，《图书情报知识》2010年第5期。

第三节 学术话语权评价理论与方法

一 科学评价理论与方法

科学评价是管理和决策的重要科学工具,也是科研管理工作的重要组成部分。关于评价问题的研究由来已久,近年来引起了社会各界的普遍关注,科学评价活动也相应地在全球范围内日益普及。

(一)科学评价理论

在科研和教育领域,评价的政策、标准在不断地变革,也一直是学术界和管理部门关注的热点,一些评价结果的出台会广泛引起社会各界的热议。张其瑶认为在"科教兴国"的背景下,科技与教育领域评价问题的意义影响深远。[1] 科学评价理论研究在不断地发展和完善,文庭孝等论述了目前科学评价活动出现的一些新动向,认为科学评价理论研究表现出科学评价理论的整合、国际融合、知识评价、网络科学评价、科学评价学学科和科学评价文化研究等较为明显的新的发展趋势。[2] 随着大数据时代的到来,大数据环境对科学评价产生了影响。邱均平等根据大数据环境的特点探究了大数据环境对科研方式、科学交流、数据存储技术、数据挖掘与分析技术、政府政策制定等产生了影响,另外,大数据环境对科学评价的认识论和方法论产生了影响,得出了第三方评价将发挥重要作用。[3] 人文社会科学的评价理论和实践问题较多。刘大椿分析了人文社会科学评价是一种价值判断,其评价规范之间存在着学术标准、评价主体与评价程序等相关问题,提出构建和完善中国人文社会科学的评价机制、标准和体系。[4]

在科学评价理论体系的构建方面,文庭孝总结了科学评价实践经验

---

[1] 张其瑶:《没有科学评价就没有科学管理———访中国科学评价研究中心主任、武汉大学教授邱均平》(http://www.cas.cn/xw/kjsm/gndt/200906/t20090608_639305.shtml)。
[2] 文庭孝、邱均平:《论科学评价理论研究的发展趋势》,《科学学研究》2007年第2期。
[3] 邱均平、柴雯、马力:《大数据环境对科学评价的影响研究》,《情报学报》2017年第9期。
[4] 刘大椿:《中国人文社会科学评价问题之审视》,《重庆大学学报》(社会科学版)2009年第1期。

和研究成果，论述了科学评价的内涵、活动、主体、内容、系统，以及科学评价规范、科学评价理论等体系方面的构建问题。① 邱均平等通过构建一个 web 集成智能信息服务平台实现对多种评价对象的评价应用集成，实现评价系统智能化评价信息的社会价值。② 科学评价规范体系是科学评价管理与监督的基础，文庭孝认为科学评价规范体系可以分为机制与制度、政策与法律法规、行业规范、科学评价管理与监督四个层次，提出了科学评价规范程度不同形成了各具特色的科学评价规范体系。③

通过上述分析，科学评价是一个综合的评价方法，在学术界、科研管理和决策部门发挥着重要的作用。那么，学术话语权的科学评价理论为学术话语权评价奠定了基础，科学评价理论可引入学术话语权评价，作为学术话语权科学评价理论的基础之一。科学评价理论将在不同程度上对学术话语权的评价理论形成特有的科学评价标准和体系。

基于上述分析可知，学术话语权的评价方法是一种综合的评价方法，需要在评价实践中不断地完善，不同的学科需根据该学科发展的实际情况和学科特色，客观、科学地进行学术话语权评价。

（二）科学评价方法

学术评价方法是衡量学术水平的重要方式，学术话语权的评价方法是衡量学术综合水平和质量的重要标准，学界对学术话语权评价方法的研究涉及相对较少，对学术评价方法、科学评价方法的研究进行了广泛的探讨，具体研究如下：

科学评价的方法与应用方面，周晓雁简述了科学评价的现状、发展过程及各种评价方法，并探讨了 SCI 在科学评价中的应用和相关问题，提出了相关的建议。④ 高俊宽论述了科学评价及其应用，探讨了文献增长、老化、作者分布、引文分析方法等文献计量学方法在科学评价中的

---

① 文庭孝：《科学评价理论体系的构建研究》，《重庆大学学报》（社会科学版）2008 年第 3 期。
② 邱均平、杜晖：《科学评价管理信息系统构建》，《图书情报知识》2013 年第 1 期。
③ 文庭孝：《科学评价的规范体系研究》，《科学学研究》2008 年第 S1 期。
④ 周晓雁：《科学评价的方法与工具研究》，《情报科学》2009 年第 1 期。

应用。① 学术评价方法可用来衡量发文作者、期刊、发文等的学术水平。科学的学术评价方法能较全面地体现学术成果的影响。杨瑞仙等采用综合归纳等评价方法梳理了国内外学术评价方法研究现状，认为利用引文的评价方法可评价学术影响力，替代计量方法评价社会影响力和社会关注度。② 邹冰冰以情报研究成果为研究对象，运用层次分析法等分析各种评价数学模型对情报研究成果评价的适用性。③

在评价方法方面，胡芒谷从信息经济规模和社会信息化水平视角提出了评价我国信息产业发展水平的方法，并测度和比较了信息产业发展水平。④ 姚永翘介绍了综合指数评价法，认为采用多指标进行评价更合理、科学。⑤ 黄晓斌认为文献的数字化、网络化对引文分析评价方法提出了新的挑战，建议采取一定的改进措施提高引文分析评价的科学性。⑥ 朱大明简述了引证分析与科研评价关系，讨论了基于引证法的各种科学论文评价方法并提出了相关建议。⑦ 高志等综述了个人学术影响力的动态评价方法，得出了个人学术影响力动态评价方法存在的问题。⑧ 徐勇等认为模糊综合评价方法是一种对定性问题进行定量评价的有效方法，利用模糊统计方法确定模糊综合评价的隶属度，对综合评价方法（FCE）进行了实证分析。⑨ 刘红煦等通过文章的 Altmetrics 指标，采用相关分析、主成分分析方法得到适用于具体学科的 Altmetrics 评价指标体系，采用公平性测试方法探索了时间对论文评价相关度的差异。⑩ 刘强等梳理并评

---

① 高俊宽：《文献计量学方法在科学评价中的应用探讨》，《图书情报知识》2005 年第 2 期。
② 杨瑞仙、李贤、李志：《学术评价方法研究进展》，《情报杂志》2017 年第 8 期。
③ 邹冰冰：《情报研究成果评价指标体系及评价方法》，《情报学报》1992 年第 4 期。
④ 胡芒谷：《我国信息产业发展水平的评价方法和指标体系研究》，《情报学报》1997 年第 4 期。
⑤ 姚永翘：《科技文献定量评价方法》，《科技进步与对策》2001 年第 5 期。
⑥ 黄晓斌：《对网络环境下引文分析评价方法的再认识》，《情报资料工作》2004 年第 4 期。
⑦ 朱大明：《基于引证的科研人员学术影响力评价方法讨论》，《科技管理研究》2008 年第 11 期。
⑧ 高志、张志强：《个人学术影响力的动态评价方法研究综述》，《情报杂志》2015 年第 11 期。
⑨ 徐勇、张慧、陈亮：《一种基于情感分析的 UGC 模糊综合评价方法——以淘宝商品文本评论 UGC 为例》，《情报理论与实践》2016 年第 6 期。
⑩ 刘红煦、王铮：《基于"公平性测试"的 Altmetrics 学术质量评价方法研究》，《图书情报工作》2018 年第 16 期。

述了国内外有关科学家定性和定量的评价方法，认为科学家评价工作应从评价理论基础、时间维度、多指标综合的方法、评价实践等多个方面来提升。①

二 学术评价理论及方法

随着国家经济的发展，学术研究在国家发展中的作用日益增强，世界各国越来越重视学术评价，学术评价的问题成为学界和科研管理部门关注的热点。学术评价包含了学术期刊、学术图书、学术论文、学者、大学、学术创新力的评价以及学术评价体系、学术评价机制、学术评价理论、学术评价管理、学术评价指标、学术评价规范的研究等。

学术评价标准对学术研究的发展具有重要的作用。在学术评价标准与量化方面，周进等认为当前高校存在理科院系学术评价标准不规范问题，考察了一些重点理工科大学理科院系学术水平评价状况，提出了学术水平评价标准的规范问题是其影响因素之一。②邱咏梅认为从学者加强自律、强化创新意识、发挥学术批评、完善科学的学术规范体系、健全监督与制约机制等方面建构科学系统的学术评价标准。③党亚茹介绍了中国大学逐渐分成水平不同的层次，分析了目前我国各层次大学学术水平现状，提出了基于弱势院校发展的学术评价基准。④陈兴德等分析了将CSSCI与现行人文社会科学评价机制集合用于高校人事、科研量化管理的诸多问题，认为反思高校学术评价标准与管理文化对建立现代大学制度有借鉴作用。⑤学术评价问题多年来存在量化评价与非量化评价的争论。刘明认为西方创立的科学计量学为从量化的角度评估学术论著

---

① 刘强、陈云伟：《科学家评价方法述评》，《情报杂志》2019年第3期。
② 周进、姚启和：《规范学术评价标准促进理科院系良性发展》，《清华大学教育研究》2001年第1期。
③ 邱咏梅：《建构一种科学系统和公正的学术评价标准——兼论学术的量化评价标准问题》，《学位与研究生教育》2004年第8期。
④ 党亚茹：《弱势高校发展的学术评价基准研究》，《科技进步与对策》2004年第2期。
⑤ 陈兴德、王萍：《高校学术评价标准与管理文化反思——论CSSCI与现行科研人事考核机制的结合》，《科学学与科学技术管理》2005年第6期。

的价值提供了基础，建议探寻治理学术评价量化的途径。[①] 曾繁仁阐述了建立学术评价体系是学术管理科学化和正规化的标志，分析了建立科学评价体系对学者的成长、学风建设与我国整体学术水平提升的作用。[②] 傅旭东等分析了学术评价弊端，并对学术评价绩效进行了界定，提出了影响学术评价绩效的根本因素是对学术内涵、学术评价目的、主体、客体及主客体关系的认识。[③]

目前，建立学者与学术成果相关因素的评价体系显得至关重要，我国各高校已逐步建立了学术评价体系。在学术评价机制和体系方面，董希望认为学术或学术作品的度量一直是学界关注的热点，分析了评价系统受制于执行者的目标等问题，提出了量化考核体制是学术发展以及行政目标影响的结果。[④] 王瑜总结了高校学术评价机制中存在的问题，建议建立多元化的评价体系、回归学术评价的学术取向等完善学术评价机制。[⑤] 朱少强等认为中国学术评价体系需建立相应的元评价机制来引导和规范，建议从评审专家评价、评价机构的评价、评价行业协会等角度构建中国学术评价体系的元评价机制。[⑥] 杨建林等总结了我国现有学术评价机制存在的问题，剖析了评价方式科学化机制、评价社会化机制、监督与公示机制等方面的学术评价机制缺陷。[⑦] 周春雷从现行学术评价体系入手总结了学术评价体系的不足，分析了学术评价问题的根源可构建合理的学术评价标准来解决。[⑧] 张希华等从高等学校学术评价体系的分类构建等方面，论述了高等学校构建科学合理的学术评价体系的重要

[①] 刘明：《科学计量学与当前的学术评价量化问题》，《浙江学刊》2004 年第 5 期。
[②] 曾繁仁：《学术评价体系应该从重数量转到重质量》，《中国高等教育》2007 年第 17 期。
[③] 傅旭东、彭建国、游滨、刘敢新：《学术评价绩效的影响因素分析》，《中国科技论坛》2005 年第 2 期。
[④] 董希望：《学术评价的制度环境分析》，《浙江社会科学》2006 年第 6 期。
[⑤] 王瑜：《高校学术评价机制研究》，《科技管理研究》2009 年第 4 期。
[⑥] 朱少强、唐林、柯青：《学术评价的元评价机制》，《重庆大学学报》（社会科学版）2010 年第 3 期。
[⑦] 杨建林、朱惠、邓三鸿、宋唯娜、潘雪莲：《我国现有学术评价机制的缺陷分析》，《情报理论与实践》2012 年第 6 期。
[⑧] 周春雷：《试论现行学术评价体系的不足与根源》，《图书情报知识》2011 年第 2 期。

性。① 苏云梅等通过学术迹指标探讨了学术评价问题,并结合实例阐述了学术迹评价指标对于学术评价的积极作用。② 薛霁等结合集成影响指标,实证研究了评价学者和大学的核心影响力,认为多变量指标为学术评价提供了多维视角的评价测度。③

在学术评价问题方面,学术评价已成为学术研究的热门议题,学术评价存在不合理的科研体制等问题。张耀铭认为建立学术评价机构准入和退出机制可解决学术评价不合理的问题。④ 学术评价活动可丰富信息评价、信息管理等内容,仲明从情报学角度出发,分析了社会科学学术评价理论,揭示了社会科学学术评价活动过程中的信息内涵以及科研管理与信息管理之间的联系。⑤ 邱均平等提出了宏观、中观与微观学术评价的概念,强调了以科学发展观为指导区分宏观与微观评价在学术评价体系中的职能。⑥ 邓毅探讨了高校学术评价的作用、过程等有关的问题,建议完善科学的高校学术评价体系。⑦ 杨兴林认为学术评价是通过学术成果或学术活动的评判肯定学术活动的学术价值或应用价值,建议学术评价回归本真。⑧ 在大数据和人工智能背景下,苏新宁等探讨了学术评价现状和未来发展趋势,强调学术评价应注重发现学术规律。⑨ 叶继元认为学术评价是一个世界难题,介绍了全评价体系是中国学者提出的有关评价理论的成果,分析了近年来国内外学术评价的难点、对策与走向。⑩ 杨英伦等分析了大数据可能带来的学术评价变革,梳理了学术评

---

① 张希华、张东鹏:《高等学校学术评价体系构建研究》,《科技管理研究》2013 年第 20 期。
② 苏云梅、武建光:《关于学术评价指标——学术迹的探讨》,《情报理论与实践》2015 年第 12 期。
③ 薛霁、鲁特·莱兹多夫、叶鹰:《学术评价的多变量指标探讨》,《中国图书馆学报》2017 年第 4 期。
④ 张耀铭:《学术评价存在的问题、成因及其治理》,《清华大学学报》(哲学社会科学版)2015 年第 6 期。
⑤ 仲明:《从情报学角度看社会科学学术评价》,《情报资料工作》2004 年第 6 期。
⑥ 邱均平、朱少强:《宏观与微观学术评价之关系探讨》,《图书馆论坛》2006 年第 6 期。
⑦ 邓毅:《关于高校学术评价若干问题的思考》,《高教探索》2006 年第 6 期。
⑧ 杨兴林:《学术评价的内涵、异化及本真回归》,《高教发展与评估》2016 年第 6 期。
⑨ 苏新宁、王东波:《学术评价相关问题与思考》,《信息资源管理学报》2018 年第 3 期。
⑩ 叶继元:《近年来国内外学术评价的难点、对策与走向》,《甘肃社会科学》2019 年第 3 期。

价大数据方面的探索，提出了学术评价大数据之路的推进策略。①

通过上述分析可知，学术评价是一个综合的评价活动，对学术研究的发展具有重要的作用，在不同的学术背景下，学术评价的标准、职能和制度各不相同。学术评价的评价方法和评价指标是学术评价理论讨论的重要话语，可见，学术评价的理论对学术评价具有重要的理论作用和实践意义。

三 学术话语权评价理论

关于学术话语权的评价研究，本书查阅了国内外书籍、期刊数据库和网络等相关文献资料，发现对学术话语权的评价方面的研究几乎很少，只有少数的报纸和媒介报道了相关的研究。王广禄认为评价是一个指挥棒，提出了吸引力、管理力和影响力三位一体的综合评价体系，建议要重视期刊传播形式变化，提出要把期刊网站建设、开放获取等纳入评价范围。② 因此，评价指标体系要与时俱进，要引入网站建设、稿件处理系统以及开放获取等评价指标，以便及时掌握学术评价话语权，从而引领中国学术研究的方向。

关于中国学术话语权的评价研究，通过查阅了相关数据库，国内外涉猎的较少，但对学术评价的研究相对较多。

在人类社会发展过程中，评价活动已自然而然地产生。评价是指主体根据自己的需求，按照一定的评价标准，对评价客体进行判断，从而满足自己需要的活动。③ 叶继元提出了评价目的、评价主体、评价客体、评价标准、评价指标、评价方法以及评价制度等一体化的质量"全评价"体系分析框架。④ 郭剑鸣概述了一些国际组织主导政府清廉度评价形成的主观评价、客观评价和主客观综合评价等不同维度的评价话语体

---

① 杨英伦、杨红艳：《学术评价大数据之路的推进策略研究》，《情报理论与实践》2019年第5期。
② 王广禄：《引领学术研究方向 掌握学术评价话语权》，《中国社会科学报》2014年11月28日第A03版。
③ 马力：《大数据环境下人文社会科学评价创新研究》，博士学位论文，武汉大学，2017年。
④ 叶继元：《图书馆学期刊质量"全评价"探讨及启示》，《中国图书馆学报》2013年第4期。

系,并通过评价理念、评价内容、评价规范、评价技术、评价结果等应用话语建构,剖析了国际清廉评价话语体系的特征与不足,指出了国际清廉评价组织话语权的虚伪性。① 耿旖旎等分析了当前全球能源格局及我国能源的话语权,对未来国际能源格局发展方向提出了相应的政策。② 叶惠珍等论述了话语霸权的阶段性凝固和话语权均分趋势,建议构建创新性的评价性语用预设与话语主客体权力再分配机制。③

在学术评价话语权方面,林怀艺认为学术期刊在评价中也有话语权,需要重视学术期刊话语权的评价。④ 韩淑萍阐述了学校要接受有关部门的检查、验收、评估或督导的外部评价推进学校改进的作用取决于很多因素,认为学校在评价过程中将获得越来越多的话语。⑤ 引领学术研究方向掌握学术评价话语权。王广禄认为评价是个指挥棒,设计合理评价指标,提升编校业务水平等方面,对促进学术评价话语权的意义重大。⑥

在参与度与评价相关研究方面,王娜等以构建的用户参与度影响因素测试指标体系为基础,对影响网络动态信息组织未来用户参与度的因素进行分析。⑦ 考察顶级期刊的影响力和高网络参与度论文的特征,对我国科技期刊评价和影响具有重要意义。匡登辉以 Nature 2016 年高网络参与度论文为分析对象,通过文献被引频次和 Altmetrics 指标对高网络参与度论文作者、学科、收录引用文献类型等指标的覆盖率进行分析,得出 Nature 与国际在线发布平台合作服务的新型出版模式在一定程度上对高网络参与度论文有很大影响。⑧ 陈建对综合档案馆存在着公众参与度

---

① 郭剑鸣:《国际清廉评价话语体系认知与中国清廉评价话语权建设——以公众感知与政府自觉的耦合为视角》,《政治学研究》2017 年第 6 期。
② 耿旖旎、范爱军:《我国在新一轮能源变革中的话语权分析——基于国际能源安全的测度》,《经济研究参考》2017 年第 62 期。
③ 叶惠珍、H. J. Helle:《评价性语用预设与话语主客体权力再分配机制》,《解放军外国语学院学报》2012 年第 5 期。
④ 林怀艺:《学术期刊在学术评价中也有话语权》,《中国社会科学报》2018 年 1 月 16 日第 007 版。
⑤ 韩淑萍:《自我诊断助学校赢得评价话语权》,《中国教育报》2014 年 12 月 11 日第 008 版。
⑥ 王广禄:《引领学术研究方向 掌握学术评价话语权》,《中国社会科学报》2014 年 11 月 28 日第 A03 版。
⑦ 王娜、肖倩倩:《网络动态信息组织用户参与度的调查研究》,《现代情报》2019 年第 7 期。
⑧ 匡登辉:《顶级期刊的高网络参与度论文分析》,《中国科技期刊研究》2018 年第 5 期。

的问题，认为公众参与的有效决策模型是解决公众参与问题的有效途径。① 霍明奎等在构建了用户信任、隐私顾虑对移动社交网络参与动机和参与度影响模型基础上，通过调查数据的实证检验得出信任与参与动机、参与动机与参与强度之间存在正相关关系。② 赵文红等利用中国非营利组织与企业合作的现实建立合作双方参与度、信任关系与合作效果的假设模型，得出高的参与程度会带来良好的合作效果。③

通过上述分析，学界对学术评价方面的研究进行了广泛的探讨。关于中国学术话语权的评价，可借鉴学术评价的方法和理论对中国学术话语权进行科学、客观的评价。另外，学术期刊参与度从一定的程度上也体现了学术期刊的影响力和话语权。学术话语权与学术期刊参与度之间存在着密不可分的关系。本书将引入中国学术评价的方法和理论，利用期刊学术论文等相关指标理论对学术话语权进行评价。

第四节　中国学术话语权的评价理论

一　引领力理论

关于引领力定义的研究，学界进行了广泛的探讨，并且不同时期对引领力的定义各有侧重。如学界认为引领力的定义经历了被引领者受到引领的意愿影响、影响人们向共同的方向前进等不同阶段。

引领是指带动事物跟随主体的思想和行为向某一方向运动或发展，一般多用在人类社会中。④ 引领力是对人们的思想和行为的一种引领动向。学界对引领力的研究进行了深入的探讨。

关于核心价值体系和意识形态的引领力，张博颖分析了社会主义核

---

① 陈建：《基于公众参与有效决策模型的综合档案馆公众参与度研究》，《档案学通讯》2016年第6期。
② 霍明奎、朱莉、刘升：《用户信任和隐私顾虑对移动社交网络用户参与动机和参与度的影响研究——以新浪微博为例》，《情报科学》2017年第12期。
③ 赵文红、邵建春、尉俊东：《参与度、信任与合作效果的关系——基于中国非营利组织与企业合作的实证分析》，《南开管理评论》2008年第3期。
④ 《引领·汉典》，[2019-09-26]，https://baike.baidu.com/item/引领/5334215？fr=aladdin#reference-[1]-1812235-wrap。

心价值体系引领力的发展过程，提出了社会主义核心价值体系的引领力体现在向人民群众宣传、传播、教育的方式方法创新上。[1] 陈赵阳认为社会主义核心价值体系引领力具体化为马克思主义的指导力、共同理想的凝聚力、民族精神和时代精神的鼓舞力以及社会主义荣辱观的感化力等。[2] 王永贵认为意识形态建设关乎整个民族和国家的凝聚力和向心力，提出新时期宣传思想工作的纲领性文献将是开辟意识形态建设和宣传思想工作的新境界。[3] 赵慧认为社会主义意识形态引领力与吸引力和凝聚力不同，它是要让人民群众感受到马克思主义在意识形态领域的牵引作用。[4] 邱仁富认为党的十九大提出了建设具有强大凝聚力和引领力的社会主义意识形态，提出要立足信息时代增强新时代社会主义意识形态凝聚力和引领力。[5] 卢黎歌等介绍了网络空间作为意识形态传播的重要载体和平台，提出了建立整合优化、目标导向、利益引导等机制。[6] 田鹏颖分析了增强社会主义意识形态的凝聚力、引领力须从哲学方法论视角正确把握科学与技术的关系、经济与政治的关系等。[7] 段海超等认为提升网络空间中社会主义意识形态的引领力需明确引领主力、吸纳多方力量、汇聚引领合力，以健全体制机制激发引领动力来提升引领能力。[8]

关于引领力提升策略与作用方面，王冬梅等强调了坚持社会主义核心价值体系对网络多元文化的引领，以网络制度建设为保障构建网络时

---

[1] 张博颖：《论社会主义核心价值体系的引领力》，《理论前沿》2009 年第 8 期。
[2] 陈赵阳：《增强社会主义核心价值体系引领力探析》，《西北农林科技大学学报》（社会科学版）2012 年第 3 期。
[3] 王永贵：《不断提升主流意识形态引领力的新理念》，《江苏社会科学》2013 年第 6 期。
[4] 赵慧：《党政期刊社会主义意识形态引领力研究》，《出版发行研究》2018 年第 1 期。
[5] 邱仁富：《论新时代社会主义意识形态的凝聚力和引领力》，《学校党建与思想教育》2018 年第 16 期。
[6] 卢黎歌、李英豪：《论增强网络空间意识形态凝聚力引领力机制建构》，《学术论坛》2018 年第 6 期。
[7] 田鹏颖：《增强社会主义意识形态凝聚力和引领力——新时代意识形态建设的方法论思考》，《中国特色社会主义研究》2019 年第 2 期。
[8] 段海超、蒲清平：《切实提升网络空间中社会主义意识形态的引领力》，《中国高等教育》2019 年第 11 期。

代社会主义主流文化多重引领机制。① 高杨认为提升大学生理论社团的价值引领力需加强党对大学生理论社团的意识形态领导权，以实现政治引领、道德引领、文化引领、舆论引领和话语引领。② Cherry，S. 阐述了领导力的多样性促进了伟大的科学的发展。③ 操菊华等通过强化大数据思维、促进数据资源整合以及创建大数据服务平台等方式实现科学引领、融合引领、精准引领、预测引领以及高效引领来全面提升思想政治教育的引领力。④ 双传学认为创新是提升党的思想引领力的重要方略，需充分应用现代信息网络技术以实现技术创新及思想引领与制度保障相结合的方略创新。⑤ 骆郁廷认为提升新时代党的思想引领力要提升党的思想创造力、思想传播力、思想疏导力和思想转化力，以引领人们的思想行为和社会实践向前发展。⑥ Starr，J. P. 认为引导力能促进公平，强调了学校引领者需致力于为所有学生提供平等的学习机会，引导者要将改进计划过程的重点放在与学生成绩真正相关的事情上。⑦ 权力是领导力的重要组成部分，具有多种复杂形式。Lumby，J. 探讨了高等教育的领导力和力量，分析了英国的一些高等教育领导者如何进行权力互动和使用权力。⑧

通过以上分析，引领力是引导与领率的能力，通常可以从地位、主体、结果和过程的视角进行分析，具体体现在文化、策略、意识形态等

---

① 王冬梅、吴锦春：《网络时代提升社会主义主流文化引领力的挑战与对策》，《思想理论教育》2014 年第 3 期。

② 高杨：《新媒体环境下大学生理论社团价值引领力的提升策略》，《思想教育研究》2018 年第 6 期。

③ Cherry, S., "Diversity in Leadership Promotes Great Science", *Cell Host & Microbe*, 2020, 27 (3), pp. 322–323.

④ 操菊华、康存辉：《大数据作用于思想政治教育引领力的内在机理与推进机制》，《学校党建与思想教育》2019 年第 6 期。

⑤ 双传学：《提升党的思想引领力的内在逻辑与时代回应》，《中国特色社会主义研究》2019 年第 2 期。

⑥ 骆郁廷：《新时代如何提升党的思想引领力》，《人民论坛》2019 年第 12 期。

⑦ Starr, J. P., "On Leadership: Planning for Equity", *Phi Delta Kappan*, 2019, 101 (3), pp. 60–61.

⑧ Lumby, J., "Leadership and Power in Higher Education", *Studies in Higher Education*, 2019, 44 (9), pp. 1619–1629.

各个方面。另外，引领力具体化为马克思主义的指导力、凝聚力、民族精神和时代精神凝聚力等方面。

二 影响力理论

影响力是通过一种别人所乐于接受或认可的方式，从而改变他人的思想和行动的能力。影响力又被解释为战略影响、印象管理、善于表现的能力、目标的说服力以及合作促成的影响力等。① 影响力的不同因素将改变人们思想和行动的力度。影响力普遍存在于人们学习、工作、生活的方方面面，影响人们各方面的思想和行动。关于影响力的研究，学界进行了不同层面的探讨。

关于主体影响力研究，盛志政等强调了要注重自身素质和行为所形成的非权力影响力，通过对他人的思想行为和影响力量，起到指导、启迪、凝聚的作用。② 刘炳香认为领导影响力发挥作用有其特定的社会心理基础，建议从权力性影响力和非权力性影响力两个方面提高领导影响力。③ 张昌俊分析了总编辑的决策与组织指挥对总编辑自身形象的影响，认为这种影响力能统一思想、发挥力量。④ 用户持续不断的内容贡献对于微博的可持续发展至关重要。Liu，X. D. 等基于使用与满足理论（U & G）和社会影响理论（SIT），提出了一个综合的研究模型来了解影响用户在微博上持续的内容贡献行为的因素，得出社会影响力对用户的持续内容贡献行为具有强烈而显著的积极影响，对知觉满足感与持续内容贡献行为之间的关系也具有积极的调节作用。⑤ 高校领导者的领导地位和领导能力对被领导者具有一定的影响力。引领者的影响力从一定程度上实现了引领作用和决定引领效能的关键条件。另外，高校领导者具有专长

---

① 《影响力概念》，[2019-9-23]，https://baike.baidu.com/item/影响力/3348。
② 盛志政、刘琴波：《试论科研院所领导干部的非权力影响力》，《科学学与科学技术管理》1993年第1期。
③ 刘炳香：《论领导影响力》，《理论学刊》2003年第6期。
④ 张昌俊：《总编辑的影响力》，《新闻通讯》1994年第9期。
⑤ Liu, X. D., "Understanding Users' Continuous Content Contribution Behaviours on Microblogs: An Integrated Perspective of Uses and Gratification Theory and Social Influence Theory", *Behaviour & Information Technology*, 2019, 39 (05), pp. 525–543.

性。领导在发挥作用时表现出一种超群的指挥才能。① 张颖卓通过分析高校图书馆领导者素质强调图书馆领导者的影响,从而提高图书馆领导者的决策和管理水平。②

关于网站影响力研究方面,沙勇忠等通过链接分析和网络影响因子测度等方法,评价了我国省级政府网站的影响力。③ 吴雪明综合分析了中国的国际经济地位和影响力,并从相互依存和关联带动视角分析了中国的市场、贸易和金融影响力等。④ Jeon, M. M. 等试图通过住宿网站质量对顾客住宿网站感知服务质量(PSQ)的影响来确定其关键因素,基于网站质量的研究使用网站的功能性和客户体验两个维度来评估网站服务质量,论述了网站质量对住宿网站客户感知服务质量的影响。⑤ 孙志茹等通过信息流抽象的方法分析了思想库参与政策形成的过程,设计了包含直接性影响力和渗透性影响力的综合性思想库政策影响力分析框架。⑥ 刘志鹏等针对移动数据开发了大量系统等应用的基础上,提出了基于时间的影响力模型来更准确地实现移动数据节点影响力的计算。⑦ 消费者使用销售品牌网站的原因可能多种多样,Pallant, J. I. 等分析了用户的浏览、购买或先浏览后购买等行为,通过三个不同零售网站的访问行为揭示了每种访问类型的相关影响因素,得出消费者的访问类型受营销渠道的组合以及他们对该品牌的访问和购买历史的影响。⑧

---

① 王春:《试论高校领导者的特性及其影响力》,《辽宁高等教育研究》1999 年第 3 期。
② 张颖卓:《影响力·控制力·推动力——再谈高校图书馆领导者素质》,《图书馆工作与研究》2000 年第 3 期。
③ 沙勇忠、欧阳霞:《中国省级政府网站的影响力评价——网站链接分析及网络影响因子测度》,《情报资料工作》2004 年第 6 期。
④ 吴雪明:《中国国际经济地位和国际经济影响力的综合分析》,《世界经济研究》2010 年第 12 期。
⑤ Jeon, M. M., "Influence of Website Quality on Customer Perceived Service Quality of a Lodging Website", *Journal of Quality Assurance In Hospitality & Tourism*, 2016, 17 (04), pp. 453–470.
⑥ 孙志茹、张志强:《基于信息流的思想库政策影响力分析框架研究》,《图书情报工作》2011 年第 20 期。
⑦ 刘志鹏、皮德常:《从移动数据中挖掘网络节点的影响力》,《计算机研究与发展》2013 年第 S2 期。
⑧ Pallant, J. I., "An Empirical Analysis of Factors that Influence Retail Website Visit Types", *Journal of Retailing and Consumer Services*, 2017, 39, pp. 62–70.

可见，影响力理论体现在社会生活和学术领域的各个方面，并从理论和实证研究方面进行了深入的探讨。本书主要探讨学术主体的学术影响力，以上研究为学术话语权评价提供了基础理论。

三　竞争力理论

竞争力是参与者双方或者多方的一种比较而体现的综合能力，是一种相对指标，需要通过竞争来表现。① 评价竞争力需确定一个比较竞争力的群体，根据目标时间对竞争群体的表现进行评价。关于竞争力的研究，学界进行了深入的探讨。

在国家、经济、文化竞争力研究方面，Omondi-Ochieng, P. 基于资源的竞争力理论，利用物质资源、人力资源和组织资源来预测大学橄榄球队的竞争力。② 王福军分别以国家竞争优势及产业竞争优势为对象，论述了国际竞争力理论。③ 丁文丽比较了我国国际竞争力系统的各个因素与西方发达国家的差距，建议对我国国际竞争力的薄弱环节采取切实可行的改进对策。④ 赵修卫认为区域竞争力基础多元化是指一个地区的产业竞争力由不同国家的企业在该地区各自竞争力的算术和。⑤ 赵建军等根据全球竞争力报告分析了全球竞争力报告指标体系的构成，揭示了中印经济发展中存在的主要问题。⑥ 万君宝通过西方企业文化竞争力研究的民族文化视角、组织行为视角、国际政治视角等对西方文化竞争力进行了分析。⑦ 段宝岩认为大学文化是国家文化的重要组成部分，大学传播知识、创造成果、培育人才、服务社会等功能对文化竞争力具有重

---

① 《竞争力》，[2019-9-30]，https：//baike.baidu.com/item/%E7%AB%9E%E4%BA%89%E5%8A%9B/81519。
② Omondi-Ochieng, P., "Resource-based Theory of College Football Team Competitiveness", *International Journal of Organizational Analysis*, 2019, 27 (4), pp. 834 – 856.
③ 王福军：《国际竞争力的来源：波特的解释》，《南京社会科学》1999 年第 11 期。
④ 丁文丽：《对提高我国国际竞争力的思索》，《山西财经大学学报》2001 年第 S1 期。
⑤ 赵修卫：《区域竞争力基础的多元化及其思考》，《中国软科学》2003 年第 12 期。
⑥ 赵建军、车娇：《中印国际竞争力比较》，《南亚研究》2010 年第 4 期。
⑦ 万君宝：《西方文化竞争力研究的五种视角》，《上海交通大学学报》（哲学社会科学版）2007 年第 6 期。

要影响。[1]

在竞争力评价研究方面，董月玲等分析了我国高校在世界范围内的学术表现，并从科研影响力、科研产出及科研创造力等方面来评价我国高校学术竞争力。[2] 王莉认为国际竞争力的评价指标体系是一门复杂的系统科学，并指出须从系统论的角度出发提高我国国际竞争力水平的途径。[3] 盛从锋等提出了地区投资环境竞争力的理论框架评价指标体系，并对我国各省市区投资环境竞争力评价进行了分析。[4] 梁晶等以经济实力、创新能力、集群竞争力和区域支撑能力为指标构建了高新科技园区的竞争力评价指标体系。[5] 陈雪梅等通过中国现代服务业的现状构建了我国省际现代服务业竞争力的评价指标体系，并运用支持向量机对中国省际现代服务业竞争力进行评价研究。[6] 卢江阳等通过智库指标的研究成果和网络问卷调查法、科学合理的评价构建了智库竞争力评价指标体系的模型。[7] 宋瑶瑶等采用数据包络分析法的混合定权方法测算了各国基础医学领域的科研竞争力指数，并分析了不同国家的竞争力指数和排名。[8] Ruiz, T. C. D. 利用旅游业竞争力指数、巴西的旅游业竞争力指数与全球竞争力指数进行了比较，提出建设竞争力和创新之间没有适当的联系，理论与实践之间就没有一致性，建议考虑创新效应对旅游业竞争力的重要性。[9]

可见，竞争力、科研竞争力以及对它们的评价已成为学界评价学术成果竞争力的重要理论依据，也是评价学术竞争力和科研竞争力的重要

---

[1] 段宝岩：《大学文化的竞争力》，《中国高等教育》2008 年第 24 期。
[2] 董月玲、季淑娟：《我国高校学术竞争力的评价分析》，《科技管理研究》2013 年第 4 期。
[3] 王莉：《对国际竞争力评价指标体系的理论思考》，《国际经贸探索》1999 年第 4 期。
[4] 盛从锋、徐伟宣、许保光：《中国省域投资环境竞争力评价研究》，《中国管理科学》2003 年第 3 期。
[5] 梁晶、李晶：《高新科技园区竞争力评价指标体系的构建》，《软科学》2011 年第 9 期。
[6] 陈雪梅、梁锦铭：《中国省际现代服务业竞争力评价》，《商业研究》2013 年第 12 期。
[7] 卢江阳、吴湘玲：《构建中国特色智库竞争力评价指标体系》，《中州学刊》2017 年第 11 期。
[8] 宋瑶瑶、李陞、王雪、杨国梁：《国家科研竞争力评价——以 OECD 国家基础医学领域为例》，《科技导报》2019 年第 14 期。
[9] Ruiz, T. C. D., "Competitiveness and Innovation: Theory Versus Practice in the Measurement of Tourism Competitiveness", *Periplo Sustentable*, 2019, (36), pp. 134–156.

理论基础。

四　创新力理论

创新力一般代表了创新能力。党的十八大提出了要实施创新驱动发展战略、十九大提出了要加快创新型国家建设的战略目标。在全球化背景下，创新已上升为国家的重要战略，对促进我国经济、科技、文化等方面的高质量发展具有重大意义。创新理论起源于拉丁语，原意包含有更新、改变等意思，创新主要是通过已存在的事物创造新事物的一种手段。随着科学技术的进步、社会的发展，人们对创新的认识也在不断提升和改变。创新作为一种理论，最早由美国哈佛大学教授熊彼特1912在他的《经济发展概论》中提出，他在其著作中提出：创新是指把一种新的生产要素和生产条件的"新结合"引入生产体系。[1] 他主要从经济学领域提出了多种创新活动，认为不同的创新活动所需的时间不同，对经济的影响及范围程度也各不相同。到21世纪后，互联网、信息技术等推动了知识社会的形成及创新活动和理论的影响进一步提升，创新理论和活动被视为各创新主体、价值实现的焦点。

创新的内容分为产品、市场、技术、资源配置、组织创新等。在期刊创新方面，期刊和网络首发的新型论文发表系统，缩短了论文发表的周期，推动了知识传播与知识创新提速。[2] 可见，创新力不仅对国家经济社会的发展发挥着重要作用，而且在网络期刊首发对期刊更高效推动知识传播及知识创新具有重要的意义和价值。

五　传播力理论

传播力一般是指实现有效传播的能力。传播力从一定程度上代表了一个国家的形象和综合发展状况。国内学界对于传播力的讨论主要有两点。一是传播的能力，主要是探讨传播的硬件和所到达的范围。二是传

---

[1] ［美］约瑟夫·熊彼特：《经济发展理论》，商务印书馆1990年版。
[2] 王凌峰、韩子晴：《知识创新加速器"预印本2.0"：概念、设计与实现路径》，《情报杂志》，2021，40（06）：171–177。

播的效力，强调媒体的传播力取决于传播的广度与精度，认为效果是衡量媒体传播力的重要标准。这两种解释的评价标准都有不足之处，应从能力及效果相统一的视角来界定传播力概念。因此，衡量传播力应从传播主体及传播手段对传播客体所产生的影响进行综合分析和评价。总之，所谓传播力就是传播主体充分利用不同手段，来实现有效传播的能力。而有效传播则是针对目标受众精确、快速实现主体的意图。[①]

卡斯特的《传播力》一书描述了传播过程对于树立与维护各种政治、经济、文化权力的重要性。他认为，在网络新型社会形态中，传播是一个开放、动态的时空。卡斯特的核心观点是指出了一种新的网络社会的诞生，并用宏观视角描绘了这种社会形态，认为权力的角斗场已经摆脱了传统的、等级的、单维度的、简单的结构，逐渐转移到了新型的、水平的、横向的、多维度的、复杂的网络。可见，传播力将在网络时代背景下对各个领域产生较大的影响，且传播力在网络时代对经济社会及综合国力的发展将发挥着十分重要的作用。

第五节　本章小结

本章对中国学术话语权评价研究所涉及的相关理论基础和研究方法进行了系统的分析，梳理了本书将应用到的科学计量学的理论与方法、评价学的理论与方法和学术评价理论与方法。其中，科学计量学的理论与方法主要包含社会网络分析理论与方法、引文分析理论与方法、文献信息统计分析方法；评价学理论与方法主要包含评价学理论、综合评价理论与方法、比较与分析理论；学术评价理论方法主要包含科学评价理论与方法和学术评价理论及方法等。中国学术话语权的核心因素理论；主要包括引领力理论、影响力理论、竞争力理论、创新力理论和传播力理论；本章对相关理论基础和方法进行梳理和归纳，将为后文的中国学术话语权评价研究奠定理论和方法基础。

---

① 程曼丽：《北京大学新闻传播评论》，北京大学出版社2013年版。

第二章 中国学术话语权评价的理论体系分析

本书对中国学术话语权进行评价研究，相关研究术语的界定是展开研究的基础。通过研究前人的相关研究理论，可明确地掌握本书的研究目标。本研究的核心概念研究基础主要包括话语权、中国学术话语权、话语体系等。

第一节 话语权评价分析

在对中国学术话语权展开研究之前有必要先明确本研究相关术语的概念，通过对相关术语的概念和理论可明确本研究的研究对象、研究内容、研究范围以及相关理论与方法。

一 话语权的定义

话语权是当今时代国际形势下不同领域的一种话语或权力之争，在一定程度上体现了不同领域的发展水平和国际实力所产生的影响。话语权也是意识形态思想引领权的实现方式之一。近年来在人文社会科学领域引起了广泛的关注。话语权既是一种工具，也体现了话语权力和权利的结合，在很大程度上传播和影响话语权的产生和发展过程。话语权可通过行使权力者和接受权力者的关系来进行研究。[①] 话语权在国内外都经历了不同的发展阶段。因此，什么是话语权，当今学术界对话语权的

---

① Pierre Bourdieu, *Language and Symbolic Power*, Harvard University Press, 1999, p. 170.

界定在不同的领域存在着不同的见解。

在国外,"话语权"理论由米歇尔·福柯系统阐释形成理论研究热点。话语权最早是由米歇尔·福柯提出来的,他指出:"话语是权力的工具和结果,但也是阻碍、绊脚石、阻力点,也可是相反的战略出发点。"① 米歇尔·福柯说"话语即权力"。他认为"权力意味着组织起来的、等级的、协调的关系"。他还认为话语权是研究权力与话语交叉的体现;同时,指出话语权是一个复杂、多变的概念,话语经过长时间的历史积淀而形成了社会化语码,延伸到话语权力,不断地构建着人类历史和文明。②

在国内,话语权的观点有不同的理解。《辞海》的解释是话语权指人们所享有的发表见解的权利。说话权是指控制舆论的权力,话语权掌握在谁手里就决定了社会舆论的走向。话语权从一定程度上决定了谈话内容。③ 高玉利用"思想史"的方法追溯了话语的内涵,分析了福科、巴赫金、哈贝马斯、海登·怀特、费尔克拉夫等人关于"话语"的观点及其理论基础。④ 话语权是通过话语的运用体现话语权力,而言语权主要是体现表达言语的权利,从这个层面而言,话语权是对外影响力、控制权,而本质是权力(power),不是权利(right)。⑤ 话语是一定社会文化环境中行动者的语言,也是社会现实和社会秩序的产生、维持和再现的主要媒介,理解话语是理解语言的政治社会学。⑥ 郑保卫认为研究话语权就要研究如何增强国际话语权和加强国际传播能力建设,要讲好中国故事和传播好中国声音,为增强国家软实力服务。⑦

对话语权的不同理解体现在话语的权上,权有权利和权力,分别代

---

① 福柯:《性史》,张廷琛等译,上海科学技术文献出版社1989年版。
② 吴贤军:《中国国际话语权构建:理论、现状和路径》,复旦大学出版社2017年版,第17—18页。
③ 在线新华字典,《话语权》,[2019-7-31],http://xh.5156edu.com/html5/z3975m9969j372041.html。
④ 高玉:《论"话语"及"话语研究"的学术范式意义》,《学海》2006年第4期。
⑤ 毛跃:《论社会主义核心价值观的国际话语权》,《浙江社会科学》2013年第7期。
⑥ 卢永欣:《语言维度的意识形态分析》,社会科学文献出版社2013年版,第119页。
⑦ 郑保卫:《传媒话语权与影响力》,湖南人民出版社2018年版。

表不同的话语权。话语在传递过程中产生着权力和权利,同时也强化了权力和权利。话语权中话语与权力相辅相成。① 也就是说,拥有发言权并不一定代表拥有话语权。从某种程度而言,话语是外衣,权力是内核。各学科织成知识大网的话语权体现了话语统治的本质,话语传递、产生、强化权力的过程体现了话语权的生成过程。中国学界、政界近年来新兴话语权一词,中国学界对话语权的定义尚未理论化、系统化,导致话语权的不规范使用以及与英语概念的对接问题。②

  国内学者从权利的角度界定了话语权,认为话语权是言说与表达应享有的自由度,也是公民的一种政治权利。③ 也有学者从权力的角度对话语权进行了界定,认为话语权是话语中蕴含的强制力量或支配力量。④ 从权利和权力两个方面相结合的视角,界定话语权是通过创造、表达、设置、传播和运用一定的话语来影响和引导人们思想和行为的权利和权力。⑤ 话语权力通过一定的话语实践来体现影响力和控制力。杜敏从权利和权力出发对话语权进行界定,认为话语权是话语权利和话语权力的结合体,提出权利的话语权实质是言论自由权,且言论自由权是有限度的,言论自由权会受历史的、物质的、法律的和道德的等方面限制。⑥

  在理论话语研究方面,秦序认为话语是具有一定专业技术特色的概念组织和表述方式,提出话语的自然发展是具有系统性、整体性的话语体系,阐述了各国各民族音乐艺术发展道路、思想概念体系、文化特色、艺术风格的不同导致了不同的音乐学理论和话语体系;得出话语权体现了一定的权威性和影响力以及话语、话语系统与话语权的密切关联。⑦ 理论是构成话语的基本要件,话语通过理论来支撑,不是任何理论都可

---

① 胡伟光、周全华:《论话语权与意识形态领导权》,《中共福建省委党校学报》2019 年第 3 期。
② 孟慧丽:《话语权博弈:中国事件的外媒报道与中国媒体应对》,博士学位论文,复旦大学,2012 年。
③ 陈堂发主编:《媒介话语权解析》,新华出版社 2007 年版,第 1—2 页。
④ 傅春晖、彭金定:《话语权力关系的社会学诠释》,《求索》2007 年第 5 期。
⑤ 骆郁延、史姗姗:《论意识形态安全视域下的文化话语权》,《思想理论教育导刊》2014 年第 4 期。
⑥ 杜敏:《思想政治教育话语权研究》,博士学位论文,兰州大学,2018 年。
⑦ 秦序:《学术、科学"话语"及"话语权"刍议》,《人民音乐》2018 年第 6 期。

转化为话语。陈曙光认为理论转化为话语取决于理论本身、理论对现实的解释力、理论能否通达大众等多方面的因素，强调了大众的生活话语。①

在语言层面话语权的内涵有话语和权两个基本语素。进一步从语法角度来看，檀有志认为话语权一词是一种偏正结构，话语是限定词，而权则是中心词，要想理解话语权的概念，要从这两个方面进行剖析。②

可见，通过以上分析，国内外学者们对话语权有不同的见解。虽然对话语权的定义存在着不同的观点，但对话语权的定义均有一个共同点：话语权是一种专门技术和知识，经过某种话语的发展和积淀而形成的话语权力与话语权利相结合的一种综合影响力和控制力，体现了不同学科和其他各领域的发展水平和实践能力。

二 话语权的类型

关于话语权的类型，不同研究领域的学者从不同的视角进行了归纳和总结。主要体现在以下几个方面。

（一）政治话语权

政治话语权在国际国内事务中发挥着重要的作用。金太军等认为政治话语权影响经济的增长和收益，强调政府要实现长效社会稳定需在全社会范围内树立自由平等协商的制度，实现政治话语权在阶层之间的均衡配置。③ 随着微信在大数据信息中的普遍使用，其传播方式在政治教育中具有较重要的作用；刘鸿雁以青年思想政治教育为背景，分析了微信传播中的思想政治话语权困境，并从多个视角提供了解决策略。④ 赵万江等介绍了《共产党宣言》中包含着马克思主义政治话语权的核心内涵，强调了在新时代坚持和发展马克思主义政治话语权将不断提升中国

---

① 陈曙光：《理论与话语》，《中共中央党校学报》2018年第3期。
② 檀有志：《国际话语权视角下中国公共外交建设方略》，中国社会科学出版社2016年版，第3—5页。
③ 金太军、沈承诚：《长效社会稳定、政治话语权均衡及型构路径》，《社会科学》2014年第9期。
④ 刘鸿雁：《微信传播中的思想政治话语权探析》，《中学政治教学参考》2018年第36期。

共产党的国际政治话语权。① 科技政策的核心问题体现在科技与政治的关系问题上。王璐等指出国防科技需求源于政治需要，提出了就美国而言，任何国防科技政策都具有政治属性且很大程度上取决于具体的政治话语权情境。② 黄忠阐述了十八大以来中央高层对中国国际政治话语体系建设的重视，认为中国国际政治话语体系建设存在学术研究能力欠缺、媒体传播质量不高等问题，建议加强话语传播的针对性等提升策略。③ 政治话语与意识形态之间有着密切的关系，权宗田认为意识形态蕴含着政治意义的结构化政治话语，强调了深入分析政治话语的意识形态属性，有利于赢得意识形态领域的主动权。④

可见，政治话语权在一个国家的政治、经济、文化等各个领域中发挥着重要的作用，并且政治话语权的传播途径也受不同媒介的影响和制约，其发展是一个较为复杂的过程

（二）学术话语权

学术话语权是国家实力的一种体现。随着国家经济实力和各学科的不断发展，学术话语权成为各国竞争力的一个重要问题。学术话语权置于国际性之中，由学术前沿和学术实力所引领。不同学科的学者对学术话语权进行了深入的探讨。

学术自信，首先需要文化自信，学术话语权的评价体系是隐形的指挥棒。中国的学术话语大致经历了科学技术话语、社会科学话语和人文科学话语的建构阶段。哲学社会科学作用和价值有助于发展和构建学术话语权。顾岩峰认为学术话语体系、学术话语权制约高校哲学社会科学的自身和高校服务经济社会的发展，提出了大学智库建设可提升中国哲

---

① 赵万江、杨雨林：《〈共产党宣言〉中的马克思主义政治话语权思想及其在中国的形成与发展》，《四川师范大学学报》（社会科学版）2018年第4期。
② 王璐、曾华锋：《政治话语权下的国防科技政策——以美国"星球大战"计划的出台为例》，《自然辩证法通讯》2012年第5期。
③ 黄忠：《论十八大后中国国际政治话语体系的构建》，《社会科学》2017年第8期。
④ 权宗田：《政治话语的意识形态逻辑》，《武汉理工大学学报》（社会科学版）2016年第5期。

学社会科学话语权。① 曹顺庆等介绍了《毛诗序》按儒家话语模式对《诗经》进行阐释，论述了《毛诗序》学术话语权的形成原因及对文学发展的影响。②大数据时代的社会科学研究出现了计算社会科学术语，并提出通过大数据重构社会科学学术话语体系。侯利文等认为学术话语权的建设问题在现时期具有重要的意义，阐释了中国学术话语权的建设要突出理论建构与实践建构的双重维度，提出了文化自觉、实践自觉、理论自觉是建构学术话语权的重要思路与方法。③ 目前，国内学界提倡建构具有中国特色、中国风格、中国气派的人文社会科学学术话语体系，这也是时代的挑战和经济社会发展的需要。郑杭生认为中国社会学在推进社会学本土化、创造学术话语、把握学术话语权等方面经历了长期探索之路，建议掌握学术话语权要在理论自觉基础上达到学术话语权的制高点。④

通过上述分析可知，学术话语权是当今各国关注的热点问题，我国主要体现在哲学社会科学的发展对构建学术话语权的重要作用和影响。

（三）网络话语权

在互联网技术广泛应用的新时代，通过网络传播话语或话语权已成为一种普遍和便捷的方式。学界对网络话语权进行了不同层面的研究。

在思想政治、意识形态方面，林辉认为新时代重视大学生网络话语权的发展现状，有助于引导大学生做社会主义核心价值观的模范践行者，也是网络强国建设的关键要素。⑤ 胡恒钊等分析了思想政治教育网络话语存在话语权解构、主体权威弱化、话语控制力减弱以及话语影响力降低等现实问题，提出应规范网络话语的场域、拓展思想政治教育网络话

---

① 顾岩峰：《高校哲学社会科学学术话语权：中国语意、现实缺憾与提升策略》，《河北大学学报》（哲学社会科学版）2019 年第 2 期。

② 曹顺庆、王庆：《〈毛诗序〉学术话语权的形成及影响》，《四川大学学报》（哲学社会科学版）2007 年第 4 期。

③ 侯利文、曹国慧、徐永祥：《关于学术话语权建设的若干问题——兼谈社会学"实践自觉"的可能》，《学习与实践》2017 年第 12 期。

④ 郑杭生：《学术话语权与中国社会学发展》，《中国社会科学》2011 年第 2 期。

⑤ 林辉：《新时代大学生网络话语权的引导化育探析》，《思想理论教育导刊》2019 年第 2 期。

语的内容等来重建思想政治教育网络话语权。① 赵丽涛阐述了在网络空间中主流意识形态话语权建构面临着西方话语挤压、宣传话语滞后等问题，提出中国网络意识形态话语权建构应注重网络话语体系建设。② 魏荣等认为高校思想政治教育网络话语权存在受教育者话语权利意识泛化、话语权力关系失衡等现实困境，强调创建思想政治教育的网络话语风格、规制网络话语权力场域等是提升高校思想政治教育网络话语权的有效路径。③

在社会主义核心价值观方面，刘勇等认为网络话语权的弱化和缺失是一些重大突发群体性事件的重要因素，提出了掌握突发事件的网络话语权应规整网络话语权建构、构建舆情引导制度等。④ 桑明旭强调应从主体性层面来构建牢固理论、表述清晰、途径畅通的网络话语体系，认为这是构成社会主义核心价值观网络话语权建设的基本立场和原则。⑤ 在网络时代，社会主义核心价值观网络话语权建设是国家和学界共同关注的问题，黄淑贞认为互联网空间的网络话语权对构建社会主义核心价值观至关重要，提出了创新网络话语内容和传播方式来建设网络话语权。⑥

在社会舆论方面，大数据时代对网络舆情产生重要影响，崔海英从全权利及文化权力的视角，解析了青年学生网络话语权的内涵构成与相互关系，探讨了自觉、自律、自省的"相对权利"的建构。⑦ 黄宝玲认为网络话语的权利与义务、权力与责任双向失衡是当下网络话语权存在

---

① 胡恒钊、王揽：《新时代思想政治教育网络话语权的缺失与重塑》，《广西社会科学》2018年第11期。
② 赵丽涛：《我国主流意识形态网络话语权研究》，《马克思主义研究》2017年第10期。
③ 魏荣、戚玉兰：《高校思想政治教育网络话语权研究》，《学校党建与思想教育》2017年第17期。
④ 刘勇、黄杨森：《网络话语权与重大群体事件网络舆情引导策略研究》，《行政论坛》2018年第4期。
⑤ 桑明旭：《加强社会主义核心价值观的网络话语权建设》，《思想理论教育导刊》2017年第4期。
⑥ 黄淑贞：《"互联网+"时代社会主义核心价值观网络话语权建设》，《中共福建省委党校学报》2018年第11期。
⑦ 崔海英：《"全权利"与"文化权力"：大数据视域下青年学生网络话语权探微》，《思想教育研究》2016年第1期。

的问题,提出引导网络舆论必须在约束与规范网络话语权力中构建网络话语权。① 赵云泽等通过社会分层理论分析了网贴内容,论述了当今中国网络话语权的阶层结构,强调了话语权结构不平衡等问题。② 祝大勇借鉴话语理论把网络话语的内涵分为网络语言、网络语境和网络话语权,分析了网络语言的特定规则、网络语境的去权威化特征和网络话语权的生成过程。③ 袁琼等提出政府要强化对网络话语权的掌控、创新和完善互联网舆论监控机制,阐述了构建和平衡网络话语权与互联网舆论监控的关系。④

从法律的角度而言,王军权提出网络话语权的规制应借助刑法、民法及行政法的不同规则,保障网络信息发布者话语权以免造成信息受众的信息获取权、隐私权等受到损害。⑤

通过以上分析可知,不同学者分别从思想意识形态、社会主义核心价值观、法律等角度全面探讨了网络话语权。

(四)期刊话语权

目前,我国学术期刊国际化程度还不高,期刊话语权在国际上较为缺乏,学者从不同的视角进行了研究。

尹金凤等认为学术期刊编辑要有责任和担当提升我国学术话语在国际上的影响力和话语权,强调了学术期刊编辑应对内容和导向、学术创新和学术繁荣进行把关。⑥ 张静等认为中国科技期刊是构建国际学术话语权的重要路径,分析了国内英文科技期刊构建国际学术话语权的现

---

① 黄宝玲:《权利与权力视域中的网络话语权》,《行政论坛》2015年第6期。
② 赵云泽、付冰清:《当下中国网络话语权的社会阶层结构分析》,《国际新闻界》2010年第5期。
③ 祝大勇:《网络话语的三个层次及其对思想政治教育的启示》,《思想理论教育》2016年第7期。
④ 袁琼、吕雪梅:《网络话语权与互联网舆论监控机制研究》,《山东社会科学》2010年第11期。
⑤ 王军权:《网络话语权的规制模式研究》,《法律适用》2015年第2期。
⑥ 尹金凤、胡文昭:《如何提升中国学术的话语权——兼论学术期刊编辑的问题意识与学术使命》,《中国编辑》2018年第7期。

状。① 姜志达认为解决社科学术期刊国际化研究需创新实现路径,建议提升期刊的议题设置权及利用好各类传播平台来提升期刊传播效果。② 国际学术期刊编委掌控着国际学术话语权,在大学的学科建设中扮演着重要角色。王兴以国际学术期刊编委数量作为学科评价指标,利用 SCI 期刊编委作为评价对象构建了国际学术话语权评价体系,提出了编委排名与大学学科综合排名、论文数量、总被引频次、h 指数等科研产出指标均存在着积极显著的相关关系。③ 伍婵提等梳理了中西人文学术期刊不同的学术评价体系、学术文化语境等,阐明了我国人文学术期刊国际话语权提升的要质。④ 期刊出版工作是提升学术话语权和软实力方式之一。李军认为要树立文化自信扎实有效地推进期刊建设和发展。⑤ 沙莉通过几种具有代表性的教育政策研究英文期刊,分析了当前教育政策研究的国际热点与话语权特征的关系。⑥ 梁小建分析了我国学术期刊在公信力、期刊质量和传播能力等方面缺乏国际话语权的根本原因,建议提高出版质量增强我国学术期刊国际话语权。⑦ 张楠认为学术期刊的权力和利益较多地体现在话语权上,建议学术期刊需考虑固有资源优势与话语权的创新途径。⑧ 科技期刊编辑的话语权是期刊话语权的重要组成部分,吴学军等分析了编辑话语权失度对期刊的不利影响,认为编辑须拥有适度的话语权以及融入多元素、多视角构建编辑科学的话语权平台。⑨

可见,学术期刊是学术话语权重要的组成部分,对提升学术话语权具有重要作用。学界对学术期刊的编辑、期刊质量、传播能力、评价体

---

① 张静、郑晓南:《中国英文科技期刊国际学术话语权的构建》,《科技与出版》2017 年第 6 期。
② 姜志达:《话语权视角下的社科学术期刊国际化研究》,《出版发行研究》2018 年第 1 期。
③ 王兴:《国际学术话语权视角下的大学学科评价研究——以化学学科世界 1387 所大学为例》,《清华大学教育研究》2015 年第 3 期。
④ 伍婵提、童莹:《我国人文社科学术期刊国际话语权提升路径》,《中国出版》2017 年第 15 期。
⑤ 李军:《提升"话语权"和软实力 期刊出版工作任重道远》,《传媒》2016 年第 20 期。
⑥ 沙莉:《当前教育政策研究的国际热点与话语权特征——基于 7 种代表性英文期刊的文献计量分析》,《上海教育科研》2016 年第 7 期。
⑦ 梁小建:《我国学术期刊的国际话语权缺失与应对》,《出版科学》2014 年第 6 期。
⑧ 张楠:《数字出版时代:学术期刊话语权流变及分析》,《编辑之友》2012 年第 12 期。
⑨ 吴学军、余毅、王亚秋:《论科技期刊编辑话语权》,《编辑学报》2012 年第 4 期。

系、创新途径等方面进行了广泛的探讨。

三 话语权评价的作用

话语权在增强国家文化软实力和提升话语自信方面发挥着重要的作用。具体表现在以下几个方面：

(一) 经济作用

话语权的强弱很大程度上是由各国的地位和身份决定的，各国的地位和身份主要体现在国家的综合实力，特别是经济实力上。如新中国成立初期，经济发展缓慢，导致在国际上的话语权十分有限。然而，在我国深入实施改革开放政策后，如今综合国力和经济实力明显提升，在国际上的话语权也明显地得到了改善。在这个过程中，话语权对经济发展的作用是一个逐步提升的过程。话语权的建设和经济发展密切相关，在一定程度上，话语权的地位和身份反映了一个国家的综合国力和经济实力；相反，一个国家的综合国力和经济实力也体现了该国的话语权地位和身份。因此，话语权可以说是一个国家综合国力和经济实力的重要组成部分，也是当今各国经济发展所需要的。

(二) 政治作用

无论是在网络时代或未出现网络以前，话语权在政治中的作用是较为显著的。从某种程度上而言，话语权推动了政府和公众的沟通，有助于公众行使话语权；同时也提升了公众参与公众事务、监督政府的能力。从公众的角度而言，有助于制约政府的行为。公众通过网络行使话语权也提升了公众监督政府的力度。另外，从国家层面而言，政治话语体现了中国特色的政治制度，也代表了党的思想理论语言符号。习近平总书记强调："要精心做好对外宣传工作，创新对外宣传方式，着力打造融通中外的新概念新范畴新表述，讲好中国故事，传播好中国声音。"[1] 学术话语权具有深层的意义和内涵、价值判断等功能，在政治认同与社会建构中具有重要的引导作用。

---

[1] 《习近平谈治国理政》，外文出版社2014年版，第156页。

（三）文化作用

话语权在文化中的作用一直存在，并且对文化的影响较大。文化话语权的概念和价值也是学界一直探讨的热点问题。文化话语权是一个国家自主提出、表达、传播一个国家的文化话语，维护一个国家的文化安全，主导一个国家的文化发展，维护一个国家的文化权益和根本利益的权利和权力。[①] 可见，文化话语权在提出、表达、传播和发展等方面发挥着重要的作用。一个国家文化的好坏直接影响了国家的文化话语权，要维护好文化权利和权力，才能更好地在国际上拥有并掌握文化话语权。因此，文化的内容、载体、主体和传播方式等方面直接影响文化话语权的地位和作用。

第二节　中国学术话语权评价分析

一　中国学术话语权的概念

学术话语权是国家话语权的一部分。目前，学术话语权是国内外学者关注的一个极为重要的问题。习近平总书记在哲学社会科学工作座谈会上对学术话语权做了深刻的论述。提升哲学社会科学学术话语权是一个综合性工程，学术话语权不仅在学术层面，而且要放到更大的格局中加以讨论和把握。关于学术话语权这一主题，本书先后通过书籍、期刊数据库和网络等对有关文献资料进行了查阅。经查阅大量文献资料和已有研究发现，涉及学术话语权的文献学界几乎没有对学术话语权作出明确的界定。学界从不同的视角对学术话语权的相关研究进行了探讨。

学术话语权是一个民族精神和文化的重要载体。黄家亮认为学术话语权是指在学术领域中，说话权利和说话权力以及话语资格和话语权威的统一，强调了学术话语权由创造更新权、意义赋予权、学术自主权等类型，提出国家与社会关系的问题实际上是学术话语权背后涉及的根本理论问题。[②] 韩璞庚认为学术话语是对学术问题的言说与表达，学术话

[①] 骆郁廷、史姗姗：《论意识形态安全视域下的文化话语权》，《思想理论教育导刊》2014年第4期。

[②] 黄家亮：《社会调查与中国社会科学的学术话语权——兼评郑杭生"社会调查系列丛书"》，《中国图书评论》2012年第2期。

语体系是对学术话语符号元素的有机整合①,可见,学术话语权是学术话语和学术话语体系的有机统一。另外,张正堂介绍了中国管理科学的学术话语权经历的不同阶段,分析了其政策偏离等综合因素,建议扎根于中国管理实践问题推进中国管理科学学术话语权的建立。②张连海认为全球学术界可视为一个学术共同体,学术话语权是在共同体内进行知识生产和知识传播,建议提升学术话语权需要知识生产质量、表达特色、知识传播广度等来实现。③叶松荣探讨了西方音乐研究对构建中国学术话语权的影响,强调了外来影响力为构建中国特色的西方音乐学术话语权奠定基础。④奂平清认为中国社会学的理论地位、学派等都离不开自身的理论自觉,建议中国社会学应充分利用中国社会历史性变迁等特点形成自己的学术话语。⑤高玉认为中国学术话语是中国特有的术语、概念、范畴和言说体系,体现了中国特有的言说方式或表达方式,根源在于中国社会现实和人生经验。⑥

通过以上分析可知,中国学术话语权是一个复杂、综合的概念,相关研究涉及不同的理论和实践视角。学术话语权,从某种程度而言其本质是一种学术影响力,外延上也是影响和改变的一种力量。中国学术话语权与国际化密切相关,不同问题的话语表述被广泛接受和认同是学术话语权构建的关键。因此,本书可尝试将中国学术话语权定义为:从根本上是指中国学术界所特有的术语、概念、范畴和话语体系,是对学术问题进行一定的言说和表达,是一个复杂的概念,涉及学术研究的诸多

---

① 韩璞庚:《公共理性视域中的学术期刊与中国学术话语建构》,《福建论坛》(人文社会科学版)2009 年第 11 期。
② 张正堂:《中国管理科学学术话语权构建与高校科研行为引导》,《南京社会科学》2016 年第 11 期。
③ 张连海:《共同体视阈下中国学术话语权发展路径的转换》,《湖北民族学院学报》(哲学社会科学版)2017 年第 5 期。
④ 叶松荣:《坚守与超越——关于西方音乐研究中构建中国学术话语权的思考》,《中国音乐学》2018 年第 4 期。
⑤ 奂平清:《社会学的理论自觉与学术话语权——2010 年中国社会学主要观点》,《人民论坛》2010 年第 36 期。
⑥ 高玉:《中国现代学术话语的历史过程及其当下建构》,《浙江大学学报》(人文社会科学版)2011 年第 2 期。

方面，由一定的学术实力、学术参与度和学术规则掌握度等综合因素组成的，这些组成部分可以通过学术共同体、学术期刊以及学术数据库等方面体现学术话语权；学术话语权一定程度上反映了知识生产与传播的结果，也体现了学术话语权利和权力的相互统一。

通常情况下，中国学术话语是有影响力的学派、有影响力的国家和地区，某一学术领域研究在国际学术界的权威话语平台传播学术理念来确立其学术地位和学术影响力。同时，其学术理念得到其他国际社会或群体的认同和接受，并且影响了整个学术研究发展的方向。学术话语权的基本要素可以通过学术质量、学术评价和学术平台的基本要素来构建。

二 中国学术话语权评价的作用

在国际上学术话语权的争夺以一种新的方式展开，特别是在大数据时代，学术产出能力和研究范式推广能力都需通过数据资源与计算能力来呈现。因此，国家需利用相关的数据资源、统计计算、相关评价等来掌握和评估学术话语权。评价是人类的基本活动，马维野认为评价在人类社会活动中发挥着重要作用，主要包括判断、预测、选择、导向、诊断、激励作用及合理配置资源的作用等。[1] 改革开放以来，中国的综合国力不断提升，在经济、政治、文化活动中，中国学术国际话语权总体上仍处于弱势地位。针对国家、政治、国际关系话语权评价的作用相关研究，学界主要进行了以下几个方面的探讨。

国家话语权评价的作用方面。在经济全球化背景下，国家话语权与信息安全密切相关。鲁炜分析了经济全球化背景下信息革命使世界形势变得更复杂，认为谁掌控话语权就掌控了信息流动的方向，强调了话语权和信息安全已成为国家软实力的重要标志。[2] 许森介绍了我军在国际舆论的关注度滞后，建议提升国家、军队在国际政治中的话语权。[3] 王岩强调了加强我国国家话语权对增强国家综合实力的重要性，提出使用

---

[1] 马维野：《评价论》，《科学学研究》1996年第3期。
[2] 鲁炜：《经济全球化背景下的国家话语权与信息安全》，《求是》2010年第14期。
[3] 许森：《提升国家话语权应在追求最佳传播效果上多管齐下》，《中国党政干部论坛》2010年第10期。

正确的话语权表达方式、创新国家话语权等途径来提升我国国家话语权。①梁一戈等介绍了国家拥有的世界话语权和国家形成的综合实力与话语权相关，提出如何从国家新闻话语视角提高国家的国际交流水平。②

习近平总书记强调了增强国际话语权的重要性。陈岳等强调了国家话语权利与权力对国家话语权的重要意义，认为这是新时期提高国家话语权的重要路径。③蔡守秋等认为借助新型法律制度争夺国家话语权是提升国家生态治理能力现代化的重要内涵。④国家话语在国际关系中也具有重要作用，杨林坡认为国家话语是国家有目的、有意识地使用语言表达观念、观点等的国家行动，并且国家的话语行动影响社会认知、决策与行为方式。⑤李丽娜论述了以经济、政治、文化、生态、安全作为解读习近平总书记关于国际话语权重要论述的主要呈现领域。⑥陈璐强调了通过构建国家信用评价体系来提高新兴市场国家话语权。⑦杜娟认为信息技术与国家话语权的关系息息相关。⑧鲁炜认为信息流引导资本和市场并掌控着国家话语权，强调国家话语权与信息安全的关系变得越来越密切，信息安全体现了一个国家的经济实力及软实力状况。⑨刘鸿武认为中国需在人类知识、思想、学术等领域作出原创性贡献，提出从国家文化发展的战略高度建构有特色的中华民族国际学术平台和中国的话语权。⑩刘志礼等分析了西方对中国道路问题的争论要系统梳理中国话语体系的过程，提出从中国的问题和经验出发探寻中国道路的国家与

---

① 王岩：《对加强我国国家话语权的思考》，《传承》2015 年第 7 期。
② 梁一戈、杨朝钊：《浅论国家话语权提高的重要性与实践性》，《科学咨询（科技·管理）》2014 年第 8 期。
③ 陈岳、丁章春：《国家话语权建构的双重面向》，《国家行政学院学报》2016 年第 4 期。
④ 蔡守秋、黄细江：《论遗传资源知识产权领域的国家话语权博弈与生态治理能力现代化——兼评〈遗传资源知识产权法律问题研究〉》，法学杂志 2017 年第 9 期。
⑤ 杨林坡：《国际关系中的国家话语研究》，博士学位论文，中共中央党校，2017 年。
⑥ 李丽娜：《习近平国际话语权思想研究》，博士学位论文，华南理工大学，2018 年。
⑦ 陈璐：《构建国家信用评价体系 提高新兴市场国家话语权》，《中国贸易报》2018 年 12 月 20 日第 006 版。
⑧ 杜娟：《信息技术与国家话语权》，《中国社会科学报》2017 年 5 月 2 日第 005 版。
⑨ 鲁炜：《经济全球化背景下的国家话语权与信息安全》，《求是》2010 年第 14 期。
⑩ 刘鸿武：《在国际学术平台与思想高地上建构国家话语权——再论建构有特色之"中国非洲学"的特殊时代意义》，《西亚非洲》2010 年第 5 期。

国际文化价值认同来提升中国话语权。① 林洲钰等通过国家科技研发的中国创新型企业数据,探测了企业在国家标准竞争过程中的策略动机,得出了技术创新水平高的企业在国家标准制定中具有更大的话语权。② 邓远萍等认为当代国际化的理论需提升马克思国家理论话语权,强调了马克思的国家理论研究应在开放性的全球化历史语境中借鉴学术资源转变和创新话语内容。③ 陈岳等认为国家话语权利与国家话语权力主要是通过话语权传播来确立中国的主体地位,强调了中国话语的影响力和支配权,提出了共同构筑国家话语权的双重目标来提高国家话语权。④ 邓验等分析了大数据时代国家意识形态话语权建构的重要性;提出了通过协同话语主体、改革话语内容等核心举措促使大数据时代国家意识形态话语权的建构。⑤ 沈国麟等聚焦中国和俄罗斯的国家电视台,探讨了国家在社交媒体上的话语传播,并把它们与CNN的社交媒体话语进行比较,认为从社交媒体的影响力来看,中俄国家电视台与美国的CNN相比还有一定的差距。⑥

在政治话语权评价的作用方面,毛旻铮等分析了网络话语权的社会性特质,探讨了网络话语权对当代中国政治文明建设的影响以及促进网络话语权发展的基本原则。⑦ 莫勇波阐述了话语权是社会人表达意愿的权利和资格,是通过话语方式表达诉求、影响他人以及政策决策的权力和手段,强调了话语权的二重属性是权利与权力以及自由与民主是话语权的基本要求。⑧ 叶德明分析了思想政治教育话语权远离生活世界、话

---

① 刘志礼、魏晓文:《提升话语权视域下"中国道路"研究的思考——兼谈西方国家的"中国道路"之争》,《中国特色社会主义研究》2012年第4期。
② 林洲钰、林汉川、邓兴华:《什么决定国家标准制定的话语权:技术创新政治关系》,《世界经济》2014年第12期。
③ 邓远萍、王刚:《马克思国家理论的话语权论析》,《中共天津市委党校学报》2015年第5期。
④ 陈岳、丁章春:《国家话语权建构的双重面向》,《国家行政学院学报》2016年第4期。
⑤ 邓验、张苾莹:《大数据时代国家意识形态话语权建构的逻辑进路》,《思想教育研究》2018年第1期。
⑥ 沈国麟、樊祥冲、张畅:《争夺话语权:中俄国家电视台在社交媒体上的话语传播》,《新闻记者》2019年第4期。
⑦ 毛旻铮、李海涛:《政治文明视野中的网络话语权》,《南京社会科学》2007年第5期。
⑧ 莫勇波:《论话语权的政治意涵》,《中共中央党校学报》2008年第4期。

语霸权泛化等困境,提出要实现平等对话、教育内容趋向生活世界以及建构思想政治教育话语新体系。①骆郁廷等强调了大学生思想政治教育需适应社会信息化发展不断地提升网络文化话语权,着重介绍了网络领域的文化话语,建议提升大学生思想政治教育网络文化话语权需加强网络信息技术建设。②郑永廷等认为思想政治教育学科话语权、主导权之争最终是坚持价值取向和遵循学术规范之争,提出面对坚持思想政治教育学科话语权与主导权的挑战须加强思想政治教育学科的吸引力与影响力。③欧阳光明等认为新媒体时代思想政治教育的话语权受互联网新思维与新话语的冲击,提出须把握新媒体时代创新思想政治教育话语权的建构模式,以此来占领思想政治教育话语权的新媒体制高点。④魏荣等认为思想政治教育的话语权通过教育主客体相互作用的复杂关系产生,是影响教育思想传播的关键要素。⑤史小宁等认为随着我国社会思想领域发生变化,要在思想政治教育话语权建设领域坚持重要的方法论原则以及坚持面向中国问题的实践原则。⑥李丽认为掌握新时代网络思想政治教育话语权需要深化话语内涵,建议通过转变话语方式来增强网络思想政治教育话语思想的权威性。⑦袁三标认为西方文化意识形态已全球性扩张与侵蚀霸占了中国主导意识形态的话语权,建议创建当代中国实际的国家意识形态结构体系来实现意识形态现代性转化。⑧邹绍清认为我们肩负着重建马克思主义主导话语权的历史使命,提出要坚持以科学发展

---

① 叶德明:《思想政治教育话语权浅论》,《教育评论》2009年第3期。
② 骆郁廷、魏强:《论大学生思想政治教育的网络文化话语权》,《教学与研究》2012年第10期。
③ 郑永廷、曹群:《坚持思想政治教育学科的话语权与主导权》,《思想理论教育》2015年第3期。
④ 欧阳光明、刘秉鑫:《新媒体时代思想政治教育话语权及其建构维度》,《思想理论教育》2016年第6期。
⑤ 魏荣、戚玉兰:《高校思想政治教育网络话语权研究》,《学校党建与思想教育》2017年第17期。
⑥ 史小宁、权新月:《论思想政治教育话语权建设的方法论原则》,《思想教育研究》2018年第1期。
⑦ 李丽:《新时代网络思想政治教育话语权的建构路径》,《思想理论教育导刊》2019年第3期。
⑧ 袁三标:《从话语权视角看国家意识形态的现代性转化》,《理论导刊》2006年第12期。

观为指导、马克思主义一元主导与现实的多元语境话语体系创新相统一。[①]肖庆生等认为新媒体背景下思想政治教育活动中的话语权出现滞后、低效问题，建议提升大学生思想政治教育的话语权要充分利用新媒体拓展大学生思想政治教育话语资源来提高话语传播的有效性。[②]

在国际关系话语权评价的作用方面，话语权是在国际社会中国家实力的重要体现，国际关系从一定程度上也反映了各国在国际上的影响力和话语权实力。对国际关系的研究，可从一个视角评价不同国家的话语权。关于国际关系与话语权相关的研究，贺鉴等认为联合国维和行动中的话语权体现在决策制定、经费分摊、国际舆论的影响等方面，提出中国应承担更多的国际责任增强在联合国维和行动中的话语权。[③] 焦世新等认为美国的软实力和发展模式日趋下滑，提出中国在国际关系理论中要争取国际秩序变革中的主动权[④]，这样中国才能掌握国际关系理论研究的话语权。在加强国际关系研究领域，中国话语体系建设和中国话语权的理论提升方面，周敏凯认为在当今国际关系领域建构中国话语体系和提升话语权须以中国特色社会主义理论体系为指导思想，进一步推进中国哲学社会科学的学科发展，从而不断创新国际关系领域的中国学派与中国话语体系。[⑤] 杨林坡利用中美新型大国关系和对话为案例，分析了国家话语在关系互动中的作用机制，强调了中国要构建具有中国特色和内涵的话语权体系来提升中国国家话语权。[⑥] 在国际政治关系中，语言对于塑造全球政治的作用非常重要，王玛认为话语建构对于国际政治行为以及全球知识文化建构产生了重要的影响，提出了加强国家话语体

[①] 邹绍清：《论意识形态主导话语权的变革——科学发展观统领思想政治教育话语体系创新的方法论阈》，《马克思主义研究》2013年第3期。

[②] 肖庆生、任佳伟、刘畅：《新媒体背景下大学生思想政治教育话语权的科学构建》，《思想理论教育》2014年第4期。

[③] 贺鉴、陈诚：《论中国在联合国维和行动中的话语权》，《国际关系学院学报》2009年第5期。

[④] 焦世新、周建明：《美国是"负责任"的实力下降霸权吗？——兼论中国必须掌握国际关系理论研究的话语权》，《世界经济与政治》2011年第12期。

[⑤] 周敏凯：《加强国际关系领域中国话语体系建设 提升中国话语权的理论思考》，《国际观察》2012年第6期。

[⑥] 杨林坡：《国际关系中的国家话语研究》，博士学位论文，中共中央党校，2017年。

系的启示和建议。[①]

综上分析，关于国家、政治和国际关系话语权学界进行了深入广泛的研究，取得了一定的研究成果。国家和政治话语权多是从不同的角度围绕国家话语权展开的研究，涉及国家政治、经济和文化的各个方面，国家关系话语权大多是从不同的角度围绕国际关系话语权展开的研究，涉及国际关系话语权的影响、理论研究、话语体系建设等不同方面，直接涉及国家、政治和国际关系话语权的评价几乎较少，但从该方面的研究中反映出了国家、政治和国际关系话语权评价研究的重点，为本书的学术话语权研究奠定了基础。

三 中国学术话语权评价的核心因素

随着社会的发展和全球经济、综合国力的不断提升，话语权的争斗也日益凸显出来。科学技术的发展和进步也通过学术话语权在不同的层面得以体现。然而，学术话语权代表了某一领域的学术标杆，其主要作用可通过引领力、影响力和竞争力来体现。

（一）引领力因素

学术话语权的引领力表现在领导人、倡导人和规范人上。学术引领力具体通过学术的领导者、倡导者、规范者来表现。引领力因素主要体现在文化引领力、组织影响力和人格影响力等方面。

文化引领力。党的十八大报告强调要掌握意识形态工作领导权和主导权。在网络时代，王冬梅认为提升社会主义主流文化的引领能力要以社会主义核心价值体系为统领来营造健康良好的网络环境等。[②] 王永贵等分析了网络意识形态与互联网技术的关系，强调必须坚持以社会主义核心价值观为引领不断提升微时代社会主义主流文化的引领力。[③] 周建森认为国有出版企业从主题出版、文化教育、重点规划、社会重大关切、

[①] 王玛：《国际关系分析实践中的话语问题研究》，硕士学位论文，广西师范大学，2015年。
[②] 王冬梅：《网络环境下提升社会主义主流文化引领能力的着力点》，《思想政治教育研究》2014年第1期。
[③] 王永贵、王建龙：《微时代背景下提升社会主义主流文化引领力探析》，《探索》2018年第4期。

文化惠民、走出去等提升出版引领力。① 可见，文化自信赋予了社会主义意识形态深层、持久、广泛、稳定的引领力。

组织引领力。组织引领力是一个多元发展路径，通常体现在政治、社会和基层的引领上。詹虚致从女性参与基层治理的实践路径研究出发，以组织引领和多元推进作为两个方向，探讨了女性参与基层治理的路径。② 亢荣等分析了发挥行业协会在知识产权创新、保护中的引领作用，提出以自主创新为主线推动知识产权不断发展。③ 张瑞雅等界定了大学生个性发展的内涵，提出通过一定的对策引导大学生处理好全面发展与个性发展的关系，从而更好地引导大学生个性发展。④

人格引领力。高稳认为教师的人格好坏对引领学生的健康成长发挥着至关重要的作用，提出要塑造教师完美人格来引领学生健康成长。⑤ 王辅成提出用真理和人格引领社会，并传播社会主义核心价值观。⑥ 张向前分析了社会主义核心价值观对大学生健全人格培育中的重要引领作用，提出高校应以社会主义核心价值观为指导引领大学生健全的人格培育。⑦ 韩锦标认为周恩来精神是中国共产党和中华民族的宝贵精神财富，是大学生理想人格的最高境界。提出用周恩来精神引领大学生人格的培养。⑧

可见，文化引领力、组织引领力和人格引领力在政治、经济、文化、权力、制度、教育等各个方面发挥着重要的作用。

（二）影响力因素

影响力主要有文化影响力、道德影响力、学术影响力、能力影响力、

---

① 周建森：《出版做实"党建+"提升引领力》，《中国出版》2016年第11期。
② 詹虚致：《组织引领与多元推进：女性参与基层治理的路径研究——以广东省顺德区为例》，《中国农业大学学报》（社会科学版）2019年第2期。
③ 亢荣、钱斌：《发挥行业组织引领作用，推动知识产权工作向纵深发展》，《电器工业》2016年第10期。
④ 张瑞雅、王集令：《如何让青年群体引领中国未来》，《人民论坛》2013年第5期。
⑤ 高稳：《塑造教师完美人格 引领学生健康成长——锦州市义县大定堡学校》，《辽宁教育》2015年第16期。
⑥ 王辅成：《用真理和人格引领社会》，《党建》2017年第5期。
⑦ 张向前：《以社会主义核心价值观引领大学生健全人格培育》，《学校党建与思想教育》2016年第16期。
⑧ 韩锦标：《用周恩来精神引领大学生人格培养》，《毛泽东思想研究》2008年第6期。

个人影响力等。

个人影响力体现在不同的研究层面。谢晓非等通过问卷调查方式对管理者个人影响力进行了研究，发现管理人员中存在权力、关系、人格变量上的均值差异达到了显著性水平。[①] 臧思思等根据不同领域的研究方向对作者的影响力进行了评价，提出了一种基于研究方向的作者影响力评价方法。[②] 衣远分析了中国同中南半岛的文化外交活动呈现活跃发展的态势，认为各国的地缘环境影响了中国文化传播的态度，从而影响了各国和中国文化交流的模式。[③] 袁媛等认为我国文化影响力也不断提升，提出面对复杂多变的国际局势和舆论格局需要把握新形势，坚定文化自信等提升中华文化影响力。[④] 彭远红等认为我国学术影响力的自身国际地位发展水平还有待提升，提出中国精品学术书刊走出去是传播中国学术和提升中国学术全球影响力的重要途径之一。[⑤]

本书将主要从学术主体的层面讨论学术影响力，学术主体影响力主要是从学者学术影响力、机构学术影响力和国家学术影响力等方面加以讨论。

（三）竞争力因素

竞争力因素包含管理竞争力、科研竞争力、文化竞争力、服务竞争力、品牌竞争力、信息资源竞争力等。

学术竞争力一般代表了一个学术群体、个人、机构和国家的学术生产力和科研实力，学术竞争力是科研实力的重要标志之一。朱浩认为大学的本质在于大学的学术性，阐述了学术资本竞争力是世界一流大学的

[①] 谢晓非、陈文锋：《管理者个人影响力的测量与分析》，《北京大学学报》（自然科学版）2002 年第 1 期。

[②] 臧思思、李秀霞：《个人相对引文率（ARCR）：作者影响力评价新指标》，《信息资源管理学报》2019 年第 4 期。

[③] 衣远：《中国对中南半岛文化外交中的对象国行为差异——基于地缘环境与文化影响力的分析》，《厦门大学学报》（哲学社会科学版）2018 年第 6 期。

[④] 袁媛、贾益民：《新时代如何进一步提升中华文化影响力》，《人民论坛·学术前沿》2018 年第 21 期。

[⑤] 彭远红、苏磊、韩婧、张广萌、石磊：《中国学术影响力提升之道》，《科技与出版》2018 年第 7 期。

基础、学术组织竞争力是支柱、学术文化竞争力是灵魂。① 可见，学术竞争力在大学的整体实力和地位上发挥着重要的作用。科研竞争力也反映了学术群体和个人的综合实力。徐娟从发文数量、引用率、社会影响力、决策影响力等角度，对比分析了我国高校科研竞争力的变化趋势，提出可通过打造中国特色的新型高校智库和科研竞争力来提高国家的决策能力。② 作者竞争力也是从学术的视角而言的，作者的学术竞争力一般通过作者的科研数量和质量等来综合体现。江海潮等从个人的角度分析了人的竞争力，认为人是经济系统中最活跃和基本的竞争主体，人的竞争力不同于国家、地区、企业的竞争力，探讨了人的竞争力的构成、影响因素和评价指标体系。③

可见，竞争力因素研究的范围较广，本书主要从学术主体视角研究了学术竞争力，主要集中在学者的学术竞争力、机构的学术竞争力和国家的学术竞争力等方面。

第三节 中国学术话语权评价的标准

一 中国学术话语权评价的基本方法

通过相关学术话语权评价的研究文献进展可知，学术话语的评价方法主要有方差分析法、相关性分析法、回归分析法和多元统计分析法等。④ 下面对这些方法进行介绍：

方差分析法。方差分析法由英国统计学家 R. A. Fisher 开创并提出，方差分析又称变异数分析，在实际研究工作中，通过比较多个样本的均值来分析它们之间的差异。方差分析也就是研究自变量和因变量关系及关联强度。方差分析分单因素方差分析、多因素方差分析、协方差分析、

---

① 朱浩：《学术竞争力：世界一流大学的重要标志》，《高教发展与评估》2011 年第 6 期。
② 徐娟：《我国高校的科研竞争力——基于 InCites 数据库的比较分析》，《复旦教育论坛》2016 年第 2 期。
③ 江海潮、张洪波：《人的竞争力评估指标系统研究》，《科技进步与对策》2004 年第 9 期。
④ 王兴：《国际学术话语权视角下的大学学科评价研究——以化学学科世界 1387 所大学为例》，《清华大学教育研究》2015 年第 3 期。

多元方差分析和重复测量方差分析等。① 方差分析被广泛地应用于医学、教育、农学等领域。

相关性分析。相关分析是研究事物之间的相互关系及关联的相互强度的一种统计学方法。相关性分析是研究变量之间关系的相关程度，可以利用相关系数对两个变量之间的线性关系的紧密程度进行定量的分析。相关性分析可分为双变量相关分析、偏相关分析和距离相关分析。②

回归分析。回归分析是利用数理统计中的方法获得数学模型，通过试验和观测来确定变量之间相互依赖的定量关系的一种统计学分析方法；回归分析法有线性回归分析、曲线回归分析、非线性回归分析、二元 Logistics 回归分析、多元 Logistics 回归分析、有序回归分析、概率单位回归分析、加权回归分析等。③

主成分分析。主成分分析主要是考察多个变量之间相关性的一种多元统计方法，通过较少的变量解释原始数据中的大部分变量的主要信息；主成分分析是利用降维思维将多个相互关联的变量转化成少数几个互不相关的综合指标统计方法。④ 主成分分析中有特征根、方差贡献率和累计贡献率等相关概念，主成分分析可对信息进行浓缩来解释权重的确定等。

因子分析。因子分析是一种重要的多元统计分析，将多个不相关的变量转化为少数几个不相关的综合指标，利用公共因子高度概括变量之间的内在联系，这些指标不能直接观察，但能反映事物的特征和本质。⑤ 因子分析可分为探索性因子分析和确定性因子分析两类。因子分析的相关概念有因子载荷、度量共同度、公共因子方差贡献。因子分析的步骤有：确定原始变量是否合适做因子分析、构造因子变量、通过旋转方法使因子变量具有可解释性和计算因子得分等。本书提出与学术话语权有关的各个指标；然后，用主成分分析法提取主成分，用加权法和比较法

---

① 李昕、张明明：《SPSS22.0 统计分析》，电子工业出版社 2015 年版，第 139—169 页。
② 杨光霞、谢华等：《SPSS 数据统计与分析》，清华大学出版社 2014 年版，第 180—193 页。
③ 李昕、张明明：《SPSS22.0 统计分析》，电子工业出版社 2015 年版，第 187—251 页。
④ 武松、潘发明等：《SPSS 统计分析大全》，清华大学出版社 2014 年版，第 334—338 页。
⑤ 武松、潘发明等：《SPSS 统计分析大全》，清华大学出版社 2014 年版，第 339—341 页。

综合各个主成分，最后得出了预测模型。

二 中国学术话语权评价的标准

评价标准是评价活动的核心和关键，反映了人们的价值认识，评价的标准依靠评价目的，评价目的决定了评价标准。关于学术评价标准与话语权相关方面，学界进行了深入的研究。

在学术评价标准和规范方面，叶继元认为评价标准是人们在评价活动中应用对象的价值尺度和界限，评价的客观性因素则是评价标准具有科学性的重要依据；而评价理论性成果与评价应用性成果的标准不同。① 温潘亚认为学者要加强自律意识维护学术道德，可通过学术基本规范、学者行为准则来制约学术共同体中的所有成员，从本原、观念、制度上建构科学、系统和公正的学术评价标准。② 科技创新要求高等学校加快创建高水平理科院系，周进等认为当前高校中理科院系学术评价标准不规范，考察了某些重点理工科大学理科院系学术水平评价状况，提出了学术水平评价标准的规范问题。③ 邱咏梅分析了学术失范的主要原因，提出建构一种科学系统的学术评价标准的重要性。④ 高校的学术评价标准对科研人事考核机制存在一定的问题，陈兴德等分析了CSSCI与人文社会科学评价机制用于高校人事、科研量化管理引发诸多问题，建议反思高校学术评价标准。⑤ 张扬南认为核心期刊有一定的学术评价功能但不足以作为学术评价的标准，提出建立和完善科学的学术评价标准。⑥ 学术声誉从某种程度而言体现了大学学术评价的标准，缪榕楠等认为学术声誉评价制度对提高学术质量有积极意义，论述了学术声誉评价制度

---

① 叶继元：《人文社会科学评价体系探讨》，《南京大学学报》（哲学·人文科学·社会科学版）2010年第1期。

② 温潘亚：《建构科学、公正的学术评价标准》，《中国高等教育》2005年第5期。

③ 周进、姚启和：《规范学术评价标准促进理科院系良性发展》，《清华大学教育研究》2001年第1期。

④ 邱咏梅：《建构一种科学系统和公正的学术评价标准——兼论学术的量化评价标准问题》，《学位与研究生教育》2004年第8期。

⑤ 陈兴德、王萍：《高校学术评价标准与管理文化反思——论CSSCI与现行科研人事考核机制的结合》，《科学学与科学技术管理》2005年第6期。

⑥ 张扬南：《论核心期刊与学术评价标准》，《高校理论战线》2007年第1期。

的建立需共同体成员接受一种普遍的学术道德规范体系。① 在学术评价标准面临挑战问题上，姚晓丹认为当前的科研活动中研究人员和机构之间的协作日趋普遍，提出增加社会影响及质量评价权重等来完善学术评价标准。②

在话语权评价标准方面，胡钦太认为学术话语权是学术话语权利与学术话语权力的统一，提出了学术质量、学术评价以及学术平台是构建学术国际话语权的主要要素。③ 政治价值评价标准代表了话语权的力度。面对话语权的争夺，王玉龙分析了网络参政主体对政治价值评价标准，建议构建不同层次和系统的政治价值评价标准，提高网民参政议政的能力和网络监管的有效性。④ 中国学术期刊国际国内引证报告显示，中国学术期刊的国际总被引频次自2012年以来连续几年大幅增长，中国学术期刊的国际影响也在不断提升，已建立了中国学术评价的标准和体系。

综上所述，关于中国学术评价的研究成果较为成熟，而中国学术话语权的评价标准还处于探索阶段，本研究将结合中国学术话语权的实际，借助中国学术评价标准对中国学术话语权的评价标准进行探讨和构建，对中国学术话语权的评价理论具有重要意义。

三 评价的组织实施要点和局限性

（一）实施要点

1. 明确学术话语权评价的对象和指标

在评价学术话语权时，要重点分析学术主体的对象和指标特别是学术引领力、学术影响力和学术竞争力指标。对中国学术话语权内涵、产生过程以及构成要素等进行分析的基础上，选取中国学术话语权评价指

---

① 缪榕楠、庄丽：《学术声誉：一种质的大学学术评价标准》，《河北师范大学学报》（教育科学版）2015年第2期。

② 姚晓丹：《学术评价标准面临挑战》，《中国社会科学报》2016年10月12日第003版。

③ 胡钦太：《中国学术国际话语权的立体化建构》，《学术月刊》2013年第3期。

④ 王玉龙：《话语权视域下的网络政治参与的价值引导——以政治价值评价标准为例》，《湖北大学学报》（哲学社会科学版）2014年第4期。

标，并通过评价指标的相关性、因子分析等对不同的评价指标进行权重赋值来测度中国学术话语权。主要从学术主体视角选取中国学术话语权各种要素的评价指标，通过相关文献深入研究和分析，拟选取学术引领力、学术影响力及学术竞争力作为一级指标，分别代表学术主体引领力、学术主体影响力、学术主体竞争力，即基于两者或以上学术个体或学术群体比较的引领力、影响力和竞争力。不同的学术主体所产生的学术话语权不尽相同。同样，学术主体的整体影响对学术话语权的产生也是一个综合影响的过程。

2. 掌握中国学术话语权评价体系与方法

在对中国学术话语权的内涵、类型和要素进行分析的基础上，需系统地梳理国内外学术话语权的评价理论和方法；将话语权与学术评价的相关理论有效结合，运用中国学术话语权评价的理论体系与方法；从方法、应用和制度等层面全面分析中国学术话语权的评价标准和原则，通过中国学术话语权的科学评价思路与路径，采用主成分分析方法、因子分析方法等确定了指标权重，明确适用于中国学术话语权评价的相关指标，通过实证研究验证评价指标模型和方法的可行性，通过对评价结果的优化，最终验证了其方法的可行性，进一步完善中国学术话语权评价的指标体系和方法。

3. 构建中国学术话语权评价指标体系和模型，并对中国学术话语权评价进行实证分析

本书从学术主体层面出发，通过学术引领力、学术影响力和学术竞争力，分别将不同指标组成评价体系，构建中国学术话语权评价体系和模型。从单维度评价和综合评价视角，对指标进行深入的分析、遴选和赋值，构建中国学术话语权评价指标体系和模型，通过学术引领力、学术影响力和学术竞争力三个主要指标对学术主体的单维层面指标和综合层面指标进行实证分析，并对相关方法及优势进行介绍和验证分析等。通过构建的评价模型对中国学术话语权进行综合评价，计算出中国学者、机构和整个国家学术话语权的综合得分及其排名情况，对得分较高的学术主体进行深入的剖析。

（二）局限性

1. 不同学科入选数据的差异

在具体评价实施的过程中，不同学科入选的数据差异较大，如自然科学和社会科学的入选数据需根据评价目的和标准进行调整。从时间的角度而言，文献数据库入选的数据也存在较大的差异。国外数据库和国内数据库对不同学科的划分标准不同，对国内外入选的数据进行评价时将会对同一学科或不同学科的评价结果产生一定的差异，因此，在评价不同学科时，需考虑不同学科和相同学科数据的入选问题，进一步完善评价数据的科学性、客观性和可比性。

2. 评价标准的适应性

学术话语权的评价缺乏统一的标准。近年来，国内将SCI数据库的指标——特别是ESI和InCites指标当作评价体系和标准的重要指标，并作为评价和考核的重要指标依据，造成在各类评价中适应了SCI数据指标至上的现象。评价标准不能结合国内学科发展的实际进行客观的评价，导致评价标准过度依赖国外的SCI数据。评价标准是一个不断适应和改进的过程，中国学术话语权的评价标准需要结合中国的实际，根据不同学科的发展实际进行动态、客观的评价，从而使评价标准适应中国的学科实际和发展。

中国学术话语权是国家政治、经济和文化发展的重要象征，对中国在国际上的地位和影响具有重要的作用。本书通过对国内外主要相关文献的梳理和总结，从学术主体层面分析了中国学术话语权的具体内涵、产生、构成要素及评价的组织实施要点和局限性。学术话语的生产、表达和传播对学术话语权具有重要影响。在此基础上，从学术个体、学术机构和学术国家等具体方面探讨了学术话语权的产生过程。同时，梳理了核心要素与学术话语权评价要素之间的关系，明确了中国学术话语权评价的维度；另外，中国学术话语权评价体系的构建，对于优化中国学术话语权评价和提升中国学术话语权的国际地位和优势具有重要的参考意义。为中国学术话语权评价提供了新的思路和视角，丰富和拓展了中国学术话语权评价的理论体系。需要说明的是，本书旨在从理论层面实现中国学术话语权的构成要素，以期为中国学术话语权的评价提供理论指导。因此，该研究还需进一步细化，需结合不同学科的学术主体进行学术话语权的评价指标和体系的研究，从应用层面探讨不同学科评价指标模型的具体应用。此外，如何完善中国学术话语权评价的构成要素和评价体系将是本书继续深入研究的问题。

第四节 本章小结

本章对话语权、中国学术话语权等相关术语进行界定，对话语权的要素和作用进行了分析，且对中国学术话语权的核心因素进行了界定，其中包括话语权的定义、类型和作用；中国学术话语权评价理论体系与方法包括中国学术话语权评价理论、中国学术话语权评价方法和标准等。在梳理中国学术话语权的评价理论、方法和应用体系的基础上，根据当前国内外学术话语权评价的迫切需求，系统地分析和总结了国内外相关学术话语和学术话语权评价的产生和变化过程，这也是中国学术话语权评价创新的客观需求。构建出了结构层次清晰的中国学术话语权评价指标。本章对有关术语的界定以及相关理论的梳理为后文的中国学术话语权的评价奠定了理论体系与方法基础。

第三章　中国学术话语权评价模型的构建

第一节　中国学术话语权分析

一　学术话语权的概念

学术话语权的概念。目前学界对学术话语权的概念还没有统一的界定。学术话语权是一个民族精神和文化的主要载体，黄家亮认为学术话语权是指在学术领域中，说话权利和说话权力以及话语资格和话语权威的统一，强调了学术话语权由创造更新权、意义赋予权、学术自主权等类型，提出国家与社会关系的问题实际上是学术话语权背后涉及的根本理论问题。[①] 高玉认为中国学术话语是中国特有的术语、概念、范畴和言说体系，体现了中国特有的言说方式或表达方式，根源在于中国社会现实和人生经验。[②] 以上分析均从国家和社会层面对学术话语权的概念进行了界定。

从国家层面而言，学术话语权是国家实力的一种体现。同时，学术话语权符合国家和社会科学发展的规律，并从一定程度上反映了国家和时代的重要问题。从字面含义而言，学术话语权代表了对某一学科领域的学术引领和控制的程度，学术话语权是站在学术前沿的学术引领和控制。可见，学术话语权是学术话语和学术话语体系的有机统一。学术话

---

① 黄家亮：《社会调查与中国社会科学的学术话语权——兼评郑杭生"社会调查系列丛书"》，《中国图书评论》2012 年第 2 期。
② 高玉：《中国现代学术话语的历史过程及其当下建构》，《浙江大学学报》（人文社会科学版）2011 年第 2 期。

语权仅从字面上理解就是学界在某一研究领域的学术发言权的资格和权力。学术话语权在学界体现着人们争取文化、社会地位和权益等相关的学术话语表达。例如，对已有科学研究的解释权、对学术造假的揭露权、对错误学术观点的批判权等，都属于学术话语权。学术话语权在一定程度上反映了知识生产与传播的结果，也体现了学术话语权利和权力的相互统一。

鉴于此，本书尝试将中国学术话语权定义为：从根本上是指中国学术界所特有的术语、概念、范畴和话语体系，是对学术研究问题进行的学术发言权和表达资格，通过具体的学术引领力、学术影响力和学术竞争力等重要要素来体现，依据其强大引领力、影响力、竞争力及话语平台，将其学术理念和意义传播于国际学术界和社会，以此确立其学术话语的国际和社会主流地位和影响力，同时，学术话语权的学术理念能为学术或其他国家和社会群体所逐步认识和接受，并能引领其学术问题及研究方向。学术话语权涉及学术研究的诸多方面，由一定的学术实力、学术参与度和学术规则掌握度等综合因素而组成，这些组成部分可以通过学术共同体、学术期刊以及学术数据库等方面来体现学术话语权。

二 学术话语权的内涵

内涵一般体现了事物的本质。学术话语权的内涵体现了学术话语权产生的引领和控制的权力与权利。学术话语权的统一，也就是学术话语权的主体与客体方面的相互统一。权利是指主体所具有的话语自由，而权力则是指主体作为话语权威者对客体各方面的影响。目前学界对学术话语权的内涵还没有统一的界定。从国家层面而言，学术话语权是国家实力的一种体现。同时，学术话语权符合国家和社会科学发展的规律，并从一定程度上反映了国家和时代的重要问题。从字面含义而言，学术话语权代表了对某一学科领域的学术引领和控制的程度，学术话语权是站在学术前沿的学术引领和控制。目前，随着信息技术和互联网的不断发展，学术话语权通过更丰富的指标体现出来，如学术成果的传播、推送、转载等。总体而言，学术话语权的本质是对学术话语权构成要素的测度以及学术话语权对其他事物的发展和作用。

基于此，本书认为学术话语权的内涵主要是关于相关的学术主体，也即是学术作者、机构和国家，具体体现在学术引领力、学术影响力和学术竞争力等诸多方面因素综合作用（如图3-1所示）。其中，学术引领力可通过学术主体中作者、机构、国家的社会网络中心性等指标来测度；学术影响力可通过学术主体中学者、机构、国家的论文被引频次、篇均被引频次、高被引频次和零被引频次等指标来测量；而学术竞争力则可以通过学术主体中学者、机构、国家的学术生产力和学术发展力等指标来衡量。

另外，学术话语权的内涵还包括学术话语权传播的学术平台和内容。学术话语权的平台可通过一定的载体或渠道来实现学术话语权的传播；学术话语权的内容反映了国际学术领域密切关注的学术问题和研究，使用话语作为学术话语内容的载体，使用话语往往影响着学术话语在国际上的地位和优势，同时也直接影响了学术话语对象和接受群体的范围。

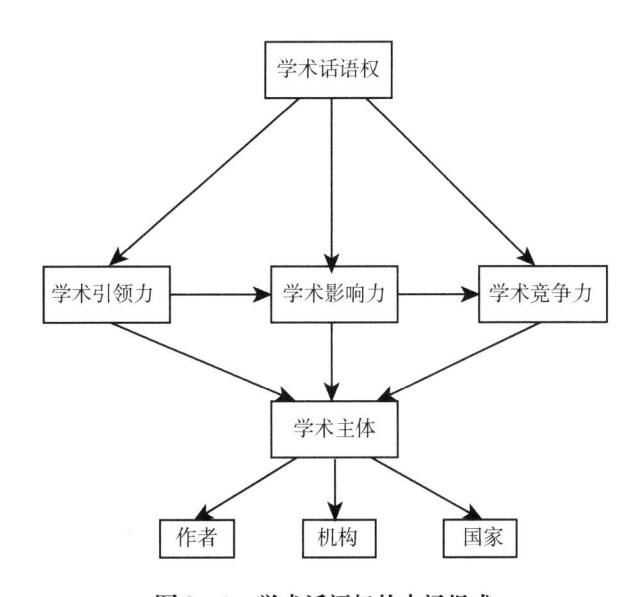

图3-1　学术话语权的内涵组成

学术话语权是相应的学术主体在一定时空范围内与学术领域中所具备的主导性和支配性的学术影响力；而学术影响力则体现在引领学术发

展趋向、决定学术议题设置、左右学术评判尺度、主导学术交流势态等诸多方面。① 本研究认为学术话语权是关于相应的学术主体,包含学术引领力、学术影响力和学术竞争力等诸多方面因素综合作用的体现。其中,学术引领力可通过学者、科学家、社会网络中心性等指标来测度;学术影响力可通过论文被引频次、篇均被引频次、高被引频次和零被引频次等指标来测量;而学术竞争力则可以通过学术生产力和学术发展力等指标来衡量。因此,本研究认为学术话语权的内涵应该包括学术引领力、学术影响力和学术竞争力所产生的影响、优势地位和作用。

三 学术话语权的类型

关于学术话语权的类型,学界进行了相关的研究。郑杭生根据学术话语权的权利和权力两个方面来划分权力的学术话语权为创造更新权、意义赋予权和学术自主权等类型;而划分权利的学术话语权为指引导向权、鉴定评判权、行动支配权等类型。② 创造更新权体现了学术主体自己的思想、知识和行动处于引领地位;意义赋予权则体现了引导一个社会倡导的价值和制度体系;而学术自主权则体现了特定的学术主体在话语行动中的主体性、自主性、自挟性、能动性等资格或能力。学术自主权是以一种学术方式进行话语的实践,也体现了对学术话语的自挟意识及驾驭能力。

指引导向权是通过学术话语对学术思想、学术行动进行制约和规定,从而达到较好地影响学术行动的取向和过程。也即是说,在某一学术研究领域,学术指引导向权对其学术思想和学术行动有制约作用,在一定程度上影响着学术行动的取向和发展过程。学术话语对学术思想和行动的指引、导向作用是一个长期的积累过程,学术指引导向权在学术话语中发挥着重要的作用。

鉴定评判权是运用学术话语的形式对其进行价值性判断,并将判断结果给予发布的权力。在某一学术领域具有一定的学术话语地位和优势,

---

① 沈壮海:《试论提升国际学术话语权》,《文化软实力研究》2016年第1期。
② 郑杭生:《学术话语权与中国社会学发展》,《中国社会科学》2011年第2期。

才具备对学术价值进行鉴定和评判的权利,也就是对其学术价值的肯定或否定、支持或反对,最后其评判结果在学术界才能得到相应的认可,从而达到影响学术思想和行为的效果。

行动支配权是通过学术话语对学术领域形成的一种看不见的渗透性影响,从而达到对学术思想和学术行动过程的支配和控制效果。学术界在争论某一学术热点议题或焦点问题时,行动支配权往往对学术话语的影响是一种无形的、多次和不断发生的过程。如学术热点议题的探讨,权威专家或学者具有较高的行动支配权,在发表具体的学术问题或针对学术问题进行不断的探讨中,也是其行动支配权发挥作用的过程。

总之,学术话语权的类型从权力的角度主要体现在指引导向权、鉴定评判权和行动支配权等类型上。基于上述分析,本书将从学术主体层面研究学术话语权的类型,并从学术主体层面对学术话语权进行评价研究。

四 学术话语权的产生

学术话语权通过话语主体影响他人思想、意愿、行为或选择的权力。那么,学术话语权不是自我认同、自我标榜中产生的,而是在学术生产与学术传播的过程中产生的。众所周知,普遍性和共享性是学术生产的内在属性。学术的内在属性可以通过学者或学术群体来体现,目前存在着中西方学派或者研究群体,就学术生产而言,学术无国界,但具有相同研究旨趣。学者或学术群体不能共享学术成果,没有被学界承认,就不能产生学术影响和学术话语权。同理,国家的学术成果在世界各国没有学术影响或地位,就不会产生国际学术话语权。因此,学术成果的生产、传播、消费以及继承等只有通过学术共享、传播等在学界得到广泛的认可才能实现其学术话语权。

学术话语权的产生是一个综合因素合力完成的结果。从学术主体而言,学者和学术研究机构可为学术话语权的产生营造学术环境和氛围,借此发展学术实力。学者或学术机构开展学术研究,学术成果被发现并获得学术交流和共享机会。从这个角度而言,学术成果是学术话语权的产物。在学术成果中，学术话语权将得到共享和传承，从而产生新的学术成果而获得学术话语权。从全球学术界视角而言，学术话语权的产生是一个整体全面发展的过程，其内部有着一定的结构关联。从目前的形势来看，西方充当了学术话语权的生产者、表达者和传播者的角色，其学术研究的视野、话语表述广泛，学术生产质量相对较高。因此，产生的学术话语的权威含量高，主导了世界某一领域的学术话语权，处于国际学术话语权的支配地位。在这种环境下，非西方国家更多的是学术话语权的搬运者、阐释者和消费者，故学术话语的表述和传播范围普遍都较狭小。学术话语权的具体产生过程如图3-2所示。

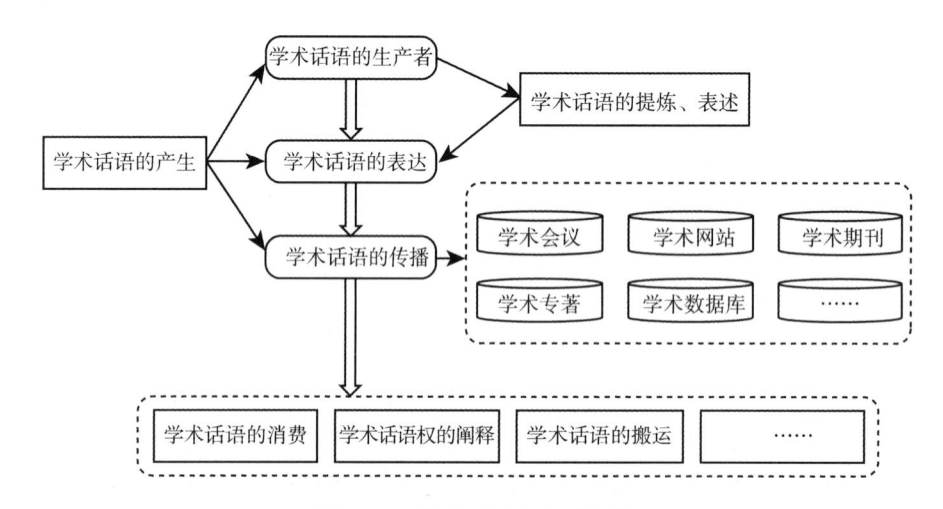

图3-2 学术话语产生过程图

通过以上分析可知，学术话语权是由学术界的共同体共同产生的，作为一个学术整体，其产生必然有着一定的关系和过程。从当前的形势而言，学术生产者、表达者和传播者的学术研究视野越广泛，其学术生产的质量就越高，其学术话语表达和传播的范围也就越广，从而其学术话语权含量就越高，在学术共同体中处于中心位置和支配地位。比较中西方国家的学术生产而言，非西方国家大多局限在自己的研究领域，学术知识生产的质量不高，多依赖或借用西方的学术话语表述，学术传播范围较小，导致被学术共同体边缘化，处于被支配地位，从而构成了一种支配与被支配的权力关系。①

综上所述,学术话语权的产生可以从学术主体的角度来分析。本研究认为学术主体可以分为学术个人、学术机构、学术国家等具体方面来体现学术话语权的产生过程。不同的学术主体所产生的学术话语权不尽相同。同样,学术主体的整体影响对学术话语权的产生也是一个综合影响的过程。

第二节 中国学术话语权评价的构成要素

为了更全面、系统地评价中国学术话语权,就要对学术话语权的主要构成要素进行分析。学界关于学术话语权的构成要素研究相对较少,还没有统一的标准。本研究根据国内外学术话语权的相关研究,可得出学术话语权具有引领性、影响性和竞争性等特征,因此,根据学术话语权的特性,可将学术话语权的构成要素主要归纳为学术引领力、学术影响力和学术竞争力。

一 学术引领力

引领力离不开引导、影响等词,是指带动事物向某一方向发展和运动的力量。在现有的研究中,对引领力的研究主要围绕主流文化引领②、社会主义意识形态引领力③和信息化教学引领力④等方面展开讨论,而学术引领力是带动学术研究向某一方面发展和运动。学术引领力方面的研究主要体现在学术主体上,如期刊出版历史与学术引领之间的关系⑤、

---

① 张连海:《共同体视阈下中国学术话语权发展路径的转换》,《湖北民族学院学报》(哲学社会科学版)2017年第5期。
② 胡小青:《提升主流文化引领力四策》,《人民论坛》2018年第30期。
③ 欧晓彦:《试论社会主义意识形态的引领力》,《中学政治教学参考》2019年第12期。
④ 赵可云、杨鑫:《教研员区域信息化教学引领力发展的U-D-S-P路径探索》,《中国电化教育》2019年第12期。
⑤ 齐辉、付红安:《中国近代新闻学期刊出版的历史脉络及学术引领(1919—1949年)》,《出版发行研究》2019年第11期。

学术引领个体的作用和意义等。① 通过相关文献分析发现，学术引领力在学术界具有重要的作用和意义，是学术科研成败的关键因素所在。在学术界要发挥学术引领力不是一件容易的事情，需要学术个体或学术团体的共同努力，并需要长时间的学术积累和发展；秉承学术思想，从全局和整体的视角追求学术真理，不断创新，把握时代重要问题，才能达到学术引领的目的。学术引领力可以通过具体的学术载体来体现。从学术主体的角度而言，学术引领力可包括：学者个体评价、学术机构评价、学术国家评价等。

（一）学术个体评价

学术个体主要指学术的生产者，也即是作者。作者作为学术论文的重要组成部分，不同的作者其学术话语权引领力则不尽相同。如作者的个人学术引领力可通过作者的合作模式、合作领域、合作范围等数量和质量来体现，这些都会从不同视角上影响作者的学术引领力程度。不同学科领域，都有各自学术领军人物和权威学者，他们在不同的学术领域都有着非常突出的学术贡献，产生的学术影响范围越大，其学术引领程度就越广，从而在该学科的学术引领力就越突出。

关于学术个体评价相关研究方面，李勤敏等为了评价学术个体的学术影响力，通过作者影响力因子、多元统计方法对科研人员的影响力进行了评价。② 汤强等为了评价一个著者在领域内的贡献，提出了基于领域贡献值的核心著者评价的方法，并对国内计量学领域的著者进行了等级区域的划分。③ 张学梅介绍由 M. Kosmulski 提出的以计算论文篇数为基础的作者评价方法，并总结该方法与 H 指数方法的异同。④ 段庆锋等认为节点在网络中的位置和关系是网络分析的重要内容，提出了构建由作者

---

① 王博：《学术引领者的担当》，《文献》2019 年第 3 期。
② 李勤敏、郭进利：《基于主成分分析和神经网络对作者影响力的评估》，《情报学报》2019 年第 7 期。
③ 汤强、王亚民：《基于领域贡献值的核心著者评价》，《情报科学》2016 年第 4 期。
④ 张学梅：《NSP：一种作者评价指标及其与 H 指数之比较》，《图书情报工作》2014 年第 21 期。

和文献构成的异质二分网络评价模型。①刘俊婉等以中国科学院院士为例,采用论文数和年均引文数为指标,对中国科学精英的论文产出力和影响力的年龄分布进行研究,得出论文的影响力整体高于院士当选前的论文影响力。②可见,对学术个体评价的相关研究较为成熟。

在科研个体合作评价方面,科研合作是科学研究的重要方式之一。目前科学研究领域的合作越来越普遍,合作模式多种多样,合作共赢意识普遍增强。科研合作问题引起了许多研究人员的关注,并形成了一系列计量评价体系。探测学术期刊论文作者合作结构和学术影响力,对科研合作和发展具有指导意义。

在作者合作方面,蒋颖等分析了科技论文的合著现象及合著状态下自引情况,得出了各学科合作规模的不同规律。③郑曦等介绍了复杂网络中的科研合作网络的研究成果,构建了基于WOS数据库的链接分析领域的作者合作网络。④董凌轩等构建了作者合作网,并根据合作网络群体的连接特征分析了作者的合作模式。⑤孙鸿飞等利用我国情报学研究方法应用领域的文献数据,构建了核心作者合作网络图,并对核心作者现有合作关系进行了分析。⑥赵蓉英等从作者层面分析了作者合作率、合作广度等指标,得出了作者合作发文量、作者合作广度、作者合作深度等分布特征。⑦

在作者合作与学术影响力方面,邱均平等分析了高产作者的绝对发文量和相对发文量以及作者合作度和合作率、总被引频次等计量指标,

---

① 段庆锋、朱东华:《基于合著与引文混合网络的协同评价方法》,《情报学报》2012年第2期。

② 刘俊婉、郑晓敏、王菲菲、冯秀珍:《科学精英科研生产力和影响力的社会年龄分析——以中国科学院院士为例》,《情报杂志》2015年第11期。

③ 蒋颖、金碧辉、刘筱敏:《期刊论文的作者合作度与合作作者的自引分析》,《图书情报工作》2000年第12期。

④ 郑曦、孙建军:《链接分析领域的作者合作网络及其分析》,《图书情报工作》2009年第4期。

⑤ 董凌轩、刘友华、朱庆华:《基于SNA的iConference论文作者合作情况研究》,《情报杂志》2013年第10期。

⑥ 孙鸿飞、侯伟、于淼:《我国情报学研究方法应用领域作者合作关系研究》,《情报科学》2015年第4期。

⑦ 赵蓉英、魏绪秋:《我国图书情报学作者合作能力分析》,《情报科学》2016年第11期。

对作者的合作程度、科研产出数量以及学术影响力之间进行了相关性分析，得出作者的合作程度与其科研产出的学术影响力有关。[1]刘雪梅利用作者合作的影响计算出作者的贡献大小，通过实证分析得出作者合作贡献大小对学者影响力评价更全面。[2]张雪等对科研合作与学术产出的特点进行了分析，并提出了改进科研合作模式的建议以建立高效研究合作网络来提高学术产出。[3]

通过以上分析发现，作者合作与学术影响力、学术话语权存在着一定的关联，不同层面的作者合作对科研产出、学者影响力以及科研合作模式等对学术影响力和学术话语权都有较大的关系，因此，作者合作对学术话语权评价的影响具有重要的作用和意义。

（二）学术机构评价

在国际科技政策研究方面，对高产国家与机构合作的研究非常关注，从一定程度上体现了机构合作的科技发展和创新的重要作用。关于机构合作评价的研究，学界进行了不同层面的探讨。

在机构合作的影响力方面，栾春娟等认为国际科学技术政策研究的高产机构合作网络对我国研究者有重要作用，探讨了以英国苏塞克斯大学、美国哈佛大学等为中心的合作研究网络。[4]顾立平评估了馆藏合作对象的科研生产力，提出了文献计量、内容分析、信息系统等研究模式。[5]温珂等以创业型科研机构为研究对象将合作创新能力的内部构成、影响因素、作用机制统一到组织学习和组织适应性的过程中，构建了创

---

[1] 邱均平、温芳芳：《作者合作程度与科研产出的相关性分析——基于"图书情报档案学"高产作者的计量分析》，《科技进步与对策》2011年第5期。

[2] 刘雪梅：《作者合作与期刊影响因素视角下的学者评价研究》，《情报理论与实践》2018年第11期。

[3] 张雪、张志强、陈秀娟：《基于期刊论文的作者合作特征及其对科研产出的影响——以国际医学信息学领域高产作者为例》，《情报学报》2019年第1期。

[4] 栾春娟、侯海燕、侯剑华：《国际科技政策研究高产国家与机构合作网络》，《科技管理研究》2009年第3期。

[5] 顾立平：《机构合作的科研生产力观测——对灰色文献的文献计量与内容分析实证研究》，《图书情报工作》2011年第12期。

业型科研机构合作创新能力的理论分析框架。[①] 吴登生等利用复杂网络方法分析了中国管理科学领域机构合作,从网络整体属性和个体属性两个层面系统探讨了机构合作的网络结构及其演化规律。[②] 邵瑞华等用H指数作为机构学术影响力评价指标分析各指标之间的关系,得出了图书情报学领域、机构个体合作网络测度指标与其学术影响力存在相关关系。[③]

在机构合作网络和机构方面,侯剑华利用信息可视化工具对检索的研究数据绘制了研究机构共现网络图谱,分析了研究机构之间的共现网络和合作关系。[④] 刘红霞通过高校图书馆员发表的论文,分析了高校图书馆机构合作网络的基本拓扑结构,然后对高校图书馆机构合作网络进行了聚类分析,最后总结了高校图书馆跨机构合作行为的基本模式。[⑤] 邱均平等以图书情报领域不同机构间的作者合作论文数据分析了机构合作网络,归纳了机构间合作和地区间合作呈现的特点。[⑥] 冯祝斌等从整体合作网络与核心合作网络两个层次对我国图书情报学研究机构合作网络的演变进行了分析。[⑦] 栾春娟等利用多种软件技术和算法分析了中美机构合作网络,揭示了机构之间的合作网络关系。[⑧] 王菲菲等通过论文和专利两个层面的机构合作网络探测产学研的潜在合作机会。[⑨]

综上所述,随着学科机构之间的合作日益扩展,越来越多的机构认

[①] 温珂、苏宏宇、宋琦:《基于过程管理的科研机构合作创新能力理论研究》,《科学学研究》2012年第5期。
[②] 吴登生、李若筠:《中国管理科学领域机构合作的网络结构与演化规律研究》,《中国管理科学》2017年第9期。
[③] 邵瑞华、沙勇忠、李亮:《机构合作网络与机构学术影响力的关系研究——以图书情报学科为例》,《情报科学》2017年第3期。
[④] 侯剑华:《国际能源技术研究机构合作的可视化分析》,《情报杂志》2009年第5期。
[⑤] 刘红霞:《我国高校图书馆机构合作现象的社会网络分析》,《情报杂志》2011年第9期。
[⑥] 邱均平、党永杰:《我国图书情报领域机构合作网络分析——以"图书情报与数字图书馆"论文为例》,《情报科学》2013年第1期。
[⑦] 冯祝斌、赵丹群:《我国图书情报学研究机构合作网络演变分析(2002—2012年)》,《情报杂志》2014年第8期。
[⑧] 栾春娟、林原:《中美能源技术领域机构合作网络比较研究》,《科技管理研究》2016年第14期。
[⑨] 王菲菲、芦婉昭、贾晨冉、黄雅雯:《基于论文——专利机构合作网络的产学研潜在合作机会研究》,《情报科学》2019年第9期。

为科研合作对促进科研工作的作用越来越显著。论文机构合作评价对科技的发展和创新、学术产出的提升以及学术影响力的提高都具有重要的作用。

（三）学术国家评价

国际合作的贡献体现了不同国家学术话语权的地位和实力，随着科学技术的不断发展，国际间的科研合作变得越来越重要。国际合作提高了国家控制和运用科技资源的能力。学界对国家学术论文的评价进行了广泛的探讨。

在国际科研合作评价方面，吴登生等通过引文索引数据库中科学合作领域的相关文献数据，采用信息可视化软件分析了国际科学合作领域国家的合作情况，揭示了国际科学合作领域研究的国家地域分布、主要研究力量布局等特征。[①] 刘筱敏等以 SCI 数据中的中国科学院国际合作论文为对象，分析了中国科学院国际合作论文的概况，得出了中国科学院在国际合作论文的贡献度、国际合作中的参与度等。[②] 谭晓等认为科学论文的国际合作测度可反映全球科学研究的国际合作态势，从国际合作整体发展特征、学科领域的国际合作状况等分析了国际科技合作的特征。[③] 浦墨等对分析国际科技合作的论文从样本层次、分析指标、合作机理等方面探究了合作成果效用。[④] 鲁晶晶等探讨了国际合作中国家主导的合作研究网络的构建，并以中、美合作为例分析了不同国家主导的合作内容差异。[⑤]

在国际合作对学术影响力评价研究方面，邱均平等通过 WOS 中收录的文献数据分析了计算机科学领域国际合作对提高科学研究影响力

[①] 侯剑华：《国际科学合作领域研究的国家合作网络图谱分析》，《科技管理研究》2012年第9期。

[②] 刘筱敏、崔剑颖、何莉娜：《国际合作论文中机构贡献度分析——以中国科学院为例》，《图书情报工作》2012年第12期。

[③] 谭晓、张志强、韩涛：《基础科学国际合作的测度和分析》，《图书情报知识》2013年第2期。

[④] 浦墨、袁军鹏、岳晓旭、刘志辉：《国际合作科学计量研究的国际现状综述》，《科学学与科学技术管理》2015年第6期。

[⑤] 鲁晶晶、谭宗颖、刘小玲、卫垌圻：《国际合作中国家主导合作研究的网络构建与分析》，《情报杂志》2015年第12期。

的作用。① 邱长波等以 SCI 数据库中我国参与的合作论文数据为样本，比较了论文发表年份、学科分布等内容对我国主导论文被引频次和从属论文被引频次的影响。② 袭继红以 WOS 中收录外科学研究文献为对象，比较了国际合作与国内合作、主导论文与从属论文在提高论文影响力上的差异，验证了国际合作对提高科研论文影响力的作用。③ 石燕青等以 WOS 核心合集中我国学者在国外权威期刊发表的文献数据为研究对象，并利用计量经济学模型分析了科研绩效和国际合作程度的关系。④ 毛荐其等构建了国际合作网络结构模型，并运用社会网络分析法和科学计量分析法进行定量研究。⑤ 涂静等通过 WOS 的国际合作论文数据文献对中国的国际科研合作进行统计描述，构建了国际合作网络。⑥

通过以上分析发现，从一定程度而言，国际合作对科研产出和学术话语权评价的影响具有重要的作用。国家科研之间的合作领域、合作机构以及合作内容均对国际科研的产出和发展具有重要的影响。因此，国际合作与学术话语权之间存在着密切的关系。

（四）学术编委评价

学术期刊编委在学术期刊审稿中承担着重要的责任和义务，主要体现在两个方面：一是做好审稿工作，期刊的质量和影响关键在审稿，把握科学问题，对作者、期刊和学科发展都有重要的作用。二是期刊编委能衡量质量高的稿件，从而把好的稿件刊登在自己的刊物上，这样既体现编委的学术水平，也提升了期刊的质量和高度。学术编委是"科学的

---

① 邱均平、曾倩：《国际合作是否能提高科研影响力——以计算机科学为例》，《情报理论与实践》2013 年第 10 期。

② 邱长波、刘兆恒、张风：《SCI 收录中国主导国际合作论文被引频次研究》，《情报科学》2014 年第 8 期。

③ 袭继红、韩玺、吴倩倩：《国际合作对论文影响力提升的作用研究——以外科学为例》，《情报杂志》2015 年第 1 期。

④ 石燕青、孙建军：《我国图书情报领域学者科研绩效与国际合作程度的关系研究》，《情报科学》2017 年第 11 期。

⑤ 毛荐其、荣雪云、刘娜：《国际合作网络对科学会聚的影响分析》，《科技管理研究》2019 年第 6 期。

⑥ 涂静、李永周、张文萍：《国际合作网络结构与高被引论文产出的关系研究》，《图书馆杂志》2019 年第 7 期。

守门人"，能准确把握学术期刊的发展方向，推动学科的发展。关于期刊编委的相关研究，学界进行了广泛的探讨。

学术编委是从众多学者中筛选出来的、具有一定学术地位和影响，而学术编委群体对学科的认知和发展具有重要作用。在发挥科技期刊编委的作用、贡献等相关对策方面，编委的高发文和高被引可体现期刊编委的贡献，丁佐奇等通过 CNKI 中国期刊全文数据库的引文数据，利用高影响因子的药学期刊对该领域期刊的高发文作者、高被引作者以及高施引期刊等进行分析，探讨了编委对期刊被引频次的贡献。[①] 张瑞麟等认为实施编委责任制对确保科技期刊质量和提高工作效率非常重要，分析了编委责任制的内容和实施现状，提出应建立编委责任制考核评价体系、激励机制等措施。[②] 张丽华等以科学计量学领域的期刊编委数据集和非编委论文作者数据集为依据，得出期刊编委和非编委论文作者能够较早探测到同一个研究的前沿问题。[③] 丁筠以编委会换届筹备为例，借鉴国外同领域竞争期刊的编委会构成特点，探讨了适合我国英文科技期刊的编委遴选新方法。[④]

在学术编委与评价、话语权方面，国际学术期刊编委在国际学术评价体系中扮演着重要角色。我国学者担任国际社科学术期刊编委情况的研究，毛一国等通过 SCI 收录期刊的中国编委任职情况分析，分别从学科、机构和学者个人三方面揭示了我国社会科学研究的国际影响，认为国际期刊编委指标可应用于高校学术评估和学者个人学术评估。[⑤] 邵娅芬对"学术话语权"进行了系统研究，并以国际学术话语平台及学术话语传播者为切入点，利用经济学科 SSCI 源期刊的编委为样本，从国家和

[①] 丁佐奇、郑晓南、吴晓明：《从编委的高发文和高被引看药学期刊编委的贡献》，《编辑学报》2012 年第 1 期。
[②] 张瑞麟、范敏：《论科技期刊编委责任制的建立与完善》，《编辑学报》2013 年第 4 期。
[③] 张丽华、曲建升：《期刊编委比非编委论文作者能更早探测出研究前沿吗》，《情报杂志》2017 年第 8 期。
[④] 丁筠：《运用数据库定量分析遴选英文科技期刊编委》，《编辑学报》2018 年第 4 期。
[⑤] 毛一国、陈剑光：《我国学者担任国际社科学术期刊编委情况研究——基于 SSCI 收录期刊的统计与分析》，《中国出版》2015 年第 16 期。

高校两个角度对经济学科 SSCI 源期刊及编委分布情况进行了统计分析。[1] 易基圣针对科技期刊编委会成员的产生、作用等问题，提出了一种基于文献计量学的期刊编委遴选方法。[2] 陆朦朦等以编辑出版学期刊编委为数据，通过社会网络分析方法构建了期刊编委关联网络和编委与期刊隶属网络，得出编辑出版学期刊编委交叉任职以及核心编委与其发文量、下载次数和被引频次均呈相关关系。[3] 期刊编委群体影响学科发展，蔡程瑞运用群组分析法等研究了国内图情期刊核心期刊的编委名单，并通过学术授信评价理论探讨了编委群体学术授信对图情领域的影响。[4]

综上所述，学术引领力评价可归纳学者个体评价、学术机构评价、学术国家评价和学术编委评价等方面，本研究将从学术主体层面来评价学术引领力。

二 学术影响力

学术影响力是指在学术方面产生的影响，包括对学术观点和对学术专业的理论和学术思想以及实践等方面产生的影响。学术影响力一般通过学术期刊、学术媒介等网络传播学术观点和学术思想，引起受众关注和思考，取得认同或否定，甚至在某些方面激发受众的学术思想，创新和改变学术观点。学术影响力是一个定性的概念，也反映了带有质量属性的优化数值，可通过质量和数量来测度学术影响力[5]

关于学术影响力的计量与评价研究，尤力群等统计分析了高校学报的被引频次、影响因子、即年指标、年载文量等文献评价计量指标，得出了被引频次、影响因子这两项主要学术影响力指标。[6] 郑佳之等分析

---

[1] 邵娅芬：《经济学科的国际学术话语权研究》，硕士学位论文，上海交通大学，2011 年。
[2] 易基圣：《基于文献计量学的期刊编委遴选方法》，《编辑学报》2017 年第 1 期。
[3] 陆朦朦、羊晚成、方爱华：《学术期刊编委交叉任职现象的社会网络分析与思考——以编辑出版学中文核心期刊为例》，《中国科技期刊研究》2018 年第 3 期。
[4] 蔡程瑞：《国内图情期刊高频编委群体学术影响力研究》，硕士学位论文，郑州大学，2018 年。
[5] 何学锋、彭超群、张曾荣：《论科技期刊学术影响力的评估》，《中国科技期刊研究》2002 年第 5 期。
[6] 尤力群、袁美英：《从文献评价计量指标分析高校学报的学术影响力》，《中国科技期刊研究》2002 年第 4 期。

了判断科研人员的学术研究成果学术影响力的方法，得出了个人学术影响力的综合评价方法。① 刘盛博等认为论文被引频次只反映了论文的宏观影响力，提出从引用内容的主题和功能两方面揭示论文在他人研究中的具体作用和影响。② 王井等通过梳理政务微信的发展现状，设计了相关影响力指数并进行了相关性分析，得出了影响政务类微信公众号影响力的关键性变量和相互关系。③ 耿树青等认为被引次数指标忽视了引用内容的差异性，建议加入引用情感因素在被引次数评价指标基础上进行学术影响力评价。④ 李东等从跨学科合作与跨学科引用两个角度，研究学科交叉与科学家学术影响力之间的关系。⑤ 为了更科学、合理地评价科研人员的学术影响力，李勤敏等提出改进与影响力有关的各个影响因子，并用多元统计方法综合一个评价作者影响力的指标。⑥ 段异兵等分析了中国高影响力自主创新的特征，构建了中国海外专利数据库，发现发明专利对美国技术创新有较大影响。⑦ 沈利华等对科研评价体系中学术论文影响力评价存在的问题，提出了基于引文分析法的学术影响力评价。⑧ 韩维栋等阐述了我国科技期刊学术影响力研究的问题，探讨了科技期刊学术影响力的构成要素，论述了高被引论文与科技期刊学术影响力之间的内在关系。⑨ 雷顺利认为被引用及引用量的高低是图书发挥影

---

① 郑佳之、张杰：《一种个人学术影响力的评价方法》，《中国科技期刊研究》2007年第6期。
② 刘盛博、王博、唐德龙、马翔、丁堃：《基于引用内容的论文影响力研究——以诺贝尔奖获得者论文为例》，《图书情报工作》2015年第24期。
③ 王井、栾盛磊：《基于影响力指数相关性分析的政务微信优化实证研究——以浙江省为例》，《电子政务》2016年第11期。
④ 耿树青、杨建林：《基于引用情感的论文学术影响力评价方法研究》，《情报理论与实践》2018年第12期。
⑤ 李东、童寿传、李江：《学科交叉与科学家学术影响力之间的关系研究》，《数据分析与知识发现》2018年第12期。
⑥ 李勤敏、郭进利：《基于主成分分析和神经网络对作者影响力的评估》，《情报学报》2019年第7期。
⑦ 段异兵、孔妍：《高影响力中国海外发明专利的引文分析》，《科学学研究》2009年第5期。
⑧ 沈利华、缪家鼎、陈国钢、何晓薇、余敏杰、李红：《"客观同行评议"方法探索性研究——一种基于引文分析法的学术论文影响力评价方法》，《图书情报工作》2012年第18期。
⑨ 韩维栋、薛秦芬、王丽珍：《挖掘高被引论文有利于提高科技期刊的学术影响力》，《中国科技期刊研究》2010年第4期。

响力的重要依据，利用学术图书的引文量并进行统计分析，得出教育学科领域的影响力。①

通过以上分析，学术影响力及学术影响力评价的研究已经较为广泛，为学术话语权的评价奠定了的理论基础。

三 学术竞争力

学术竞争力体现了某一研究领域的学术发展力和生产力，是科研评价的基础，也是反映某一研究领域学术实力的重要标志。

在科研、学术竞争力研究方面，姜万军从国际竞争力视角分析了我国科技竞争力的趋势，剖析了我国科技竞争力落后的原因，并提出了提高科技竞争力的对策。② 李天琪等通过分析信息资源对国家竞争力的促进作用，指出了信息资源的作用对国家竞争力、国家信息资源竞争力的构成与评价等方面的问题。③ 郑楼先等分析了高校办刊的学科优势、人才优势、资金优势以及存在的问题，并从人才强刊、期刊发展的多元化等方面探讨了提升高校学术期刊核心竞争力的建议。④ 薛欣欣通过科研生产力、科研影响力和科研发展力三个层面分析了我国高等教育研究的现状，比较了发文总数排名最靠前的教育学院学术竞争力。⑤ 陈华雄等从科研层面评价相关国家在科学领域学术研究的水平和能力，建立了科研论文价值的学术竞争力评估模型，对领域内的学术竞争力进行了综合评估。⑥ 陶俊认为学术竞争力被认为是衡量学科可持续发展的关键要素，并通过高被引论文的内容结构特征阐释了图情学术竞争力不足的影响因素及其

---

① 雷顺利：《教育学学术著作影响力分析——基于 Google Scholar 引文数据》，《图书情报知识》2013 年第 4 期。
② 姜万军：《中国科学技术国际竞争力现状、问题与对策》，《科学学研究》1998 年第 3 期。
③ 李天琪、霍国庆、张晓东：《国家信息资源竞争力研究综述》，《图书情报工作》2012 年第 24 期。
④ 郑楼先、库耘：《提升高校学术期刊核心竞争力的思考》，《科技进步与对策》2005 年第 9 期。
⑤ 薛欣欣：《我国高校教育学院学术竞争力比较研究——基于 2018 年 16 家高等教育研究最具影响力期刊的载文统计》，《中国高教研究》2019 年第 9 期。
⑥ 陈华雄、王健、高健、侯馨远、邢怀滨：《科学领域学术竞争力评估研究》，《中国科学基金》2017 年第 4 期。

成因。① 刘磊等认为我国高校学术竞争力发展水平与世界一流大学仍存在较大差距，提出我国应借鉴别国发展成功经验提升高校整体学术竞争力。② 王保成认为学科馆员核心竞争力主要体现在组织和协调能力、计算机和网络操作能力以及学科情报研究能力等方面。③ 杨志坚认为高等教育国际竞争力的要素包含政策环境、人才培养、科学研究、社会服务、国际化程度等，认为科学研究和人才培养是核心要素。④ 张祖尧等通过引证指标和核心期刊评定了期刊评价体系的评价结果，论述了高校学报学术竞争力的总体评定情况。⑤

高校学术竞争力。朱浩认为学术竞争力是世界一流大学的重要标志，具体有学术资本竞争力、学术组织竞争力、学术文化竞争力和学术成果竞争力等。⑥ 朱浩认为大学学术竞争力是大学人力、科教、文化、组织与社会等五种资本学术竞争力的整体。⑦ 董月玲等从科研产出、科研影响力及科研创造力三个层面探讨了我国高校的学术竞争力，具体包含 ESI 收录论文数量、论文被引用次数、热门论文数、篇均被引次数、获得的成果数和授权专利数等指标。⑧ 邱均平对世界一流大学与科研机构的学科竞争力进行了科学、客观公正的评价和综合分析。⑨ 郭裕湘认为高校学术竞争力应由学术资源、结果、机制要素子系统构成能力体系，提出资源要素、结果要素、机制要素等维度的竞争力是共同构建高校学

---

① 陶俊：《体裁、社会效应与学术竞争力——图书情报学科高被引论文内容结构考察》，《图书情报工作》2016 年第 1 期。
② 刘磊、罗华陶、仝敬强：《从 ARWU 排行榜看我国高校与世界一流大学的学术竞争力差距》，《高校教育管理》2017 年第 2 期。
③ 王保成：《论学科馆员核心竞争力》，《图书情报工作》2011 年第 S2 期。
④ 杨志坚：《进一步提升我国高等教育的国际竞争力》，《中国高等教育》2001 年第 23 期。
⑤ 张祖尧、许惠儿、薛荣：《提高高校学报学术竞争力对策研究》，《中国科技期刊研究》2007 年第 2 期。
⑥ 朱浩：《学术竞争力：世界一流大学的重要标志》，《高教发展与评估》2011 年第 6 期。
⑦ 朱浩：《基于知识资本的大学学术竞争力自组织机理研究》，《运筹与管理》2012 年第 2 期。
⑧ 董月玲、季淑娟：《我国高校学术竞争力的评价分析》，《科技管理研究》2013 年第 4 期。
⑨ 邱均平：《2009 年世界一流大学与科研机构学科竞争力评价的做法、特色与结果分析》，《评价与管理》2009 年第 2 期。

术竞争力的要素层次结构系统。① 程莹等以世界大学学术排名（ARWU）为标准，分析了我国"985工程"高校学术竞争力的变化情况。② 基于灰靶理论的顶尖大学联盟学术竞争力及障碍因素研究，石丽等对比分析了中、美、英、澳四国顶尖大学联盟的学术产出竞争力，研究了各联盟的优势与差距，为提升中国高校学术竞争力提供参考。③

可见，关于学术竞争力的研究，学界已经展开了广泛的探讨，主要体现在科研和高校等学术竞争力研究等方面。

第三节　中国学术话语权评价指标模型构建

根据上述对中国学术话语权评价的分析，根据中国学术话语权评价的需要，对中国学术话语权评价指标进行遴选和指标体系的构建。

一　中国学术话语权评价指标选取

对中国学术话语权进行评价需要构建中国学术话语权评价体系，构建评价体系需先确定和遴选评价指标。根据前文对中国学术话语权内涵、类型、产生过程的分析以及构成要素的分析等进行选取中国学术话语权评价指标，并通过评价指标的相关性、因子分析等对不同的评价指标进行权重赋值来测度中国学术话语权。基于前文的研究，本书主要从学术主体视角选取中国学术话语权各种要素的评价指标，通过深入研究和分析，本书拟选取学术引领力、学术影响力及学术竞争力作为一级指标，分别代表学术主体引领力、学术主体影响力、学术主体竞争力，即基于两者或以上学术个体或学术群体比较的引领力、影响力和竞争力。各主要构成要素话语权评价指标的具体说明如表3-1所示。

---

① 郭裕湘：《高校学术竞争力内涵与要素系统的新探析》，《国家教育行政学院学报》2016年第2期。
② 程莹、杨颉：《从世界大学学术排名（ARWU）看我国"985工程"大学学术竞争力的变化》，《中国高教研究》2016年第4期。
③ 石丽、秦萍、陈长华：《基于灰靶理论的顶尖大学联盟学术竞争力及障碍因素研究》，《情报杂志》2018年第10期。

表3-1　　　　　　　中国学术话语权评价指标说明

主要要素	评价指标	指标说明
引领力	点度中心性、中介中心性、接近中心性和聚类系数	通过学术主体（作者、机构和国家）的社会网络节点分析
影响力	被引频次、被引网络连接度、文献耦合度和学科规范化引文影响力	学术主体（作者、机构和国家）的论文影响力
竞争力	合作数、基金数、发文数、使用次数（u1、u2）	学术主体（作者、机构和国家）的论文生产力和发展规模等

（一）学术引领力指标的选取

学术话语权从一定程度上掌握着学术发展的脉动和走势，占据着国内外学术研究领域的制高点，发挥着引领学术潮流的重要作用。学术话语权应坚守学术本真，传播学术价值，从而更进一步地推进学术引领力。余洪波认为人大复印报刊资料具有学术评价和学术引领的双重作用，是发挥学术引领、学术创新和社会价值的关键途径。① 可见，学术论文和学术期刊从一定程度上反映了学术引领力，代表了某一领域的学术话语权的地位和优势。

为了分析学术引领力，本书依据社会网络分析的观点，网络节点不是孤立存在的，而是由不同的社会关系关联网络组成，并受整个网络及其他网络节点的影响和制约。另外，网络中的每个节点所处的位置和所拥有的权力及地位是不尽相同的。因此，本书将从微观角度对每一个重要的网络节点进行分析，以便更好地掌握学术网络中复杂的社会网络关系，在信息传递中挖掘具有较高影响力的明星节点。实际上，社会网络分析是重视对网络中某重要节点的研究，它们反映了社会网络中节点间的等级、地位和优势等方面的差异，也是社会关系网络的重要属性。② 因此，本书将通过中心性指标的计量分析，也就是通过点度中心性、中

---

① 余洪波：《人大复印报刊资料的学术引领作用——基于〈复印报刊资料·中国共产党〉转载文章的分析》，《河南社会科学》2018年第5期。
② 林聚任：《社会网络分析：理论、方法与应用》，北京师范大学出版社2009年版，第107页。

介中心性、接近中心性和网络聚类系数等指标来测度不同网络节点的地位、权力等级和优势，从而体现其学术引领力。

（二）学术影响力指标的选取

学术影响力是指在某一段时期学术研究在所处的科研领域内对科研活动的影响范围和影响深度，也是学术研究的质量和数量的协同影响。本书根据上文学术影响力与学术话语权的相关研究，选取论文的被引频次[1]、被引网络连接度、文献耦合度[2]和学科规范化引文影响力[3]等指标作为本书的学术影响力评价指标。

被引频次是指学术论文发表后被引用的次数，可客观地反映出某一学术论文被使用及重视的程度，以及在学术交流中所处的作用和地位。在 Web of Science 核心合集中，其字段用 Tc 表示。被引频次也是定量学术评价的重要指标之一，被引频次与作者声誉、学术能力及合作等因素有重要影响。[4]

引用网络链接度是衡量引文节点直接连接边数多少的指标，主要指学术主体在引用网络中与学术主体之间的联系程度。[5]引用网络将引用文献链接在一起，引文网络链接度代表学术论文的被引次数，同时由网络中的其他节点共同决定引文网络链接的整体链接度。

文献耦合度是指两篇文献引用了相同的参考文献，耦合强度是指两篇文献引用相同参考文献的数量。[6] 文献之间的引用通常形成文献耦合和同被引关系。邱均平总结了耦合与同被引的差异，认为它们之间的相

---

[1] 李秀霞、宋凯：《STCF 值：基于研究主题的学术文献影响力评价新指标》，《图书情报工作》2018 年第 20 期。

[2] 王菲菲、王筱涵、刘扬：《三维引文关联融合视角下的学者学术影响力评价研究——以基因编辑领域为例》，《情报学报》2018 年第 6 期。

[3] 刘玉婷、马路、黄芳、龚佳剑：《基于 ESI 和 InCites 的高校学科发展分析——以首都医科大学为例》，《首都医科大学学报》2017 年第 5 期。

[4] 牟象禹、龚凯乐、谢娟、成颖、柯青：《论文被引频次的影响因素研究——以国内图书情报领域为例》，《图书情报知识》2018 年第 4 期。

[5] 王超：《引文网络的出度分布特征研究——以国际图书情报学论文引文为例》，《情报杂志》2013 年第 9 期。

[6] 孙海生：《文献耦合网络与同被引网络比较实证研究——以 Scientometrics 载文为例》，《现代情报》2019 年第 4 期。

同之处在于都是指两篇论文通过其他文献建立的关系，从而反映了文献之间的引用规律与结构关系。①

学科规范化引文影响力。根据汤森路透学科竞争力分析工具 Incites 的定义，"学科规范化引文影响力"是指学术论文实际被引次数除以同文献类型、同出版年、同学科领域的期望被引次数而获得的综合影响力。汤森路透 Web of Science 的学科规范化引文影响力（Category Normalized Citation Impact，FWCI）是考察机构、国家、个人等的论文影响力的指标，可进行不同规模、不同学科的论文集的比较；一篇文献的学科规范化引文影响力（CNCI）通过其实际被引次数除以同文献类型、同出版年、同学科领域文献的期望被引次数综合计算得出；如果 CNCI 的值为 1，则从一定程度上说明了该组学术论文的被引表现与全球平均水平相当；如果 CNCI 值大于 1，则表明了该组学术论文的被引表现高于全球平均水平；小于 1，则表明低于全球平均水平。②

（三）学术竞争力指标的选取

为了从科研层面评价学术研究水平和能力的相对位置，陈华雄等构建了基于科研论文价值的学术竞争力评估模型，分析了科研学术创新的数量、影响力等表征指标。③ 薛欣欣从论文发表数量、合作数量等维度对我国高校教育学院学术竞争力进行了比较研究。④ 基于此，本书将通过学术论文的发文数量、合作数、基金资助数、使用次数等指标作为学术竞争力的评价指标。

发文量从一定程度上可衡量某一学术领域的研究规模和实力，也是文献计量方法的重要指标之一，在科学研究活动中得到了广泛的应用。吴志红等通过对机构文献数分析，比较了学科优势、论文产出力和学术

---

① 邱均平：《论"引文耦合"与"同被引"》，《图书馆》1987 年第 3 期。
② 吴伟、姜天悦、余敏杰：《我国高水平大学基础研究与世界一流水平的群体性差距——基于学科规范化的引文影响力分析》，《现代教育管理》2017 年第 4 期。
③ 陈华雄、王健、高健、侯馨远、邢怀滨：《科学领域学术竞争力评估研究》，《中国科学基金》2017 年第 4 期。
④ 薛欣欣：《我国高校教育学院学术竞争力比较研究——基于 2018 年 16 家高等教育研究最具影响力期刊的载文统计》，《中国高教研究》2019 年第 9 期。

影响力的变化趋势。① 可见，发文量对进一步推进学科建设、规模和提高科研能力方面发挥着重要作用。

使用次数 U1 和 U2，是指在 WoS 核心数据库中的使用次数（Usage Count）。最近180天的使用次数用字段 U1 表示，2013年至今的使用次数用字段 U2 表示。近年对使用次数的度量和概念的讨论越来越关注，社交媒体的很大一部分倾向于考虑使用指标作为研究对象。② 梁国强等认为论文质量包含引文影响力和传播速度，论文质量可通过使用次数在论文、期刊、学科、时间的分布特征来评价。③

基金资助数可反映某一学科领域的学术竞争力。钟永恒等通过国家自然科学基金项目数量和项目经费、各科学部经费资助比例、各项目类型经费资助比例等对全国31个省域的基础研究竞争力排名和变化趋势进行了研究。④ 马廷灿等认为国家自然科学基金资助的竞争能力可反映出地区基础研究的水平和竞争力，构建了基于国家自然科学基金竞争能力的基础研究综合竞争力分析指数。⑤ 可见，基金资助数与学术竞争力之间存在着相互影响的关系。

合作数。对科技合作的文献量统计可了解一个国家科技合作的总量、变化、特点、关系、模式及影响因素等。韩涛等认为国际合作有助于提高国家运用科技资源的能力，通过对科学论文的国际合作测度可反映全球科学研究的国际合作态势，从国际合作整体发展特征、学科领域的国际合作状况分析了国际科技合作。⑥ 可见，学术合作论文量的产出反映了科研主体的科研水平和规模。

---

① 吴志红、胡志荣、杨鲁捷、曹艳：《基于数据库分析的机构发文量及学术影响力实证研究》，《情报科学》2013年第11期。
② Gl Nzel W., Gorraiz J., "Usage Metrics Versus Altmetrics: Confusing Terminology?", *Scientometrics*, 2015, 102 (3), pp. 2161–2164.
③ 梁国强、侯海燕、任佩丽、王亚杰、黄福、王嘉鑫、胡志刚：《高质量论文使用次数与被引次数相关性的特征分析》，《情报杂志》2018年第4期。
④ 钟永恒、邢霞、刘佳、王辉：《2006—2016年我国省域基础研究竞争力分析——基于国家自然科学基金》，《科技管理研究》2017年第24期。
⑤ 马廷灿、曹慕昆、王桂芳：《从国家自然科学基金看我国各省市基础研究竞争力》，《科学通报》2011年第36期。
⑥ 韩涛、谭晓：《中国科学研究国际合作的测度和分析》，《科学学研究》2013年第8期。

通以上分析，本书选取了对学术论文使用和影响产生较大作用的文献指标数据。在前人研究的基础上，经过重要性遴选，最终确定点度中心性（De）、中介中心性（Be）、接近中心性（Ce）、网络聚类系数（Cl）、被引频次（Tc）、被引频次网络连接度（Tl）、文献耦合度（Ts）、学科规范化引文影响力（CNCI）、发文数（Zc、Oc、Gc）、基金数（Jc）、使用次数（U1、U2）、合作（Zhc、Ohc、Ghc）作为学术话语权评价指标。其中，机构数作为衡量论文合作的指标[①]，通过机构数来表示，合作国家通过论文的合作国家数来衡量。具体指标及度量标准如表3-2所示。

表3-2　　学术话语权评价指标说明及计算方法

指标缩写	指标名称	备注及度量标准
De	点度中心性	通过Pythonl计算所有网络节点的点度中心性
Be	中介中心性	通过Pythonl计算所有网络节点的中介中心性
Ce	接近中心性	通过Pythonl计算所有网络节点的接近中心性
Cl	网络聚类系数	通过Pythonl计算所有网络节点的网络聚类系数
Citation	论文被引频次	论文在WoS核心集数据库中的被引频次
Tl	被引频次网络连接度	通过VOSviewer来计算被引频次的网络链接度
Ts	文献耦合度	通过VOSviewer来计算文献耦合网络的总链接度
CNCI	学科规范化引文影响力	通过Incites数据库获取相关学术主体的学科规范化引文影响力
Zc	作者发文数	根据WoS数据导出的作者为判断标准
Oc	机构发文数	根据WoS数据导出的机构为判断标准
Gc	国家发文数	根据WoS数据导出的国家为判断标准
Jc	基金资助数	根据WoS数据导出的基金资助数为判断标准
U1	使用次数	根据WoS数据中最近180天的使用次数
U2	使用次数	根据WoS数据中2013年至今的使用次数

---

① Adams J., Gurney K., Marshall S., "Patterns of International Collaboration for the UK and Leading Partners", *Science Focus*, 2007, 36 (11), pp. 131-136.

续表

指标缩写	指标名称	备注及度量标准
Zhc	作者合作数	根据 WoS 数据导出的作者合作数为判断标准
Ohc	机构合作数	根据 WoS 数据导出的机构合作数为判断标准
Ghc	国家合作数	根据 WoS 数据导出的国家合作数为判断标准

二 中国学术话语权评价模型的构建

对学术论文的学术话语权进行客观、公正的评价是本书研究的宗旨，本书将深入研究学术论文的构成要素，从学术主体的视角来测度和评价学术话语权的综合得分，选取国际生物学研究领域近10年的高水平论文数据对学术话语权进行综合评价，以此来验证学术话语权的评价指标模型和要素。所构建的中国学术话语权评价指标模型框架如图3-3所示。

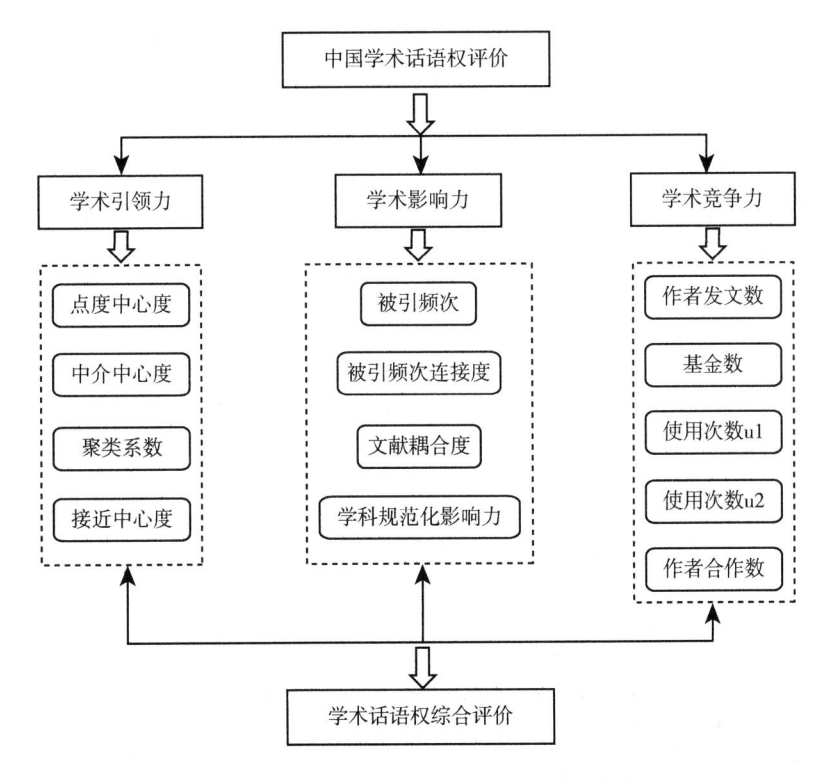

图3-3 中国学术话语权评价指标模型框架

由图3-3可知，中国学术话语权的综合评价指标体系主要由学术主体的学术引领力、学术影响力、学术竞争力三个重要部分组成，这三个重要部分均对应了学术论文的相关数据。在确定所有评价指标数据的基础上，对原始指标数据进行归一化处理，通过因子分析法[①]和层次分析法[②]对指标权重进行赋值，得到各层次指标数据的权重后，构建中国学术话语权评价指标体系。

三 中国学术话语权数据来源与处理

（一）数据来源

Web of Science核心数据库合集包含三大引文索引（SCIE，SSCI，A&HCI）、两大国际会议录引文索引（CPCI-S，CPCI-SSH）和两大化学索引，并经过了严格的遴选，收录了10000多种世界上比较权威和高影响力的学术期刊，超过11万个国际会议的学术期刊，内容涵盖自然科学、工程技术、生物医学、社会科学、艺术与人文等领域。为不同学科的研究提供了一个国际比较的重要平台。在国际上所拥有学术话语权的大小，反映了学术发展的整体高度，也是衡量其综合国力和文化软实力的重要标准。

本研究通过研究WoS数据库中的国际生物学（biology）学科研究论文发现，Wos数据库对学科分类的选定均有一定的标准。2019年10月25日，通过WoS数据库进行了检索。检索策略："WC=（biology）"，语种：English，时间跨度：所有年限；索引：SSCI，A&HCI，CPCI-S，CPCI-SSH，ESCI，CCR扩展I；总计检索出4200412条数据。通过精练该领域中的高被引论文，精练依据：ESI高水平论文：（领域中的高被引论文）AND 文献类型：（Article or Proceedings Paper or Review），最终检索出10675篇高水平论文作为本书研究的样本数据。这些文献数据的年限为2009—2019年的高被引论文。

[①] 卢扬、王丹、聂茸、高渢：《基于因子分析法的图书馆信息服务质量评价研究》，《图书情报工作》2016年第S1期。

[②] 胡群、刘文云：《基于层次分析法的SWOT方法改进与实例分析》，《情报理论与实践》2009年第3期。

（二）数据处理和指标数据获取方法

本书首先汇总和统计 WoS 中的 10675 篇国际生物学研究领域的所有文献数据，如引用频次、使用次数、作者数、机构数、国家数据、基金数量、参考文献数量、关键词数量、发表时滞、页码数等数据，然后根据上文分析和选取的指标原则，采用 Excel 软件进行统计分析，对数据进行汇总和计算（学术主体合作数等），其次利用 Python 软件计算学术主体的网络节点数（点度中心性、中介中心性、接近中心性和聚类系数），然后利用 VOSviewer 软件计算学术主体论文数据的被引频次网络连接度、文献耦合度等，最后通过 Incites 数据库获取学术主体论文数据的学科规范化引文影响力（Category Normalized Citation Impact）），从而得到中国学术话语权的相关评价数据，作为中国学术话语权综合评价得分的基础。

第四节　本章小结

本章主要对中国学术话语权要素和评价指标构建进行了深入的分析，主要做了以下分析：首先，对中国学术话语权的内涵、类型和产生进行了详细梳理；其次，对中国学术话语权的构成要素进行了分析；最后构建了中国学术话语权的评价指标模型，并对中国学术话语权的数量来源和处理方法进行了介绍。本章为后文的评价分析奠定了重要的基础。

第四章　中国学术话语权单维度评价实证分析

由本书上一章对中国学术话语权评价指标的分析可知，中国学术话语指标评价从学术主体层面客观量化学术话语权。从社会学视角研究社会网络的角度而言，权力对于个体来说，不会独立存在，个体所拥有的权力需要通过社会网络中与他人之间的关系及影响他人来体现。因此，权力对个体和他人都具有一定的影响力。本章将从学术主体视角对中国学术话语权学术主体的单指标数据进行实证分析，从文献数据层面的指标来探讨和分析中国学术话语权的地位和权力，即对学术主体视角的中国学术话语权的不同指标进行分析。本节内容将分别利用中心性指标对学术主体合作网络进行分析，各个指标值均由 Python 直接计算得到。

第一节　基于引领力的中国学术话语权评价分析

一　学者引领力分析

根据前文相关理论可知，社会网络分析的起初就重视对网络中重要节点的研究，其重要节点反映了社会网络中节点间的等级、地位、优势等差异，也是研究社会关系网络的核心。[1] 根据社会网络关系理论可知，网络节点是由一定社会关系构成的关联网络，且不同的节点网络之间相互影响和制约。因此，本书将通过社会网络关系来分析学者合作网络中

---

[1] 林聚任：《社会网络分析：理论、方法与应用》，北京师范大学出版社 2009 年版，第 107 页。

的节点来探讨学者所处的地位和权力。网络中每一个节点所处的位置及拥有的权力不同,就需要对每一个重要网络节点进行分析,从而更深入地认识和了解学者合作网络中复杂的社会网络关系,找出在生物医学领域中具有较高地位和影响的明星节点。本节研究将利用中心性指标的计量来测度不同网络节点之间的地位和影响。

中心性是衡量个体的结构位置和权力的一个重要指标,通过这一指标可以衡量个体的地位、特权、影响力及社会声望等。[①] 在社会网络分析中,中心性分为点度中心性(degree centrality)、中介中心性(betweenness centrality)和接近中心性(closeness centrality)。根据对象的不同测量,中心性指标可分为中心度和中心势。就个体节点而言,只能衡量个体的中心性,中心性指标又可分为绝对中心性和相对中心性。中心势(network centralization)反映整个网络的性质,一个网络只具有一个中心势,主要用来衡量整个网络的凝聚性。点度中心性则考察各节点在学术主体合作网络中建立的合作关系数量,在一定程度上反映出节点在整个网络的核心位置。中介中心性是衡量节点作为媒介传播的能力,即节点处在关键路径上及对其他节点的控制力和影响力。接近中心性是考察节点的独立性,是不受其他人控制的能力。

根据作者的合作情况,可以计算出作者合作网络中节点影响合作因素的系数。对此,本节将对学术主体网络的点度中心性、中介中心性、接近中心性和聚类系数进行计算和分析。

(一)点度中心性

点度中心性是社会网络关系中较常用的分析方法,通常用于衡量节点在网络中的地位差异。通过点度中心性的概念以及相应的计算方法来计算,点度中心性可反映出某一节点与其他点的连接程度,点度中心性主要是测量网络中的重要节点,其节点代表团体中的重要人物,这也是确定网络中节点的位置和重要性的最直接方法。在某一社会网络中,该节点的度数越高,则表明与其他直接相连的节点就越多。节点处在网络的中心位置,该节点所对应的作者则是该网络中的中心作者。从社会学

[①] 罗家德:《社会网分析讲义》(第二版),社会科学文献出版社2010年版,第187页。

角度而言，中心性高的节点，则是网络中的中心人物，代表了最具有社会地位和优势的人；从组织行为学角度而言，网络中的中心人物代表着最具有权力优势的人。中心性越高的人，在该网络中的地位越重要。本书中的点度中心性是利用 Python 计算出所构建的作者合作网络的节点直接相连的节点数量。点度中心性为 0，则表示其节点在网络中是孤立存在的。表 4-1 中列出了点度中心性排名前 50 位的作者。

表 4-1　　　　　点度中心性排名前 50 位的作者

排名	作者	点度中心性	排名	作者	点度中心性
1	Zhang, Jian	273	26	de Castro, Edouard	178
2	Zhang, Jianhua	264	27	Luo, Jie	174
3	Wang, Jing	261	28	Orchard, Sandra	171
4	Mills, Gordon B.	251	29	Masson, Patrick	171
5	Li, Wei	242	30	Tognolli, Michael	171
6	Li, Jun	227	31	Roechert, Bernd	171
7	Barrell, Daniel	219	32	Breuza, Lionel	171
8	Haussler, David	212	33	Feuermann, Marc	171
9	Bateman, Alex	190	34	Hinz, Ursula	171
10	Xenarios, Ioannis	189	35	Pedruzzi, Ivo	171
11	Wu, Cathy H.	188	36	Wang, Qinghua	170
12	Rivoire, Catherine	188	37	Stutz, Andre	170
13	Lopez, Rodrigo	187	38	Sonesson, Karin	169
14	Sigrist, Christian	186	39	Duvaud, Severine	169
15	Redaschi, Nicole	186	40	Bolleman, Jerven	169
16	Huang, Hongzhan	186	41	Gruaz-Gumowski, Nadine	169
17	Natale, Darren A.	186	42	Huntley, Rachael	169
18	Yeh, Lai-Su	186	43	Baratin, Delphine	169
19	Bridge, Alan	185	44	Pozzato, Monica	169
20	O'Donovan, Claire	182	45	Arminski, Leslie	169
21	Turner, Edward	182	46	Coudert, Elisabeth	169
22	Binns, David	182	47	Keller, Guillaume	169
23	Apweiler, Rolf	181	48	Lieberherr, Damien	169
24	Hulo, Nicolas	180	49	Staehli, Sylvie	169
25	Lander, Eric S.	180	50	Suzek, Baris E.	169

具有最高点度中心性的节点，表明它们与其他节点之间有着广泛的合作关系。最高点度中心性的节点在合作网络中处于重要的地位，影响着其他节点的合作意愿。由表4-1可知，排名第1位的作者是Zhang, Jian，其点度中心性为273，说明在作者合作网络中，Zhang, Jian与其他作者之间都建立了诸多直接的合作关系，该作者来自美国乔治大学医学中心（Georgetown Univ, Med Ctr），由此可反映Zhang, Jian在整个网络中具有重要的权力和优势地位，对学术的交流和传递产生了重要的影响，在整个网络中是最具有权力地位优势的明星作者。点度中心性在200以上的作者共有8位，占表中50位作者的16%，在180至190之间的作者有17位，占表中50位作者的34%，在170至179之间的作者有12位，占表中50位作者的24%。排名最后的3位作者为Lieberherr, Damien、Staehli, Sylvie、Suzek, Baris E，点度中心性都为169。通过进一步分析发现，点度中心性都为169的作者共有13位，占表中50位作者的26%，表明这13位作者在50位作者中，其节点网络中的权力和地位相对最小。

另外，我们还发现在该网络中，通过该网络计算出了这50位作者的点度中心性的平均数为187，并且作者的点度中心性与作者的发文量之间存在着一定的关联。发文量较高的作者，其点度中心性相对较高。如排名第3位的作者Wang, Jing的发文量为58篇，其点度中心性为261；该作者来自美国范德比尔特大学生物医学信息学系（Vanderbilt Univ, Dept Biomed Informat），这也较好地表明了作者发文量和点度中心性之间存在一定的关系。

经过进一步的统计分析发现，中国作者在该排名中仅有两位，首先是排名较高的作者Zhang, Jianhua，点度中心性为264，排名第2位，该作者来自天津大学高分子科学与技术系（Tianjin Univ, Dept Polymer Sci & Technol）；其次是作者Luo, Jie，点度中心性为174，排名第27位，来自华中农业大学作物遗传改良国家重点实验室（Huazhong Agr Univ, Natl Key Lab Crop Genet Improvemen），可见，中国作者具有一定的学术地位，体现了在一个学术领域的话语权和控制力的突出程度。另外，在该排名表中，大部分作者来自美国，可见美国作者的学术话语权在该领域占有绝对优势和地位。

(二) 中介中心性

中介性的概念最初由 Freeman 教授提出,是衡量节点中心性的另一指标,它测量了特定节点位于网络中不同节点之间的次数,该指标被称为中介中心性。中介中心性对其他节点具有重要的控制作用,反映了对其他节点的控制程度。如果一个节点处于许多其他节点对的捷径上,表明其节点具有较高的中介中心性。[1] 中介中心性越大,其节点所拥有的权力就越高,中介中心性高的节点可通过信息传递来影响整体。[2] 中介中心性也是通过中心性指标来比较不同大小网络的节点,利用最大可能的最短路径数进行标准化处理后进行比较。表 4-2 列出了作者合作网络中中介中心性排名前 50 位的节点作者,表中数据通过 Python 直接计算得到。

表 4-2 中介中心性排名前 50 位的作者

排名	作者	中介中心性	排名	作者	中介中心性
1	Zhang, Jian	45195.18	13	Marchler-Bauer, Aron	5044.47
2	Wang, Jing	12587.84	14	Chen, Wei	4898.11
3	Barrell, Daniel	10853.25	15	Zhang, Yan	4527.23
4	Mills, Gordon B.	10431.04	16	Chou, Kuo-Chen	4333.75
5	Zhang, Jianhua	8540.24	17	Zhang, Yi	3511.70
6	Haussler, David	8326.43	18	Yang, Ying	3342.99
7	Wilson, Richard K.	7697.99	19	Yang, Yang	3321.12
8	Lander, Eric S.	7632.87	20	Wu, Hao	3139.09
9	Pruitt, Kim D.	6485.20	21	Zhang, Wei	3118.38
10	Li, Wei	6148.92	22	Liu, Liang	3077.51
11	Dunham, Ian	5514.37	23	Birney, Ewan	3003.31
12	Li, Jun	5451.35	24	Bradner, James E.	2828.33

---

[1] Borgatti, S. P., "Centrality and AIDS", *Connections*, 1995, 18, pp. 112-114.
[2] Freeman L. C., "Centrality in Social Networks: Conceptual Clarification", *Social Network*, 1979 (1), pp. 215-239.

续表

排名	作者	中介中心性	排名	作者	中介中心性
25	Xenarios, Ioannis	2813.67	38	O'Donovan, Claire	1941.28
26	Xavier, Ramnik J.	2676.11	39	Turner, Edward	1941.28
27	Guan, Kun-Liang	2618.62	40	Wang, Wei	1916.60
28	Bryant, Stephen H.	2587.28	41	Wang, Li	1914.78
29	Bolton, Evan	2572.59	42	Swanton, Charles	1656.78
30	He, Chuan	2473.80	43	Young, Richard A.	1544.25
31	Wang, Dong	2445.56	44	Durbin, Richard	1506.37
32	Flicek, Paul	2332.61	45	Gray, Nathanael S.	1503.17
33	Regev, Aviv	2245.01	46	Gibbs, Richard A.	1478.26
34	Chin, Lynda	2199.45	47	Wilder, Steven P.	1440.74
35	Church, Deanna M.	2197.51	48	Letunic, Ivica	1436.11
36	Weissman, Jonathan S.	2185.17	49	Bork, Peer	1436.11
37	Bateman, Alex	1944.92	50	Luo, Jie	1430.03

中介中心性代表节点在网络中所处的位置以及对其他节点的控制力。通常，中介中心性较高的节点将不同的成员联系在一起，在一定程度上促进了节点作者网络成员之间的交流与共享。在作者合作网络中，中介中心性和点度中心性的情况不同，节点的中介性为0，则说明作者对其他作者之间合作关系的影响力较小。这些节点一般是边缘节点或孤立节点，没有体现在网络节点的关键路径上。通过中介中心性的计算结果可以看出，作者Zhang, Jian 的中介中心性指数是最高的，为45195.18，其次是Wang, Jing、Barrell, Daniel、Mills, Gordon B. 等三位作者，其中介中心性指数分别为12587.84、10853.25、10431.04。纵观整个结果，可以看出点度中心性最高的作者在中介中心性中的变化不大，排第1位的Zhang, Jian 在中介中心性中依然排名第1位，而点度中心性排名第2位的作者Zhang, Jianhua 在中介中心性排名中却下降到了第5位。

另外，通过对中介中心性的计算结果还发现，表中作者的中介中心性在10000至13000之间的有3位，3000至9000之间的有19位，占表中作者的38%，2000至2900之间的有13位，占表中作者的26%，1400至1950之间的有14位，占表中作者的28%，这说明整个网络的节点位于网络中各个其他节点之间的次数普遍较高。且作者合作网络中的节点中介中心性指标没有0值，排名最后的作者为Luo，Jie，中介中心性为1430.03。从整个网络节点数来看，表明作者合作网络中的中介中心性的差异不是很大，仅有少数作者的中介中心性相对较高，这也较好地说明了这些中介中心性较高的作者更容易成为他人的合作对象。

在该排名中，中国作者除了排名第5位的Zhang，Jianhua，其中介中心性与点度中心性排名比较下降了三位；还有排名第14位的作者Chen，Wei，中介中心性为4898.11，来自中国河北联合大学基因组与计算生物学中心（Hebei United Univ, Ctr Genom & Computat Biol, Sch Sci）；排名第18位的作者Yang，Ying，中介中心性为3342.99，该作者来自中国科学院基因和精密医学实验室北京研究所（Chinese Acaemy Sci, Beijing Inst Gen, Key Lab Genom & Precis Med）；排名第19位的Yang，Yang，中介中心性为3321.12，该作者来自西北大学生命科学院（Northwest Univ, Fac Life Sci）；排名第21位的作者Zhang，Wei，中介中心性为3118.38，该作者来自第四军医大学化学系（Fourth Mil Med Univ, Sch Pharm）；排名第31位的作者Wang，Dong，中介中心性为2445.56，该作者来自中国科学院生命科学与技术学院（Univ Sci & Technol China, Sch Life Sci）；排名第40位的作者Wang，Wei，中介中心性为1916.60，该作者来自中国科学院国家重点实验室植物基因组（Chinese Acad Sci, State Key Lab Plant Genom）；排名第41位的作者Wang，Li，中介中心性为1914.78，该作者来自中国澳门大学（Univ Macau）。可见，在排名中共有8位中国作者中介中心性位列其中，占总排名的16%，较好地代表了中国学者的学术地位和权力。

表4-2所列出的作者处于相对比较重要的位置，尤其是排名较靠前的Zhang，Jian、Wang，Jing、Barrell，Daniel、Mills，Gordon B.等作者，在网络中拥有较高的中介中心性，占据着网络节点的关键路径。因此，这些作者对于其他节点以及整个网络都产生了重要的影响。

（三）接近中心性

接近中心性衡量的是网络中某节点与其他节点的接近程度，通过节点与节点之间的距离来测量接近中心性。接近中心性考虑的是行动者在多大的程度上不受其他行动者的影响和控制，也即是说一个节点在建立关联的过程中很少依赖其他节点，那么该节点的接近中心性就越高。[①] 如果某一个网络节点与其他节点距离较接近且节点居于网络的中心，那么，该节点则更容易传递信息，离中心节点距离最近的节点在声望、权力和影响力方面最强；反之，与中心节点距离最远的则在声望、权力及影响力方面最弱。接近中心性较小的节点需通过中心性高的节点才能传递其资源和信息。接近中心性的计算方法是利用节点与网络中所有其他节点的最短距离之和的倒数，节点的度数越大则表明与其他节点的距离就越小，距离网络中心位置越近。[②] 作者接近中心性具体情况如表 4-3 所示。

表 4-3　　　　　　　接近中心性排名前 50 位的作者

排名	作者	接近中心性	排名	作者	接近中心性
1	Yamaguchi-Shinozaki, Kazuko	1.00	12	Weber, Tilmann	1.00
2	Mathivanan, Suresh	1.00	13	Fernie, Alisdair R.	1.00
3	Paley, Suzanne	1.00	14	Vergoulis, Thanasis	1.00
4	Dalamagas, Theodore	1.00	15	Blunt, John W.	1.00
5	Stitt, Mark	1.00	16	Kyrpides, Nikos C.	1.00
6	Coussens, Lisa M.	1.00	17	Keseler, Ingrid M.	1.00
7	White, Ian R.	1.00	18	Kothari, Anamika	1.00
8	Medema, Marnix H.	1.00	19	Fischbach, Michael A.	1.00
9	Copp, Brent R.	1.00	20	Deary, I. J.	1.00
10	Chen, I-Min A.	1.00	21	Thery, Clotilde	1.00
11	Taslimi, Parham	1.00	22	Roth, Bryan L.	1.00

[①] 刘军：《社会网络分析导论》，社会科学文献出版社 2004 年版，第 127 页。
[②] ［美］戴维·诺克、杨松：《社会网络分析》（第二版），上海人民出版社 2012 年版，第 103—104 页。

续表

排名	作者	接近中心性	排名	作者	接近中心性
23	Karp, Peter D.	1.00	37	Zhang, Jian	0.52
24	Mirzaei, Hamed	1.00	38	Mills, Gordon B.	0.51
25	Latendresse, Mario	1.00	39	Zhang, Jianhua	0.51
26	Gulcin, Ilhami	1.00	40	Wang, Jing	0.51
27	Tohge, Takayuki	1.00	41	Li, Wei	0.51
28	Stevens, Raymond C.	1.00	42	Li, Jun	0.50
29	Hatzigeorgiou, Artemis G.	1.00	43	Haussler, David	0.47
30	Caspi, Ron	1.00	44	Barrell, Daniel	0.46
31	Hardie, D. Grahame	1.00	45	Zhang, Yan	0.46
32	Keyzers, Robert A.	1.00	46	Sabatini, David M.	0.46
33	Krummenacker, Markus	1.00	47	Xavier, Ramnik J.	0.46
34	Prinsep, Michele R.	1.00	48	Zhang, Wei	0.46
35	Munro, Murray H. G.	0.80	49	Yang, Ying	0.46
36	Supuran, Claudiu T.	0.67	50	Kimmelman, Alec C.	0.45

表4-3是利用Python计算得出的排名前50位作者的接近中心性。从所得出结果中可看出，所构建作者合作网络的接近中心性排名第1位的是Yamaguchi-Shinozaki, Kazuko，接近中心性为1.00，接近中心性为1.00的作者共34位，占表中作者的68%；并且表中大多数接近中心性相差不大，由此可看出作者之间的差距也不是很大。从整个计算结果来看，在0.4—0.8之间的作者只有16位，占表中作者数的32%。另外，在合作网络中表中的作者具有较高的接近中心性，说明这些中心节点作者占据着节点之间连接路径的关键位置，与其他节点距离更近，在合作网络中应处于较核心的位置。因此，在作者合作网络中这些节点不容易受其他节点的控制，在知识交流、信息传递过程中处于一定的优势地位。

通过表4-3进一步分析发现，中国学者的接近中心性在排名中有天津大学高分子科学与技术系（Tianjin Univ, Dept Polymer Sci & Technol）的Zhang, Jianhua、中山大学生物防治国家重点实验室（Sun Yat Sen

Univ, State Key Lab Biocontrol) 的 Zhang, Yan、第四军医大学化学系(Fourth Mil Med Univ, Sch Pharm) 的 Zhang, Wei、复旦大学上海医学院(Fudan Univ, Shanghai Med Sch) 的 Yang, Ying；这 4 位作者的接近中心性在 0.45—0.51 之间。可见中国作者的接近中心性在排名中较靠后，与其他国家的作者的接近中心性还存在一定的差距，表明了中国作者的中心地位相对较低，有待提升。

（四）聚类系数

聚类系数主要是用于表示一个整体网络节点的紧密程度系数，在网络中，节点之间紧密联系会组成一个较严密的网络组织。聚类系数在 0 至 1 之间，接近于 1 则表示网络较紧密，接近于 0 则表示节点之间的关系较松散。在现实网络中，聚类系数太高或太低都会对网络节点之间的系数带来影响。聚类系数过低意味着网络节点稀疏；聚类系数太高则表明了合作关系较集中。[1] 通过 Python 可计算所有作者的网络聚类系数，如表 4-4 所示。

表 4-4　　　　　　　聚类系数排名前 50 位的作者

排名	作者	聚类系数	排名	作者	聚类系数
1	Uversky, Vladimir N.	1.00	11	Xu, Jie	1.00
2	Stitt, Mark	1.00	12	Chen, Ling-Ling	1.00
3	Medema, Marnix H.	1.00	13	Lemmon, Emily Moriarty	1.00
4	Vergoulis, Thanasis	1.00	14	Hulo, Chantal	1.00
5	Zhao, Yi	1.00	15	Lipman, David J.	1.00
6	Taylor, Michael D.	1.00	16	Chan, David C.	0.99
7	Keseler, Ingrid M.	1.00	17	Shaw, Reuben J.	0.99
8	Makarova, Kira S.	1.00	18	Reiter, Russel J.	0.99
9	Jia, Jianhua	1.00	19	Li, Weizhong	0.99
10	Roth, Bryan L.	1.00	20	McWilliam, Hamish	0.99

---

[1] Watts D. J., Strogatz S. H., "Collective Dynamics of 'Small World' Networks", *Nature*, 1998, 393 (6684), pp. 440-442.

续表

排名	作者	聚类系数	排名	作者	聚类系数
21	Sonesson, Karin	0.99	36	Axelsen, Kristian	0.99
22	Duvaud, Severine	0.99	37	Jungo, Florence	0.99
23	Bolleman, Jerven	0.99	38	Martin, Xavier	0.99
24	Gruaz-Gumowski, Nadine	0.99	39	Poux, Sylvain	0.99
25	Huntley, Rachael	0.99	40	Paesano, Salvo	0.99
26	Baratin, Delphine	0.99	41	Bely, Benoit	0.99
27	Pozzato, Monica	0.99	42	Gehant, Sebastien	0.99
28	Arminski, Leslie	0.99	43	Gerritsen, Vivienne	0.99
29	Coudert, Elisabeth	0.99	44	Pilbout, Sandrine	0.99
30	Keller, Guillaume	0.99	45	Auchincloss, Andrea	0.99
31	Lieberherr, Damien	0.99	46	Verbregue, Laure	0.99
32	Staehli, Sylvie	0.99	47	Gos, Arnaud	0.99
33	Suzek, Baris E.	0.99	48	Blatter, Marie-Claude	0.99
34	Dornevil, Dolnide	0.99	49	Pruess, Manuela	0.99
35	Chen, Chuming	0.99	50	Boeckmann, Brigitte	0.99

通过表4-4可以发现，中国作者聚类系数较高的有清华大学生物信息学部（Tsinghua Univ, Bioinformat Div）的Zhao, Yi、景德镇陶瓷研究所（Jing De Zhen Ceram Inst）的Jia, Jianhua、中国农业科学院深圳农业基因研究所（Chinese Acad Agr Sci, Agr Genom Inst Shenzhen）的Xu, Jie，聚类系数均为1.00，在网络节点中具有重要的作用，在一定程度上代表了中国作者的地位和权力。

总之，通过对学者的引领力分析可知，美国学者在点度中心性、中介中心性和接近中心性中均名列前茅，而中国学者整体处于中等左右位置。

二 机构引领力分析

根据现有机构的合作情况，能够计算出机构合作网络中的节点影响合作因素的系数。对此,本书对该领域机构网络的点度中心性、中介中心性、接近度中心性和聚类系数进行计算来分析机构引领力。

(一)点度中心性

点度中心性是社会网络关系中测度节点关系常用的分析方法,上文已介绍。节点处在网络的中心位置,则表明节点所对应的机构就是实际网络中的中心机构。机构的中心性越高,在这个网络中的地位越重要。本书中的点度中心性利用 Python 计算出所构建的机构合作网络的节点直接相连的数量。点度中心性为 0 的节点则表示该节点在网络中彼此是孤立的,在实际合作中表示该机构没有与其他机构开展过学术合作。表 4-5 列出了点度中心性排名前 50 位的机构。

表 4-5 点度中心性排名前 50 位的机构

排名	机构	点度中心性	排名	机构	点度中心性
1	Harvard Univ	354	17	Univ Michigan	252
2	Univ Calif San Francisco	294	18	Yale Univ	250
3	Univ Calif San Diego	282	19	Duke Univ	246
4	Stanford Univ	280	20	Cornell Univ	240
5	Univ Cambridge	278	21	Univ Calif Davis	236
6	Univ Calif Berkeley	278	22	Univ Edinburgh	234
7	Univ Oxford	272	23	Massachusetts Gen Hosp	232
8	MIT	268	24	CNRS	230
9	Univ Washington	266	25	Mem Sloan Kettering Canc Ctr	226
10	UCL	264	26	Karolinska Inst	224
11	Univ Copenhagen	262	27	Johns Hopkins Univ	222
12	Columbia Univ	256	28	Washington Univ	220
13	Harvard Med Sch	254	29	Univ N Carolina	220
14	Univ Penn	252	30	Univ Wisconsin	218
15	Univ Toronto	252	31	Univ Queensland	210
16	Univ Calif Los Angeles	252	32	Univ Zurich	208

续表

排名	机构	点度中心性	排名	机构	点度中心性
33	Univ Maryland	208	42	Boston Univ	188
34	Chinese Acad Sci	204	43	Monash Univ	186
35	Univ Texas MD Anderson Canc Ctr	202	44	Univ Illinois	184
36	NYU	202	45	Broad Inst MIT & Harvard	182
37	Dana Farber Canc Inst	200	46	Univ Minnesota	182
38	Univ Melbourne	198	47	Kings Coll London	182
39	Univ British Columbia	198	48	Baylor Coll Med	182
40	Univ Massachusetts	196	49	Univ Chicago	180
41	NCI	194	50	Wellcome Trust Sanger Inst	178

表4-5中具有最高点度中心性的节点，表明它们与其他节点之间有广泛的合作关系，最高点度中心性的节点在合作网络中处于重要的地位。哈佛大学（Harvard Univ）排名遥遥领先，该机构的点度中心性为354，说明在该机构合作网络中，Harvard Univ 与其他机构之间都建立了诸多直接的合作关系，由此可反映 Harvard Univ 在整个网络中是最具有重要的权力和地位的机构，对学术的交流及知识传递产生了重要的影响。排名第2位的机构为加州大学旧金山分校（Univ Calif San Francisco），点度中心性为294，在整个网络中的地位和优势也较大。另外，通过进一步分析发现，点度中心性在200至300之间的机构共有36个，占表中50个机构的72%，170至200之间的机构有13个，占表中50个机构的26%。排名最后的机构为桑格学院研究所（Wellcome Trust Sanger Ins），点度中心性为178，表明该机构在这50个机构中，其节点网络中的权力和地位相对较小。

通过进一步分析可以看出，在该排名中，中国机构仅有中国科学院（Chinese Acad Sci），该机构的排名为第34位，点度中心性为204，表明中国科学院在国际上具有一定的权力和地位。从排名而言，在国际生物学研究领域，中国机构的点度中心性排名相对靠后，但近10年在国际生物学研究领域，我国机构在国际上具有一定的学术影响力和地位。

另外，我们还发现在该网络中，通过该网络计算出这 50 个机构的点度中心性的平均值为 229.56，并且机构的点度中心性与机构的发文量之间存在着一定的关联。发文量较高的机构，其点度中心性相对较高。如排名第 1 位的机构为哈佛大学（Harvard Univ），其发文量为 565 篇，其点度中心性为 354，排名也是第 1 位；排名第 2 位的机构为加州大学旧金山分校（Univ Calif San Francisco），其发文量为 311 篇，点度中心性为 294，排名也是第 2 位，这较好地表明了机构发文量和点度中心性之间存在较密切的关系。

（二）中介中心性

中介中心性是测量特定节点位于社会网络中其他不同节点之间的次数，这个指标被称为中介中心性。中介中心性对其他节点具有重要的控制作用，反映了对其他节点的控制程度。[1] 为了利用中介中心性指标来比较不同网络节点的大小，可通过最大可能的最短路径指数进行标准化处理得出。表 4-6 列出了机构合作网络中中介中心性排名在前 50 位的节点，表中数据通过 Python 直接计算得到。

表 4-6　　　　　　　　中介中心性排名前 50 位的机构

排名	机构	中介中心性	排名	机构	中介中心性
1	Harvard Univ	1068.24	9	UCL	463.05
2	Univ Calif San Francisco	613.24	10	CNRS	437.96
3	Univ Oxford	560.54	11	MIT	437.43
4	Univ Calif San Diego	552.02	12	Univ Washington	409.54
5	Stanford Univ	526.29	13	Univ Michigan	383.55
6	Univ Cambridge	518.20	14	Yale Univ	381.49
7	Univ Copenhagen	489.04	15	Columbia Univ	373.19
8	Univ Calif Berkeley	475.66	16	Univ Calif Los Angeles	361.62

---

[1] Freeman L. C., "Centrality in Social Networks: Conceptual Clarification", *Social Network*, 1979 (1), pp. 215-239.

续表

排名	机构	中介中心性	排名	机构	中介中心性
17	Univ Toronto	357.55	34	Johns Hopkins Univ	231.18
18	Harvard Med Sch	356.87	35	Mem Sloan Kettering Canc Ctr	226.61
19	Cornell Univ	347.75	36	Univ Illinois	222.47
20	Univ Calif Davis	341.71	37	Washington Univ	222.20
21	Duke Univ	334.40	38	Univ British Columbia	221.44
22	Univ Edinburgh	322.45	39	Univ Lausanne	218.94
23	Monash Univ	314.23	40	Univ Texas MD Anderson Canc Ctr	201.39
24	Chinese Acad Sci	311.95	41	Univ Minnesota	197.59
25	Univ Melbourne	306.75	42	INSERM	195.15
26	Univ Penn	305.02	43	Univ Massachusetts	187.82
27	Univ Maryland	299.82	44	Baylor Coll Med	179.35
28	Univ Wisconsin	294.64	45	Dana Farber Canc Inst	178.25
29	Univ N Carolina	253.62	46	McGill Univ	169.45
30	Univ Zurich	251.08	47	CSIC	169.06
31	Karolinska Inst	250.66	48	Katholieke Univ Leuven	168.98
32	Massachusetts Gen Hosp	250.65	49	NCI	164.38
33	Univ Queensland	231.96	50	Univ Chicago	164.15

中介中心性代表在网络中节点位置以及对其他节点的控制力。中介中心性较高的节点能在一定程度上促进网络成员之间的交流与共享。在机构合作网络中，中介中心性和点度中心性情况不同，节点的中介性为0，说明该机构对其他机构之间的合作关系的影响力很小。这些节点一般是边缘节点或孤立节点，不处在网络节点的关键路径上。通过计算中介中心性的结果可看出，哈佛大学（Harvard Univ）的中介中心性指数是最高的，为1068.24，且在整个排名中遥遥领先，其次是加州大学旧金山分校（Univ Calif San Francisco），其中介中心性指数为613.24，比第1名

低了将近一半。但是纵观整个结果，可以看出点度中心性最高的机构在中介中心性中的排名没有变化，Harvard Univ（哈佛大学）中介中心性依然排名第 1 位，而点度中心性排名第 3 位的机构加州大学圣迭戈分校（Univ Calif San Diego）在中介中心性排名中却下降到了第 4 位。

同时，我们发现中国科学院（Chinese Acad Sci）排名第 24 位，中介中心性为 311.95 与点度中心性相比，中介中心性中的排名上升了 10 位。这较明显地说明了中国科学院在国际生物学研究领域中的重要地位和权力优势。

另外，通过中介中心性的计算还发现，机构的中介中心性在 300 至 600 之间的有 24 个，占表中总机构数的 48%，200 至 300 之间的有 14 个，占表中总机构数的 28%，160 至 200 的有 10 个，占表中总机构数的 20%，这说明整个网络的节点位于网络中各个其他节点之间的次数普遍较高。且机构合作网络中的节点中介中心性指标没有 0 值，排名最后的机构为 Uiv Chicago（芝加哥大学），中介中心性为 164.15。从整个网络节点数来看，机构合作网络中的中介中心性差异不是很大，仅有少数几个机构的中介中心性较高，这较好地说明了这几个中介中心性较高的机构更容易成为其他机构的合作对象。

而表 4-6 列出的机构则处在相对较重要的权力位置，尤其是排名较靠前的哈佛大学（Harvard Univ）、加州大学旧金山分校（Univ Calif San Francisco）、牛津大学（Univ Oxford）等机构，在网络中拥有较高的中介中心性，占据着网络节点的关键路径。因此，这些机构对于其他节点以及整个网络都产生了重要的影响，在整体网络节点中具有重要的权力和作用。

（三）接近中心性

接近中心性是测量网络中某一节点与其他节点的接近程度，通过节点与节点之间的距离来测量接近中心性。一个网络节点与其他节点都比较接近的节点居于网络的中心，该节点传递信息更容易，与中心节点距离最近的节点，在声望、权力和影响力等方面最强。机构的接近中心性具体情况如表 4-7 所示。

表4-7　　　　接近中心性排名前50位的机构

排名	机构	接近中心性	排名	机构	接近中心性
1	Harvard Univ	0.88	26	Karolinska Inst	0.69
2	Univ Calif San Francisco	0.78	27	Johns Hopkins Univ	0.68
3	Univ Calif San Diego	0.76	28	Washington Univ	0.68
4	Stanford Univ	0.76	29	Univ N Carolina	0.68
5	Univ Cambridge	0.75	30	Univ Wisconsin	0.68
6	Univ Calif Berkeley	0.75	31	Univ Queensland	0.67
7	Univ Oxford	0.75	32	Univ Zurich	0.67
8	MIT	0.74	33	Univ Maryland	0.67
9	Univ Washington	0.74	34	Chinese Acad Sci	0.66
10	UCL	0.73	35	Univ Texas MD Anderson Canc Ctr	0.66
11	Univ Copenhagen	0.73	36	NYU	0.66
12	Columbia Univ	0.72	37	Dana Farber Canc Inst	0.66
13	Harvard Med Sch	0.72	38	Univ Melbourne	0.66
14	Univ Penn	0.72	39	Univ British Columbia	0.66
15	Univ Toronto	0.72	40	Univ Massachusetts	0.65
16	Univ Calif Los Angeles	0.72	41	NCI	0.65
17	Univ Michigan	0.72	42	Boston Univ	0.65
18	Yale Univ	0.72	43	Monash Univ	0.64
19	Duke Univ	0.71	44	Univ Illinois	0.64
20	Cornell Univ	0.70	45	Broad Inst MIT & Harvard	0.64
21	Univ Calif Davis	0.70	46	Univ Minnesota	0.64
22	Univ Edinburgh	0.70	47	Kings Coll London	0.64
23	Massachusetts Gen Hosp	0.69	48	Baylor Coll Med	0.64
24	CNRS	0.69	49	Univ Chicago	0.64
25	Mem Sloan Kettering Canc Ctr	0.69	50	Wellcome Trust Sanger Inst	0.64

表4-7是利用Python计算得出的排名前50位的机构接近中心性。从所得出的结果中可看出，构建机构合作网络的接近中心性排名第1位的仍然是哈佛大学（Harvard Univ），接近中心性为0.88；其次是加州大学旧金山分校（Univ Calif San Francisco），接近中心性为0.78。从整个计算结果来看，接近中心性在0.7至0.8之间的机构共有21个，占表中总机构数的42%；并且这些机构的接近中心性相差不大，接近中心性在0.6至0.7之间的机构共有28个，占总机构数的56%；由此可看出机构之间的差距也不是很大。

中国科学院（Chinese Acad Sci）的接近中心性为0.66，排名第34位，与点度中心性一样。这也说明中国机构与其他国家的合作力度、地位和优势还有一定的差距。

另外，在合作网络表中的机构具有较高的接近中心性，表明这些机构中心节点占据了其他节点之间连接路径的核心位置，与其他节点距离更近，在合作网络中应处于较核心的位置。因此，这些机构节点在合作网络中不易受其他节点的影响和控制，在信息交流、知识传递过程中处在优势地位和重要位置。另外，通过分析发现整个节点机构合作网络的连通不是很畅通，导致整个机构节点的网络接近中心性指标的计算没有达到相应的效果。

（四）聚类系数

聚类系数代表的是某个节点整体网络紧密程度的系数，在网络中节点之间紧密联系会组成一个较严密的网络。通过Python可计算所有机构的网络聚类系数，如表4-8所示。

表4-8　　　　　　　**聚类系数排名前50位的机构**

排名	机构	聚类系数	排名	机构	聚类系数
1	Univ Paris	1.00	5	Max Delbruck Ctr Mol Med	0.68
2	Fred Hutchinson Canc Res Ctr	0.69	6	Mayo Clin	0.68
3	Broad Inst Harvard & MIT	0.69	7	Genentech Inc	0.67
4	Case Western Reserve Univ	0.69	8	Max Planck Inst Biochem	0.64

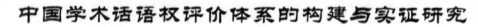

续表

排名	机构	聚类系数	排名	机构	聚类系数
9	Netherlands Canc Inst	0.64	30	Hosp Sick Children	0.58
10	Broad Inst	0.63	31	Univ So Calif	0.58
11	Hebrew Univ Jerusalem	0.63	32	Univ Texas SW Med Ctr Dallas	0.58
12	Brown Univ	0.63	33	RIKEN	0.57
13	Vanderbilt Univ	0.62	34	Rockefeller Univ	0.57
14	NIAID	0.62	35	CALTECH	0.57
15	SUNY Stony Brook	0.61	36	Howard Hughes Med Inst	0.57
16	Univ Padua	0.60	37	McMaster Univ	0.57
17	Oregon Hlth & Sci Univ	0.60	38	Univ Virginia	0.57
18	Louisiana State Univ	0.60	39	MRC	0.57
19	Colorado State Univ	0.59	40	Icahn Sch Med Mt Sinai	0.57
20	Vrije Univ Amsterdam	0.59	41	Northwestern Univ	0.57
21	NOAA	0.59	42	Ohio State Univ	0.57
22	St Jude Childrens Res Hosp	0.59	43	Weill Cornell Med Coll	0.57
23	Whitehead Inst Biomed Res	0.59	44	Univ Sao Paulo	0.57
24	Tech Univ Denmark	0.59	45	VIB	0.56
25	Univ Liverpool	0.59	46	Scripps Res Inst	0.56
26	Ecole Polytech Fed Lausanne	0.59	47	King Saud Univ	0.56
27	Osaka Univ	0.58	48	Univ Alberta	0.56
28	Univ New S Wales	0.58	49	Sun Yat Sen Univ	0.56
29	Weizmann Inst Sci	0.58	50	Brigham & Womens Hosp	0.55

根据 Python 的计算结果，排名第 1 位的机构为巴黎大学（Univ Paris），聚类系数为 1.00，聚类系数较高，表明该机构的合作网络节点比较密集，与其他机构节点之间的合作关系相对较紧密，其他机构的网络聚类系数均低于 1.00，表明与其他机构之间的合作关系不够紧密。

在该排名中，中国机构有两个，分别为排名第 41 位的西北大学（Northwestern Univ）和排名第 49 位的中山大学（Sun Yat Sen Univ），这两个机构的聚类系数分别为 0.57 和 0.56，说明这两个机构和其他机构之间的合作关系还不够紧密，机构合作网络的稠密度低，表明机构参与合作的程度有限。从某种程度而言，中国机构聚类系数体现了其机构的学术权力和地位，对国际生物学研究领域的话语权和控制力还不够突出。

总之，通过对机构的引领力分析可知，哈佛大学（Harvard Univ）在点度中心性、中介中心性和接近中心性中均名列前茅，而中国机构整体排名在中等左右。

三 国家引领力分析

根据合作情况，能计算出不同国家合作网络中节点的影响合作因素系数。对此，本书对国家合作网络的点度中心性、中介中心性、接近中心性、聚类系数进行了计算和分析。

（一）点度中心性

点度中心性通常是用来测量网络中节点的地位差异。中心性越高的国家，在这个网络中的地位越突出。本书中的点度中心性利用 Python 计算出所构建的国家合作网络的节点直接相连的节点数量。点度中心性为 0，则代表该节点在网络中彼此孤立，在实际合作中代表该国家没有与其他国家进行过学术合作。表 4-9 列出了点度中心性排名前 50 位的国家和地区。

表 4-9　　点度中心性排名前 50 位的国家和地区

排名	国家和地区	点度中心性	排名	国家和地区	点度中心性
1	USA	243	10	Netherlands	224
2	France	240	11	Italy	224
3	Spain	230	12	Portugal	224
4	Denmark	230	13	Scotland	221
5	Germany	228	14	England	220
6	Switzerland	226	15	Sweden	220
7	Australia	226	16	Japan	217
8	Canada	226	17	Austria	217
9	Belgium	225	18	Norway	216

续表

排名	国家和地区	点度中心性	排名	国家和地区	点度中心性
19	Finland	216	35	Brazil	206
20	Russia	214	36	Israel	206
21	Peoples R China	214	37	Saudi Arabia	205
22	Greece	214	38	Turkey	204
23	South Africa	213	39	Malaysia	203
24	Poland	212	40	Lithuania	202
25	Ireland	212	41	Taiwan	202
26	Hungary	212	42	Wales	201
27	Serbia	210	43	Iran	201
28	Slovenia	210	44	India	201
29	Czech Republic	210	45	Croatia	200
30	Mexico	210	46	Colombia	200
31	Argentina	210	47	Singapore	199
32	Estonia	209	48	South Korea	199
33	New Zealand	208	49	Romania	198
34	Chile	206	50	Venezuela	198

最高点度中心性的节点在合作网络中处于重要的地位，影响着其他节点的合作意愿。具有最高点度中心性的节点，表明这些国家和地区与其他国家节点之间存在广泛的合作关系。例如，排名第1位的国家为美国（USA），其点度中心性为243，表明美国在国家合作网络中与其他49个点度中心性相对较高的国家之间建立了更多直接的合作关系，由此可表明美国在整个国家节点网络中具有重要的权力和地位，在学术交流和知识生产中发挥着重要的作用和影响，在整个网络中代表了最具有权力地位优势的国家。排名第2位的为法国（France），其点度中心性为240，在整个网络中也具有较重要的权力地位和优势。排名最低的国家为罗马尼亚（Romania）、委内瑞拉（Venezuela），点度中心性都为198，表明这两个国家在节点网络中权力和地位相对最小。

通过进一步分析还发现，在排名前 50 位的国家中，其点度中心性的值相对都不是很高，点度中心性值 200 至 245 之间共有 46 个国家，占总数的 92%，198 至 199 之间仅有 4 个，占总数的 8%。由此我们可以得出，这些点度中心性排名前 50 位国家之间的权力和地位相差不是很大，且大多数国家的权力和影响相对较均等。

同时，在该网络中中国的点度中心性为 214，排名为第 21 位，这也较好地说明了中国的点度中心性在国际上的排名处于中等偏上的水平，在国际上具有一定的权力和地位。

另外，通过该网络计算出 50 个国家的点度中心性的平均数为 213.24，并且国家的点度中心性与国家的发文量之间存在着较紧密的关联。发文量越高的国家，其点度中心性越高。如排名第 1 位的国家是美国，其发文量为 5827 篇，其点度中心性为 243，也是最高的；发文数量排名第 3 位的国家为德国（Germany），发文量为 1332 篇，其点度中心性为 240。另外，还有澳大利亚（Australia）、法国（France）、英国（England）等国家的点度中心性和发文量均比较高，这较好地表明了国家发文量和点度中心性之间存在一定的关系。

（二）中介中心性

中介中心性一般体现了节点之间所具有的影响和控制作用。通过中介中心性指标可比较不同大小网络节点，通过最大可能的最短路径数进行标准化处理来计算其指标。表 4-10 列出了合作网络中国家和地区中介中心性排名前 50 位的节点，表中数据利用 Python 计算得到。

表 4-10　　　　中介中心性排名前 50 位的国家和地区

排名	国家和地区	中介中心性	排名	国家和地区	中介中心性
1	USA	939.96	7	Italy	335.33
2	France	534.43	8	England	312.01
3	Saudi Arabia	469.48	9	Finland	263.70
4	Australia	448.54	10	Scotland	203.71
5	Canada	380.69	11	Germany	201.31
6	Netherlands	348.98	12	Spain	200.03

续表

排名	国家和地区	中介中心性	排名	国家和地区	中介中心性
13	Denmark	189.00	32	Iran	58.88
14	Belgium	168.26	33	Colombia	58.75
15	New Zealand	154.72	34	Greece	54.41
16	South Africa	153.88	35	Chile	50.49
17	Japan	143.39	36	Ireland	50.37
18	Portugal	141.07	37	Poland	50.07
19	Mexico	126.41	38	Hungary	47.58
20	Sweden	125.82	39	Serbia	43.70
21	Switzerland	124.61	40	Slovenia	43.70
22	Argentina	103.07	41	Czech Republic	43.70
23	Malaysia	98.19	42	Israel	42.51
24	India	98.15	43	Thailand	38.37
25	Turkey	87.76	44	Philippines	38.23
26	Norway	76.73	45	Croatia	32.52
27	Austria	73.46	46	Lithuania	32.45
28	Peoples R China	68.68	47	Romania	31.01
29	Brazil	68.28	48	Ukraine	29.55
30	Russia	67.00	49	Iceland	28.17
31	Estonia	64.49	50	China（Taiwan）	25.73

中介中心性体现了网络中节点的位置以及对其他节点的控制和影响力。中介中心性较高的节点通常将不同的节点连接在一起。在合作网络中，国家节点的中介性为0，这表明该国家对其他国家间的合作关系的影响力较小。这些节点为边缘节点或孤立节点，不在网络的关键路径上。通过中介中心性计算的结果可看出，美国（USA）的中介中心性指数是最高的，其中介中心性为939.96，其次是法国（France）、沙特阿拉伯（Saudi Arabia）、澳大利亚（Australia）等3个国家，其中介中心性指数分别为534.43、469.48、448.54。这较好地说明了这几个国家对其他国

家的控制力和影响较大,而美国是最具影响力的,也反映了美国的权力和地位优势。排名最后的国家和地区为中国台湾China(Taiwan),其中介中心性为25.73。

另外,纵观整个结果,可以看出点度中心性最高的国家通常中介中心性也较高。排第1位的美国(USA),其中介中心性排名也是第1位,点度中心性排名第2位的国家是法国(France),其中介中心性排名也是第2位。而点度中心性排名第3位的西班牙(Spain)和第5位的德国(Germany),在中介中心性排名中分别下降到了第13位和第12位。中国(Peoples R China)在点度中心性中排名第21位,而在中介中心性排名中下降了7位,其中介中心性为68.68,排到了第28位。这进一步说明了大多数国家合作网络中的中介中心性差异不是很大,仅有美国(USA)、法国(France)等少数国家的中介中心性较高,这较好地说明了这些中介中心性较高的国家更容易成为其他国家的合作对象,并对其他国家产生重要的影响。

表4-10所列出的国家和地区则处于相对比较重要的位置,尤其是排名较靠前的美国(USA)、法国(France)等国家,在网络中拥有较高的中介中心性,占据着网络节点的关键路径。因此,这些作者对于其他节点以及整个网络都产生了重要的影响,如果要提高整体网络节点的重要性,则应对这些处于关键路径上的节点进行提升。

(三)接近中心性

接近中心性考察的是网络中某一节点与其他节点的接近程度,通过节点与节点之间的距离来测量接近中心性。接近中心性较小的节点通过中心性高的节点才能传递资源和信息。排名数据通过Python直接计算得到,具体见表4-11。

表4-11　　　　　接近中心性排名前50位的国家和地区

排名	国家和地区	接近中心性	排名	国家和地区	接近中心性
1	USA	0.92	4	Germany	0.87
2	England	0.90	5	Australia	0.87
3	France	0.90	6	Spain	0.87

续表

排名	国家和地区	接近中心性	排名	国家和地区	接近中心性
7	Belgium	0.87	29	Estonia	0.82
8	Denmark	0.87	30	Czech Republic	0.82
9	Canada	0.86	31	Mexico	0.82
10	Netherlands	0.86	32	Argentina	0.82
11	Switzerland	0.86	33	New Zealand	0.81
12	Italy	0.85	34	Brazil	0.81
13	Portugal	0.85	35	Chile	0.81
14	Scotland	0.85	36	Turkey	0.81
15	Sweden	0.84	37	Israel	0.81
16	Japan	0.84	38	Malaysia	0.80
17	Austria	0.84	39	Saudi Arabia	0.80
18	Norway	0.83	40	Lithuania	0.80
19	Finland	0.83	41	Taiwan	0.80
20	Russia	0.83	42	Singapore	0.80
21	South Africa	0.83	43	Wales	0.80
22	Peoples R China	0.83	44	Iran	0.80
23	Greece	0.83	45	India	0.80
24	Poland	0.82	46	Croatia	0.79
25	Ireland	0.82	47	Colombia	0.79
26	Hungary	0.82	48	South Korea	0.79
27	Serbia	0.82	49	Romania	0.79
28	Slovenia	0.82	50	Venezuela	0.79

表4-11是通过Python计算得出排名前50位的国家和地区的接近中心性。从所得的结果可以看出，所构建的国家合作网络的接近中心性排名第1位的是美国（USA），接近中心性为0.92；其次是英国（England）和法国（France），接近中心性都为0.90；并且表中大多数接近中心性相差不大，由此可看出国家之间的差距不是很大。排名最后的5个国家的接近中心性都为0.79。从整个计算结果来看，50个国家的接近中

心性的值在 0.80 至 0.87 之间的国家共有 42 个,占总数的 84%。这较好地说明了大多数国家的接近中心性值比较接近,差距较小。而中国(Peoples R China)的接近中心性为 0.83,排名第 22 位,相对中介中心性的排名上升了 6 位;同时,也较好地说明了我国的接近中心性值与排名前 3 位的国家差距相对较小。

另外,表中合作网络的国家和地区均具有较高的接近中心性,表明了这些国家中心节点占据着节点间连接路径的重要位置,与其他节点距离很近,在合作网络中应处于较核心的位置。因此,特别是美国(USA)、英国(England)、法国(France)排名前 3 位的国家节点在国家合作网络中很少受到其他节点的控制和影响,在学术交流和传递过程中处于一定的优势地位和权力。

(四)聚类系数

聚类系数表示一个整体网络节点的紧密程度,在网络中,节点之间紧密联系构成一个较严密的网络组织。聚类系数是指在一个节点链接的节点中,实际的边数和最大边数之比。[①] 国家聚类系数具体情况如表 4-12 所示。

表 4-12　　　　　　聚类系数排名前 50 位的国家

排名	国家	聚类系数	排名	国家	聚类系数
1	Macedonia	1.00	10	Seychelles	1.00
2	Botswana	1.00	11	Uganda	1.00
3	Gambia	1.00	12	Tanzania	1.00
4	Bermuda	1.00	13	Tunisia	1.00
5	Jamaica	1.00	14	Fiji	1.00
6	Ghana	1.00	15	Algeria	1.00
7	Bangladesh	1.00	16	Cuba	1.00
8	Tonga	1.00	17	Morocco	1.00
9	Cote Ivoire	1.00	18	Mozambique	1.00

---

① 刘勇、杜一:《网络数据可视化与分析利器》,电子工业出版社 2017 年版,第 185—186 页。

续表

排名	国家	聚类系数	排名	国家	聚类系数
19	Benin	1.00	35	Nigeria	0.98
20	Myanmar	1.00	36	U Arab Emirates	0.98
21	Bosnia & Herceg	1.00	37	Vietnam	0.98
22	Papua N Guinea	1.00	38	Pakistan	0.98
23	Moldova	1.00	39	Indonesia	0.97
24	Montenegro	1.00	40	Nepal	0.97
25	Georgia	0.99	41	Peru	0.97
26	Bahamas	0.99	42	Qatar	0.97
27	Namibia	0.99	43	Jordan	0.97
28	Timor-Leste	0.99	44	Bahrain	0.97
29	Ethiopia	0.99	45	Lebanon	0.97
30	Cambodia	0.99	46	Senegal	0.97
31	Greenland	0.99	47	French Guiana	0.97
32	Bolivia	0.99	48	Belarus	0.96
33	Cameroon	0.99	49	Kuwait	0.96
34	Monaco	0.98	50	Egypt	0.96

表4-12是通过Python计算得出的排名前50位的国家聚类系数。从所计算的结果中可看出，国家合作网络的聚类系数排名第1位的是马其顿（Macedonia），聚类系数为1.00；聚类系数为1.00的国家有24个，占表中国家数的48%；排名最后的3个国家为Belarus（白俄罗斯）、Kuwait（科威特）和Egypt（埃及），其聚类系数都为0.96，聚类系数在0.96至0.99之间的国家共有26个，占表中国家数的52%。并且表中大多数国家的聚类系数相差很小。这较好地说明了大多数国家的聚类系数值比较接近，差距较小。

另外，一般聚类系数为1.00表明网络之间的链接情况较好，表中各国在合作网络中均具有较高的聚类系数，表明这些节点均占据着节点之间连接路径的核心位置，与其核心节点距离越近，在合作网络中处的位置就越突出。因此，聚类系数为1.00的24个国家节点在国家合作网络中对其他节点具有一定的控制力和影响，在学术交流和信息传递过程中处于一定的优势地位。

总之，从整体评价结果而言，美国（USA）、法国（France）、澳大利亚（Australia）的引领力排名均领先各国，而中国整体排名处于中等以上的水平。

第二节 基于影响力的中国学术话语权评价分析

学术影响力的英文词对应的有"Academic Impact""Scholarly Impact""Research Impact"等，学术影响力一般只指某一个机构或学科、某一个团体或个体的总学术成就与贡献，涉及这些学术个体或团体的声誉，或是学术成果所具有的理论价值与社会贡献。

作者的被引频次在一定程度上反映了作者在该学科研究领域的影响力，作者被引频次的高低、作者被引网络之间的网络节点度以及作者文献耦合度都从不同的侧面反映了作者的学术地位和影响力。Brink, P. A. 通过引文的数量分析了期刊出版及学术主体的影响力。[1] 下面本书将从这几个方面测量学术主体的学术影响力。

一 学者影响力分析

被引频次（Times Cited）。被引频次是学术论文发表后被使用者引用的次数，可较客观地反映该学术论文被使用和受重视的程度，以及在学术交流中所处的地位和发挥的作用。在 Web of Science 核心合集中，其字段用 Tc 表示。有学者研究了引文数量对学术论文的影响因素[2]、引文率对论文的影响以及影响论文引文率的因素等。[3]

---

[1] Brink, P. A., "What is in a Number: the Impact Factor, Citation Analysis and 30 Years of Publishing the Cardiovascular Journal of Africa", *Cardiovascular Journal of Africa*, 2019, 30 (6), pp. 315 – 325.

[2] Tahamtan, Iman; Afshar, Askar Safipour; Ahamdzadeh, Khadijeh, "Factors Affecting Number of Citations: A Comprehensive Review of The Literature", *Scientometris*, 2016, 107 (3), pp. 1195 – 1225.

[3] Vanclay, J. K., "Factors Affecting Citation Rates in Environmental Science", *Journal of Informetric*, 2013, 7 (2), pp. 265 – 271.

（一）高被引作者分析

对高被引频次的作者进行分析，可了解高被引作者的学术影响力和地位。本书通过数据处理和统计方法对原始数据进行了统计分析。经统计，该领域共有 51599 位作者，将排名前 50 位的高被引作者列出，如表 4-13 所示。

表 4-13　　　　排名前 50 位的高被引频次作者

排名	作者	引用	总连接度	文献
1	Kumar, Sudhir	65315	564	6
2	Stecher, Glen	64946	545	5
3	Tamura, Koichiro	64756	528	4
4	Peterson, Daniel	52903	430	2
5	Nei, Masatoshi	41897	344	1
6	Peterson, Nicholas	41897	344	1
7	Durbin, Richard	33141	2440	6
8	Li, Heng	32108	2368	8
9	Weinberg, Robert A.	31994	3037	15
10	Hanahan, Douglas	29530	1823	8
11	Bartel, David p.	21507	2150	12
12	Headd, Jeffrey J.	20061	1084	5
13	Suchard, Marc A.	18479	912	8
14	Richardson, Jane S.	18412	1032	5
15	Read, Randy J.	18237	861	5
16	Chen, Vincent B.	18158	963	4
17	Richardson, David C.	18158	963	4
18	Kapral, Gary J.	18070	887	3
19	Smyth, Gordon K.	17875	1444	7
20	Bork, Peer	17576	3381	22
21	Eddy, Sean R.	16682	2919	19
22	Knight, Rob	16393	1679	21

续表

排名	作者	引用	总连接度	文献
23	Sabatini, David M.	14626	1991	17
24	Adams, Paul D.	13946	932	7
25	Edgar, Robert C.	13670	815	4
26	Zwart, Peter H.	13660	738	4
27	Moriarty, Nigel W.	13608	780	5
28	Afonine, Pavel V.	13604	787	5
29	Terwilliger, Thomas C.	13604	787	5
30	Bateman, Alex	13505	2333	17
31	Echols, Nathaniel	13406	665	3
32	Finn, Robert d.	13366	2306	17
33	Grosse-kunstleve, Ralf W.	13033	624	2
34	Guindon, Stephane	13001	541	3
35	Spek, Anthony L.	12827	0	1
36	Jensen, Lars J.	12630	2193	13
37	Kuhn, Michael	12096	2229	11
38	Von mering, Christian	12040	2408	12
39	Murshudov, Garib N.	11901	404	3
40	Li, Weizhong	11860	962	10
41	Stamatakis, Alexandros	11545	1086	8
42	Bunkoczi, Gabor	11503	542	2
43	Hung, Li-wei	11503	542	2
44	Mccoy, Airlie J.	11503	542	2
45	Davis, Ian W.	11130	501	1
46	Oeffner, Robert	11130	501	1
47	Roth, Alexander	11052	1556	7
48	Filipski, Alan	11006	88	1
49	Tate, John	10997	1715	8
50	Forslund, Kristoffer	10670	1867	7

通过对表4-13分析发现，排名跃居首位的高被引作者为Kumar, Sudhir, 被引频次高达65315次，其次是Stecher, Glen和Tamura, Koichiro, 这两位作者的被引频次分别为64946次和64756次，分别排名第2位和第3位；且排名前3位的作者的被引频次都高达6.5万次左右，差距相对较小。排名第1位的作者来自美国坦普大学基因组与进化医学研究所（Temple Univ, Inst Genom & Evolutionary M），排名第2位的作者来自坦普大学基因组与进化研究所（Temple Univ, Inst Genom & Evolutionary），排名第3位的作者来自东京都立大学生物科学系（Tokyo Metropolitan Univ, Dept Biol Sci）。排名最后的作者为德国欧洲分子生物学实验室（European Molecular Biology Laboratory），该作者的被引频次为10670次，与排名前3位的作者相比，前3位作者的被引频次高出了近6倍之多，可见，排名前3位的作者在国际生物学研究领域具有重要的影响力。

另外，在该列表中，高被引作者的频次大多在10000次至20000次之间，共有38位作者，占总排名的76%，这也较好地说明了这38位作者虽然与排名前3位的作者影响力相比有一定的差距，但在国际上还是具有一定的影响力。作者的被引频次在20000次以上53000次以下的作者共有9位，占总作者数的18%，这也较好地表明了高被引作者的比率相对较少，同时也说明了不同作者的影响力大小的差距。

通过进一步分析这50位高被引作者国家和机构发现，中国作者的被引频次排名在国际生物学研究领域的前50名之列的分别有：排名第8位的作者Li, Heng, 来自北京基因组研究所（Beijing Genomics Institute），排名第40位的作者Li, Weizhong, 来自东北农业大学（Northeast Agricultural University），该作者的被引频次为11860次，排名第43位的作者Hung, Li-wei, 来自中国台湾大学（National Taiwan University），被引频次为11503次。这较好地表明中国作者的被引频次在国际生物学研究领域具有一定的影响力，但与排名第1位的美国作者相比还存在较大的差距。

（二）被引频次作者总连接度影响力

连接强度代表网络中一个点与其他点共同出现的总次数，默认从大到小排列，从而反映了网络中重要节点的影响力。

为了分析高被引频次的作者影响力，了解高被引作者的学术影响力和地位。本书通过数据处理和统计方法对原始数据进行了统计分析,并利用 VOSviewer 软件计算作者的网络总连接度来体现作者的影响力和地位,该领域共有 51599 位作者,将作者影响力排名前 50 位的高被引作者列出,如表 4-14 所示。

表 4-14　　　　被引频次总连接度排名前 50 位的作者

排名	作者	文献	引用	总连接度
1	Chou, Kuo-chen	62	9563	10071
2	He, Chuan	23	5506	4756
3	Xiao, Xuan	25	3276	4531
4	Lin, Hao	26	3509	4522
5	Chen, Wei	27	4299	4443
6	Bork, Peer	22	17576	3381
7	Weinberg, Robert A.	15	31994	3037
8	Young, Richard A.	20	10128	2928
9	Eddy, Sean R.	19	16682	2919
10	Regev, Aviv	20	9224	2872
11	Chang, Howard Y.	17	9492	2791
12	Kroemer, Guido	15	9812	2760
13	Guan, Kun-liang	20	10430	2738
14	Weissman, Jonathan S.	17	7807	2474
15	Lu, Zhike	11	2640	2451
16	Durbin, Richard	6	33141	2440
17	Von mering, Christian	12	12040	2408
18	Szklarczyk, Damian	12	10647	2383
19	Li, Heng	8	32108	2368
20	Zhang, Feng	16	10104	2362
21	Bateman, Alex	17	13505	2333
22	Lander, Eric S.	17	9832	2327
23	Finn, Robert D.	17	13366	2306

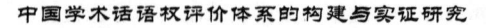

续表

排名	作者	文献	引用	总连接度
24	Kuhn, Michael	11	12096	2229
25	Clevers, Hans	21	10474	2200
26	Jensen, Lars j.	13	12630	2193
27	Bartel, David p.	12	21507	2150
28	Chen, Ling-ling	11	2715	2142
29	Liu, Bin	14	1769	2100
30	Ding, Hui	10	1288	2038
31	Liu, Zi	10	1368	2026
32	Jaenisch, Rudolf	15	6231	1991
33	Sabatini, David m.	17	14626	1991
34	Jia, Jianhua	9	1092	1939
35	Galluzzi, Lorenzo	11	3157	1913
36	Forslund, Kristoffer	7	10670	1867
37	Mizushima, Noboru	14	10398	1860
38	Hanahan, Douglas	8	29530	1823
39	Rinn, John l.	9	6299	1722
40	Qi, Lei s.	10	5781	1721
41	Tate, John	8	10997	1715
42	Alberti, Simon	8	1538	1704
43	Hermjakob, Henning	12	6859	1693
44	Yang, Hui	10	4808	1684
45	Rajewsky, Nikolaus	8	3612	1681
46	Knight, Rob	21	16393	1679
47	Jaffrey, Samie r.	7	1881	1650
48	Qiu, Wang-ren	8	1049	1611
49	Dai, Qing	7	3005	1600
50	Zhang, Yi	15	5901	1576

由表 4-14 可以看出，排名第 1 位的网络总连接度作者为 Chou,

Kuo-chen，该作者的网络总链接度高达10071次，被引频次高达9563次，引文数量为62篇，在该领域的地位和作用遥遥领先。其次是作者He，Chuan和Xiao，Xuan，这两位作者的网络总连接度分别为4756次和4531次，被引频次分别为5506次和3276次，引文数量分别为23篇和25篇，排名第1位的作者来自美国坦普大学基因组与进化医学研究所（Temple Univ，Inst Genom & Evolutionary M），排名第2位的作者来自坦普大学基因组与进化研究所（Temple Univ，Inst Genom & Evolutionary），排名第3位的作者来自东京都立大学生物科学系（Tokyo Metropolitan Univ，Dept Biol Sci）。排名最后的作者为Zhang，Yi，总连接度为1576次，被引频次为5901次，引文数量为15篇，该作者为德国欧洲分子生物学实验室，与排名第1位的作者相比，排名第1位的作者总连接度是该作者的近6.4倍，被引频次高出约2倍，可见，排名第1位的作者在国际生物学研究领域具有较高的影响力和地位。

另外，在该列表中，总连接度作者的次数大多在2000次至3000次之间，共有24位作者，占表中总排名的48%，这也较好地说明了这24位作者具有普遍的影响力。总连接度作者的次数在3000次以上的有7位，仅占总作者数的14%。可见，高影响力作者仅在少数，特别是排名第1位的作者的影响力在排名中遥遥领先，与其他所有作者的差距悬殊较大，从而更进一步证明了排名第1位的作者具有重要的影响力和中心地位。

通过进一步分析这50位高被引作者国家和机构发现，中国作者的总连接度的排名还不在国际生物学研究领域的前50名之列，这也反映了中国作者的被引频次与国际生物学研究领域的高被引作者还存在一定的差距，其影响力有待进一步的提升。

（三）文献耦合作者总连接度影响力分析

引文耦合（Bibliographic Coupling）的概念最早是由Kessler提出，指两篇论文被一篇或多篇相同的文献引用建立的关系，通常可用引文耦合的多少来测算两篇文献之间的联系程度。[1] 引文耦合愈多，说明两篇文

---

[1] Kessler M.，"Bibliographic Coupling Between Scientific Papers"，*American Documentation*，1996（14），pp. 10 – 25.

献的相关性愈强。

文献耦合强度代表了网络中一个点与其他节点共同出现的总次数,文献耦合度大小则反映了网络中重要节点的影响力。而文献耦合的强度则取决于共同参考文献（被引文献）的数量。文献耦合分析是信息计量学研究的重要内容,分为作者耦合分析、学科耦合分析、机构耦合分析以及期刊耦合分析等类型。[①] 因此,文献耦合已应用于情报科学、文献计量学、科学学及未来学等学科研究和评价领域。

为了进一步分析高被引频次的作者影响力,了解高被引作者的学术影响力和地位。本书通过数据处理和统计方法对原始数据进行了统计分析,并通过计算作者的文献耦合强度来体现作者的影响力和地位,该领域共有51599位作者,将作者影响力排名前50位的高被引作者列出,如表4-15所示。

表4-15　　文献耦合总连接度排名前50位的作者

排名	作者	文献	引用	总连接度
1	Chou, Kuo-chen	62	9563	231313
2	Xiao, Xuan	25	3276	129766
3	Lin, Hao	26	3509	87530
4	Chen, Wei	27	4299	86578
5	Liu, Zi	10	1368	66508
6	Jia, Jianhua	9	1092	64678
7	Liu, Bin	14	1769	51998
8	Qiu, Wang-ren	8	1049	47341
9	Ding, Hui	10	1288	44470
10	Liu, Bingxiang	6	819	44342
11	Copp, Brent R.	11	3225	43344
12	Prinsep, Michele R.	11	3225	43344
13	Blunt, John W.	10	3189	41851

---

① 邱均平:《信息计量学》,武汉大学出版社2013年版,第397—408页。

续表

排名	作者	文献	引用	总连接度
14	Munro, Murray H. G.	9	3009	39341
15	Keyzers, Robert A.	8	2132	33408
16	Cheng, Xiang	7	606	30994
17	Wang, Xiaolong	9	1215	28287
18	Lin, Wei-zhong	6	790	25995
19	He, Chuan	23	5506	21068
20	Fang, Longyun	5	980	20852
21	Young, Richard A.	20	10128	18588
22	Yang, Hui	10	4808	17699
23	Bork, Peer	22	17576	17420
24	Tang, Hua	6	371	14818
25	Szklarczyk, Damian	12	10647	14282
26	Zhang, Feng	16	10104	14234
27	Chang, Howard Y.	17	9492	13964
28	Regev, Aviv	20	9224	13878
29	Guan, Kun-liang	20	10430	13771
30	Von mering, Christian	12	12040	13765
31	Jensen, Lars J.	13	12630	13428
32	Kroemer, Guido	15	9812	13423
33	Wu, Hao	12	3049	13023
34	Kuhn, Michael	11	12096	12396
35	Lander, Eric s.	17	9832	11876
36	Song, Jiangning	7	250	11738
37	Bartel, David p.	12	21507	11535
38	Mizushima, Noboru	14	10398	11453
39	Eddy, Sean R.	19	16682	11226
40	Li, Fuyi	5	193	11210
41	Lu, Zhike	11	2640	11145
42	Koonin, Eugene V.	10	2625	10919

续表

排名	作者	文献	引用	总连接度
43	Makarova, Kira S.	10	2625	10919
44	Jaenisch, Rudolf	15	6231	10893
45	Rinn, John L.	9	6299	10883
46	Finn, Robert D.	17	13366	10841
47	Bateman, Alex	17	13505	10763
48	Weissman, Jonathan S.	17	7807	10675
49	Chen, Ling-ling	11	2715	10519
50	Knight, Rob	21	16393	10102

由表4-15可以看出，文献耦合度跃居榜首的作者为Chou, Kuo-Chen，该作者的文献耦合度高达231313次，在该领域的地位和作用遥遥领先。其次是作者Xiao, Xuan和Lin, Hao，这两位作者的文献耦合度分别为129766次和87530次。排名第1位的作者来自美国坦普大学基因组与进化医学研究所（Temple Univ, Inst Genom & Evolutionary M），排名第2位的作者来自坦普大学基因组与进化研究所（Temple Univ, Inst Genom & Evolutionary），排名第3位的作者来自东京都立大学生物科学系（Tokyo Metropolitan Univ, Dept Biol Sci）。排名最后的作者为Knight, Rob，文献耦合度为10102次，该作者为德国欧洲分子生物学实验室，与排名第1位的作者相比，排名第1位的作者文献耦合度是该作者的约22.9倍，可见，排名第1位的作者在国际生物学研究领域具有较高的影响力和地位。

另外，在该列表中，文献耦合度作者的次数大多在10000次至30000次之间，共有34位作者，占表中总作者数的68%，这也较好地说明了这34位作者具有普遍的影响力。可见，高影响力作者仅在少数，特别是排名第1位的作者的影响力在排名中遥遥领先，与其他所有作者的差距悬殊较大，从而更进一步证明了排名第1位的作者具有重要的影响力和中心地位。

通过进一步分析这50位高被引作者国家和机构发现，中国作者的总连接度的排名还不在国际生物学研究领域的前50名之列，这也反映了中国作者的被引频次与国际生物学研究领域的高被引作者还存在一定的差距，其影响力有待进一步的提升。

（四）基于 InCites 数据库的作者整体影响力分析

本书利用 Web of Science 数据库，以前文获取的数据为样本，在该数据的 InCites 数据库中分别获取国际生物学研究领域内位列前 50 位的学者的发文量、引文量、学科规范化引文影响力等信息，导出位列前 50 名学者的相关数据。

为了进一步分析作者影响力，了解高被引作者的学术影响力和地位。本书通过 InCites 数据，限定 2009 年至 2019 年生物学研究领域数据，选择 Incites Dataset，限定作者，对生物学研究领域的作者的相关数据进行检索，在检索的界面中选择所要分析的指标，导出该领域的相关数据指标。该领域共有 51599 位作者，将作者整体影响力排名前 50 位的作者列出，如表 4-16 所示。

表 4-16　　学科规范化引文影响力排名前 50 位的作者

排名	作者	Web of Science 文献	文献引用百分比	引用数	学科规范化引文影响力
1	Patel, Rohit	4	50.00	4	90.13
2	Huang, Winnie	5	40.00	4	72.10
3	Baylin, A.	3	33.33	1	65.42
4	Luttrell, Louis M.	3	33.33	2	60.08
5	Luo, Ruibang	3	100.00	1939	59.01
6	Ros, Emilio	3	66.67	8	48.21
7	Nam, Jin-Wu	3	100.00	1429	44.50
8	Harris, Amanda	4	25.00	9	42.46
9	Li, Ningjun	7	14.29	3	38.63
10	Halade, Ganesh V.	5	60.00	18	37.33
11	Huey, Lynnley	4	50.00	8	36.16
12	Wang, Shu	5	40.00	4	36.10
13	Kimanius, Dari	3	100.00	485	33.69

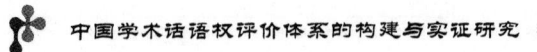

续表

排名	作者	Web of Science 文献	文献引用百分比	引用数	学科规范化引文影响力
14	Bitok, Edward	5	60.00	9	33.52
15	Zhang, Hao	5	100.00	1701	31.99
16	Ross, Jason W.	7	71.43	31	31.44
17	Wang, Bo	5	80.00	1632	31.11
18	Kain, Vasundhara	6	33.33	16	31.05
19	Rhoads, Robert P.	7	71.43	87	31.02
20	Kopec, Rachel	3	33.33	7	30.58
21	Cerveny, Kara	4	25.00	1	30.25
22	Diz, Debra I.	3	33.33	1	30.04
23	Baba, S.	3	66.67	5	29.70
24	Alvarez-Leefmans, Francisco Javier	3	66.67	5	29.19
25	Tees, David F. J.	3	66.67	7	28.79
26	Gellermann, Werner	3	66.67	5	28.32
27	LeClerq, Steven C.	4	25.00	6	28.31
28	Zhang, Yue	7	57.14	7	28.20
29	Duckham, R. L.	7	14.29	1	28.04
30	Vallon, Volker	13	15.38	4	27.73
31	Whigham, Leah D.	4	50.00	6	27.12
32	Kraemer-Albers, Eva-Maria	3	100.00	777	27.01
33	Thornell, Ian M.	5	80.00	10	26.86
34	Shaltout, Hossam A.	4	50.00	2	26.82
35	Giraud, David	5	40.00	6	25.60
36	Chou, Kuo-Chen	4	100.00	157	25.52
37	Lindahl, Erik	4	75.00	485	25.27
38	Pilipenko, Vladimir	3	33.33	6	25.25
39	Isakov, Vasily	3	33.33	6	25.25
40	Leung, George P. H.	3	33.33	4	25.16

续表

排名	作者	Web of Science 文献	文献引用百分比	引用数	学科规范化引文影响力
41	Ludlow, John W.	3	66.67	6	24.85
42	Oaks, Brietta	4	50.00	8	24.41
43	Stewart, Christine	4	50.00	8	24.41
44	Milton, LaBraya	3	33.33	4	24.11
45	Liu, Tao	4	75.00	39	23.69
46	Mistry, Monisha	3	33.33	3	22.96
47	Yeung, Bertrand Z.	3	66.67	3	22.96
48	Ata, Shymaa	4	25.00	7	22.93
49	Serrador, Jorge	3	66.67	4	22.86
50	Kishore, Bellamkonda K.	7	42.86	5	22.80

由表4-16可以看出，学科规范化引文影响力（CNCI）数据排名第1位的作者为Patel, Rohit，该作者的学科规范化引文影响力（CNCI）高达90.13，在该领域的地位和作用遥遥领先。其次是作者Huang, Winnie，这位作者的学科规范化引文影响力（CNCI）为72.10。排名第1位的作者来自美国坦普大学基因组与进化医学研究所（Temple Univ, Inst Genom & Evolutionary M），排名第2位的作者来自坦普大学基因组与进化研究所（Temple Univ, Inst Genom & Evolutionary），排名第3位的作者来自东京都立大学生物科学系（Tokyo Metropolitan Univ, Dept Biol Sci）。排名最后的作者为Kishore, Bellamkonda K，学科规范化引文影响力（CNCI）为22.80，该作者为德国欧洲分子生物学实验室，与排名第1位的作者相比，排名第1位的作者学科规范化引文影响力是该作者的约4倍，可见，排名第1位的作者在国际生物学研究领域具有较高的影响力和地位。

另外，在该列表中，学科规范化引文影响力（CNCI）作者的次数大多在20至40之间，共有42位作者，占表中作者数的84%，这也较好地说明了这42位作者具有普遍的影响力。学科规范化引文影响力（CNCI）作者的次数在40以上的有8位，仅占表中作者数的16%，可见，学科规范化引文影响力（CNCI）作者仅在少数，特别是排名第1位的作者的学科规范化引文影响力（CNCI）在排名中遥遥领先，与其他所有作者的差距悬殊较大，从而更进一步证明了排名第1位的作者具有重要的影响力和中心地位。

从表中数据可以看出，按学科规范化引文影响力（CNCI）分析可知，国际生物学研究领域学科规范化引文影响力排名在前50位的学者中，有7位来自中国，占表中总数的14%，其中前10名作者中有2位中国学者，分别排名第5位和第9位；如果利用百分位数进行排名分析，中国学者在前10名中有3位，分别位列第1、4、6位；这三位作者分别为 Luo, Ruibang、Zhang, Hao、Chou, Kuo-Chen。通过InCites数据库四种评价指数排序分析可知，中国学者均进入排名前10位。

总体而言，在国际生物学研究领域，中国学者在被引次数、学科规范化引文影响力、百分位数等指标方面都具有较好的排名，说明近10年生物学研究领域我国学者在国际上有着较高的学术影响力和地位。

二 机构影响力分析

（一）被引频次

对高被引频次的机构进行分析，可掌握高被引机构的学术影响力和地位。本书通过数据处理和统计方法对该领域文献数据的论文机构进行了统计分析，经统计，该领域共有40087个机构，将排名前50位的高被引机构列出，如表4-17所示。

表4-17　　　　　　　　排名前50位的高被引机构

排名	机构	文献	总连接度	引用
1	Harvard Univ	533	628598	221431
2	MIT	251	410214	127341
3	Univ Calif Berkeley	201	239480	99026
4	Univ Calif San Diego	248	245179	92805
5	Univ Calif San Francisco	244	287293	85074

续表

排名	机构	文献	总连接度	引用
6	Stanford Univ	286	319146	79887
7	Wellcome Trust Sanger Inst	99	143406	79057
8	Univ Cambridge	199	223925	75918
9	Univ Oxford	170	170494	69331
10	Univ Calif Los Angeles	158	167476	66850
11	Univ Penn	170	188446	62766
12	Mem Sloan Kettering Canc Ctr	150	236665	59216
13	Arizona State Univ	34	36525	57615
14	Whitehead Inst Biomed Res	82	166340	57197
15	Penn State Univ	53	55139	56109
16	Massachusetts Gen Hosp	140	181975	54930
17	Univ Michigan	145	148577	47161
18	Univ Copenhagen	168	199709	46751
19	Dana Farber Canc Inst	124	215684	46547
20	Chinese Acad Sci	233	258273	45173
21	Duke Univ	115	110485	44578
22	Washington Univ	132	136503	44338
23	Columbia Univ	143	142410	43898
24	Univ Washington	167	181106	43325
25	Yale Univ	138	139741	42992
26	Johns Hopkins Univ	129	131396	42924
27	Univ Toronto	154	148851	41475
28	Howard Hughes Med Inst	116	151496	40474
29	Ucl	158	169033	39942
30	Univ N Carolina	109	125616	38783
31	Univ Maryland	89	88794	38717
32	European Mol Biol Lab	63	72857	38463
33	Univ Auckland	43	67356	37600
34	Univ Texas Md Anderson Canc Ctr	113	174191	36875

续表

排名	机构	文献	总连接度	引用
35	Broad Inst Mit & Harvard	80	140864	35373
36	European Bioinformat Inst	74	99657	35154
37	Univ Queensland	101	97201	35037
38	Ecole Polytech Fed Lausanne	37	38894	34955
39	Univ Edinburgh	103	101828	34189
40	Univ Wisconsin	99	96635	33676
41	Nih	90	76731	33601
42	Karolinska Inst	96	91298	33331
43	King Abdulaziz Univ	75	203959	33129
44	Univ Calif Davis	114	124748	32051
45	Univ Melbourne	109	118998	31934
46	Univ Texas Sw Med Ctr Dallas	70	65309	31845
47	Univ Chicago	104	141839	31380
48	Nci	91	93901	31308
49	Univ Calif Santa Cruz	53	88085	31281
50	Stockholm Univ	56	49486	30844

由表4-17可以看出，机构被引频次排名第1位的为 Harvard Univ（哈佛大学），该机构的被引频次高达221431次，在该领域的地位和作用跃居榜首。其次是麻省理工学院（MIT），该机构的被引频次为127341次，相当于排名第1位的被引频次的一半。排名最后的机构为斯德哥尔摩大学（Stockholm Univ），被引频次为30844次，与排名第1位的机构相比，该机构与排名第1位的机构的被引频次存在较大的悬殊，可见，排名第1位的机构在国际生物学研究领域具有较高的影响力和地位。

另外，在该列表中，机构的被引频次大多在30000次至60000次之间，共有39个机构，占表中总机构数的78%，这也较好地说明了这39个机构具有普遍的影响力。机构被引频次在6000次以上的有11个，仅占表中总机构数的22%，可见，高被引频次的机构仅在少数，特别是排

第四章 中国学术话语权单维度评价实证分析

名第1位的机构与其他所有机构的差距悬殊相对较大,从而更进一步证明了排名第1位的机构具有重要的影响力和中心地位。

从表中数据可以看出,国际生物学研究领域的被引频次排名前50位的机构中有1个机构来自中国,排名第20位,该机构为中国科学院(Chinese Acad Sci)。总体而言,生物学研究领域中国机构在被引频次中的排名相对靠前,也较好地说明了近10年生物学研究领域我国机构在国际上具有较高的学术影响力和地位。

(二)被引频次机构总连接度影响力

连接强度代表网络中一个点与其他点共同出现的总次数,默认从大到小排列,从而反映了网络中重要节点的影响力。

为了分析高被引频次的机构影响力,了解高被引机构的学术影响力和地位。本书通过数据处理和统计方法对原始数据进行了统计分析,并通过VOSviewer软件计算了作者的网络总连接度来体现作者的影响力和地位,该领域共有40087个机构,将影响力排名前50位的机构列出,如表4-18所示。

表4-18 **被引频次总连接度排名前50位的机构**

排名	机构	文献	引用	总连接度
1	Harvard Univ	533	221431	17375
2	MIT	251	127341	11631
3	Univ Calif San Francisco	244	85074	8267
4	Stanford Univ	286	79887	8051
5	Univ Calif Berkeley	201	99026	7191
6	Gordon Life Sci Inst	62	9563	7074
7	Univ Calif San Diego	248	92805	6887
8	Mem Sloan Kettering Canc Ctr	150	59216	6710
9	Wellcome Trust Sanger Inst	99	79057	6655
10	Chinese Acad Sci	233	45173	6042
11	King Abdulaziz Univ	75	33129	5843
12	Univ Cambridge	199	75918	5625

续表

排名	机构	文献	引用	总连接度
13	Dana Farber Canc Inst	124	46547	5602
14	Univ Penn	170	62766	5327
15	Ucl	158	39942	5132
16	Univ Copenhagen	168	46751	5118
17	Whitehead Inst biomed Res	82	57197	5067
18	Univ Elect Sci & Technol China	52	5835	4904
19	Massachusetts Gen Hosp	140	54930	4660
20	Univ Calif Los Angeles	158	66850	4481
21	Univ Texas Md Anderson Canc Ctr	113	36875	4472
22	Univ Chicago	104	31380	4240
23	Howard Hughes Med Inst	116	40474	4115
24	Columbia Univ	143	43898	4077
25	Washington Univ	132	44338	4066
26	Univ Oxford	170	69331	4036
27	Harvard Med Sch	126	11617	4019
28	Univ Toronto	154	41475	3998
29	Univ Michigan	145	47161	3878
30	Broad Inst Mit & Harvard	80	35373	3735
31	European Bioinformat Inst	74	35154	3728
32	Univ Washington	167	43325	3704
33	Univ N Carolina	109	38783	3626
34	Yale Univ	138	42992	3545
35	European Mol Biol Lab	63	38463	3514
36	Johns Hopkins Univ	129	42924	3426
37	Univ Edinburgh	103	34189	3134
38	Nyu	97	29816	3127
39	Cnrs	125	28801	2986
40	Inserm	77	27183	2964
41	Nci	91	31308	2915

续表

排名	机构	文献	引用	总连接度
42	Cornell Univ	111	28859	2902
43	Cold Spring Harbor Lab	52	24363	2844
44	Univ British Columbia	116	27776	2809
45	Baylor Coll Med	62	19740	2748
46	Univ Zurich	82	27724	2718
47	Univ Massachusetts	97	26765	2646
48	Duke Univ	115	44578	2627
49	Weill Cornell Med Coll	64	20301	2589
50	Univ Melbourne	109	31934	2573

由表4-18可以看出，排名第1位的网络总连接度的机构为哈佛大学（Harvard Univ），该机构的网络总连接度高达17375次，被引频次高达221431次，引文数量为533篇，在该领域的地位和作用遥遥领先。其次机构麻省理工学院（MIT）和加州大学旧金山分校（Univ Calif San Francisco），这两个机构的网络总连接度分别为11631次和8267次，被引频次分别为127341次和85074次，引文数量分别为251篇和244篇，排名第1位的机构来自哈佛大学（Harvard Univ），排名第2位的机构来自坦普大学基因组与进化研究所（Temple Univ，Inst Genom & Evolutionary），排名第3位的机构来自东京都立大学生物科学系（Tokyo Metropolitan Univ，Dept Biol Sci）。排名最后的机构为墨尔本大学（Univ Melbourne），总连接度为2573次，被引频次为31934次，引文数量为109篇，该机构为德国欧洲分子生物学实验室，与排名第1位的机构相比，排名第1位的机构总连接度是该机构的近6.8倍，可见，排名第1位的机构在国际生物学研究领域具有较高的影响力和地位。

另外，在该列表中，总连接度机构的次数大多在2000次至6000次之间，共有40个机构，占表中机构总数的80%，这也较好地说明了这40个机构具有普遍的影响力。总连接度机构的次数在6000次以上的有10个机构，仅占表中机构总数的20%，可见，高影响力机构仅在少数，特别是排名第 1 位的机构的影响力在排名中遥遥领先，与其他所有机构的差距较大，从而更进一步说明了排名第 1 位的机构在所有排名中具有重要的影响力和中心地位。

从表中数据分析可知，国际生物学研究领域机构的总连接度排名前 50 位的机构中有两个机构属于中国，占总排名的 4%，其中排名前 10 位的有 1 个中国机构，位列第 10 位；中国机构在前 10—20 名中有 1 位，位列第 18 位；这两个机构分别为中国科学院（Chinese Acad Sci）和中国电子科技大学（Univ Elect Sci & Technol China）。总体而言，国际生物学研究领域中国机构在网络总连接度、被引次数等指标方面排名均较靠前，表明近 10 年我国机构在国际生物学研究领域有着较高的学术影响力和地位。

（三）文献耦合机构总连接度影响力分析

为了进一步分析机构的影响力，本书通过计算该领域的文献耦合机构总连接度来进行具体分析，将排名前 50 位的机构一一列出，如表 4-19 所示。

表 4-19　　　　文献耦合总连接度排名前 50 位的机构

排名	机构	文献	引用	文献耦合度
1	Harvard Univ	533	221431	628598
2	MIT	251	127341	410214
3	Stanford Univ	286	79887	319146
4	Univ Calif San Francisco	244	85074	287293
5	Chinese Acad Sci	233	45173	258273
6	Univ Calif San Diego	248	92805	245179
7	Univ Calif Berkeley	201	99026	239480
8	Mem Sloan Kettering Canc Ctr	150	59216	236665
9	Gordon Life Sci Inst	62	9563	236057
10	Univ Cambridge	199	75918	223925
11	Dana Farber Canc Inst	124	46547	215684
12	King Abdulaziz Univ	75	33129	203959
13	Univ Copenhagen	168	46751	199709

续表

排名	机构	文献	引用	文献耦合度
14	Harvard Med Sch	126	11617	195784
15	Univ Penn	170	62766	188446
16	Massachusetts Gen Hosp	140	54930	181975
17	Univ Washington	167	43325	181106
18	Univ Texas Md Anderson Canc Ctr	113	36875	174191
19	Univ Oxford	170	69331	170494
20	Ucl	158	39942	169033
21	Univ Calif Los Angeles	158	66850	167476
22	Whitehead Inst Biomed Res	82	57197	166340
23	Univ Elect Sci & Technol China	52	5835	163576
24	Howard Hughes Med Inst	116	40474	151496
25	Univ Toronto	154	41475	148851
26	Univ Michigan	145	47161	148577
27	Wellcome Trust Sanger Inst	99	79057	143406
28	Columbia Univ	143	43898	142410
29	Univ Chicago	104	31380	141839
30	Broad Inst Mit & Harvard	80	35373	140864
31	Yale Univ	138	42992	139741
32	Cnrs	125	28801	137989
33	Washington Univ	132	44338	136503
34	Johns Hopkins Univ	129	42924	131396
35	Univ British Columbia	116	27776	129838
36	Cornell Univ	111	28859	126590
37	Univ N Carolina	109	38783	125616
38	Univ Calif Davis	114	32051	124748
39	Univ Melbourne	109	31934	118998
40	Baylor Coll Med	62	19740	113526
41	Brigham & Womens Hosp	82	25703	110857
42	Duke Univ	115	44578	110485

续表

排名	机构	文献	引用	文献耦合度
43	Nyu	97	29816	110075
44	Univ Massachusetts	97	26765	108677
45	Univ Zurich	82	27724	103559
46	Inserm	77	27183	103436
47	Univ Edinburgh	103	34189	101828
48	European Bioinformat Inst	74	35154	99657
49	Univ Queensland	101	35037	97201
50	Univ Wisconsin	99	33676	96635

由表4-19可以看出，文献耦合度跃居榜首的机构为哈佛大学（Harvard Univ），该机构的文献耦合度高达628598次，在该领域的地位和作用遥遥领先。其次是麻省理工学院（MIT）和斯坦福大学（Stanford Univ），这两个机构的文献耦合度分别为410214次和319146次。排名第1位的机构来自美国哈佛大学（Harvard Univ），排名最后的机构为威斯康星大学（Univ Wisconsin），文献耦合度为96635次；与排名第1位的机构相比，排名第1位的机构文献耦合度是该机构的约6.5倍，可见，排名第1位的机构在国际生物学研究领域具有较高的影响力和地位。

另外，在该列表中，文献耦合度机构的耦合次数大多在96000次至200000次之间，共有38个机构，占表中总机构数的76%，这也较好地说明了这38个机构具有普遍的影响力。文献耦合度机构的耦合次数在200000次以上的有12个，仅占表中总机构数的24%，可见，高影响力机构仅在少数，特别是排名第1位的机构的影响力在排名中遥遥领先，与其他所有机构存在较大的差距，从而更进一步证明了排名第1位的机构具有重要的影响力和中心地位。

从表中数据可以看出，国际生物学研究领域机构文献耦合总连接度排名前50位的机构中有两个来自中国，占表中机构数的4%；其中前5名中就有1个中国机构，位列第5位；中国机构在前6—30名中有1位，位列第23位；这两个机构分别为中国科学院（Chinese Acad Sci）

和中国电子科技大学（Univ Elect Sci & Technol China）。总体而言，国际生物学研究领域中国机构在文献耦合度、被引次数等指标方面都有较好的排名，说明近10年在生物学研究领域我国机构在国际上有着较高的学术影响力和地位。

（四）基于 InCites 数据库的机构整体影响力分析

本书通过 Web of Science 数据库，在 InCites 数据库中分别获取生物学研究领域国际范围内位列前50位的机构的发文量、引文量以及学科规范化引文影响力等信息，导出了排名前50位机构的相关数据。该领域共有51599个机构，将机构整体影响力排名前50位的机构列出，如表4-20所示。

表4-20　　学科规范化引文影响力排名前50位的机构

排名	机构	Web of Science 文献	文献引用百分比	引用数	学科规范化引文影响力
1	Korea Institute for Health and Social Affairs	1	100	3	38.41
2	University of Puerto Rico at Aguadilla	1	100	2	37.74
3	San Francisco Department of Public Health	2	50	4	36.16
4	National Center for Genome Resources (NCGR)	2	100	334	33.5
5	Velindre Cancer Centre	2	100	462	30.86
6	Bristol Royal Hospital For Children	1	100	2	25.61
7	Cooper University Hospital	3	33.33	4	24.11
8	Queensland Health	1	100	2	23.2
9	Triemli Hospital	1	100	2	23.2

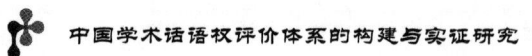

续表

排名	机构	Web of Science 文献	文献引用百分比	引用数	学科规范化引文影响力
10	Dr. Zekai Tahir Burak Women's Health Research & Education Hospital	1	100	1	22.96
11	Hospital Virgen de la Victoria	1	100	2	22.12
12	European Centre for Disease Prevention & Control	2	100	457	20.99
13	Hospital de La Princesa	3	66.67	461	20.64
14	Agency for Healthcare Research & Quality	2	100	13	19.14
15	Universidad Nacional de Chilecito (UNDEC)	2	100	34	17.54
16	University of Chichester	2	100	9	17.13
17	Victorian Department of Environment & Primary Industries	1	100	311	16.77
18	Egerton University	3	100	34	16.6
19	Heart of England NHS Foundation Trust	1	100	82	16.46
20	Velindre Hospital	1	100	82	16.46
21	Gordon Life Science Institute	11	90.91	715	16.29
22	Toyota Technological Institute-Chicago	1	100	215	15.39
23	Midwestern University-Chicago College of Pharmacy	3	33.33	2	15.31
24	Karpov Institute of Physical Chemistry	3	66.67	4	14.45
25	Centers For Disease Control-Taiwan	3	66.67	458	13.98

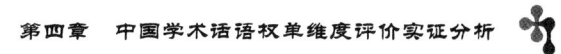

续表

排名	机构	Web of Science 文献	文献引用百分比	引用数	学科规范化引文影响力
26	Agriculture & Horticulture Development Board (AHDB)	2	100	324	13.74
27	Hanoi School of Public Health	1	100	109	13.5
28	National Medical Research Center for Preventive Medicine-Russia	1	100	109	13.5
29	Mulago National Referral Hospital	1	100	109	13.5
30	Suraj Eye Institute	1	100	109	13.5
31	Canadian Fitness & Lifestyle Research Institute	1	100	109	13.5
32	ICMR-National Institute of Epidemiology (NIE)	1	100	109	13.5
33	Colegio de Mexico	1	100	1	13.1
34	Ministry of Agricultire & Rural Development	1	100	1	13
35	Indonesian Agency for Agricultural Research & Development	1	100	1	13
36	Space Telescope Science Institute	3	100	178	12.97
36	Brooklyn Hospital Center	1	100	1	12.8
38	Sinai Hospital of Baltimore	1	100	1	12.8
39	Federal Research Center of Nutrition, Biotechnology & Food Safety	6	33.33	10	12.68
40	NIZO Food Research	1	100	1	12.63

续表

排名	机构	Web of Science 文献	文献引用百分比	引用数	学科规范化引文影响力
41	Donetsk National Medical University	1	100	1	12.63
42	Pittsburg State University	3	66.67	57	12.43
43	Oxford University Press	1	100	1	12.29
44	Universidad de Atacama	3	100	34	12.24
45	Istituto Nazionale di Oceanografia e di Geofisica Sperimentale	2	100	263	12.15
46	Southern University New Orleans	3	33.33	2	12.05
47	Vancouver Island Health Authority	2	100	2	11.7
48	Hanoi University of Agriculture	5	100	105	11.61
49	Jingdezhen Ceramic Institute	5	100	261	11.58
50	National Centre for Disease Control (NCDC)	2	50	1	11.48

由表4-20可以看出，机构的学科规范化引文影响力（CNCI）数据排名第1位的为韩国卫生与社会事务研究所（Korea Institute for Health and Social Affairs），该机构的学科规范化引文影响力（CNCI）高达38.41，在该领域的地位和作用相对较大。其次是波多黎各大学阿瓜迪亚分校（University of Puerto Rico at Aguadilla），该机构的学科规范化引文影响力（CNCI）为37.74。排名第3位的机构为旧金山公共卫生部（San Francisco Department of Public Health），该机构的学科规范化引文影响力（CNCI）为36.16。排名最后的机构为美国国家疾病控制中心（National Centre for Disease Control），学科规范化引文影响力（CNCI）为11.48，与排名第1位的机构相比，排名第1位的机构学科规范化引文影响力是该机构的约3倍，可见，排名第1位的机构在国际生物学研究领域具有

较高的影响力和地位。

另外,在该列表中,学科规范化引文影响力(CNCI)机构的次数大多在 10 至 20 之间,共有 37 个机构,占表中总机构数的 74%,这也较好地说明了这 37 个机构具有普遍的影响力。学科规范化引文影响力(CNCI)的次数在 20 以上的有 13 位,仅占表中总机构数的 26%。可见,学科规范化引文影响力(CNCI)机构仅有五分之一左右,特别是排名第 1 位的机构的学科规范化引文影响力(CNCI)在排名中遥遥领先,与其他所有机构的差距不大,从而进一步证明了排名第 1 位的机构具有重要的影响力和地位。

从表中数据可知,国际生物学研究领域学科规范化引文影响力排名在前 50 位的机构中只有一个来自中国,排名在第 49 位,该机构为景德镇陶瓷学院(Jingdezhen Ceramic Institute)。

总体而言,国际生物学研究领域中国机构在被引次数、学科规范化引文影响力、百分位数等指标方面的排名较靠前,特别是在被引频次、被引网络连接度排名中相对靠前,表明了近 10 年在生物学研究领域我国学者在国际上具有一定的学术影响力和地位。

三 国家影响力分析

(一)被引频次

对高被引频次的国家进行分析,可掌握高被引国家的学术影响力和地位。本书通过数据处理和统计方法对该领域文献数据的论文国家进行了统计分析,经统计,该领域共有 127 个国家和地区,将排名前 50 位的高被引国家和地区列出,如表 4-21 所示。

表 4-21　　**被引频次排名前 50 位的国家和地区**

排名	国家和地区	文献	总连接度	引用
1	USA	5810	58917	1936049
2	England	1617	22311	522141

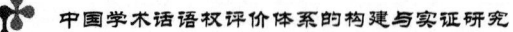

续表

排名	国家和地区	文献	总连接度	引用
3	Germany	1317	18301	394405
4	France	779	11721	225427
5	Japan	526	7258	225215
6	Switzerland	515	9502	204158
7	Australia	762	9700	198818
8	Peoples R China	1160	15175	196687
9	Canada	802	10106	196580
10	Netherlands	567	7980	172430
11	Spain	512	7850	130903
12	Sweden	408	6699	129449
13	Italy	518	7114	119222
14	Scotland	363	5584	106960
15	Denmark	335	5438	79090
16	New Zealand	149	2307	66676
17	Belgium	287	4410	66574
18	Israel	207	2999	54653
19	Austria	196	3330	53772
20	Singapore	131	1960	47911
21	South Korea	202	2492	47416
22	Finland	156	2459	44677
23	Saudi Arabia	144	4478	41200
24	Norway	190	3081	41177
25	Ireland	123	1819	30321
26	Portugal	143	2243	29100
27	Brazil	173	1947	28483
28	India	168	1296	24110
29	Russia	94	1469	22016
30	South Africa	102	1290	21331
31	Greece	93	1268	19218

续表

排名	国家和地区	文献	总连接度	引用
32	Wales	77	1194	17415
33	Czech Republic	90	1260	16918
34	Poland	97	1128	16152
35	Taiwan	70	807	14769
36	Hungary	64	1041	14519
37	Turkey	76	765	13408
38	Mexico	72	740	10552
39	Argentina	62	1069	10157
40	Estonia	24	383	9572
41	Chile	42	500	9178
42	Thailand	37	293	5974
43	Malaysia	35	393	5785
44	Croatia	18	576	5571
45	Slovenia	17	205	5250
46	Iran	91	536	5236
47	Ukraine	17	119	3824
48	Ecuador	14	203	3771
49	Luxembourg	16	312	3309
50	Uruguay	15	214	3141

由表4-21可以看出，国家和地区被引频次排名第1位的为美国（USA），该国的被引频次高达1936049次，在该领域的国际地位和作用遥遥领先。其次是英国（England）和德国（Germany），这两个国家的被引频次分别为522141次和394405次，与排名第1位的被引频次存在较大的差距。排名最后的国家为乌拉圭（Uruguay），被引频次为3141次，与排名第1位的国家存在较大的悬殊，可见，美国在国际生物学研究领域具有较高的影响力和地位。

另外，在该列表中，国家的被引频次大多在10000次至80000次之间，共有25个国家，占表中国家数的50%，这也较好地说明了这25个国家具有普遍的影响力。国家被引频次在80000次以上的有14个，占表中总国家数的28%。可见，高被引频次的国家相对较多，特别是排名第1位的国家与其他所有国家的差距悬殊相对较大，从而更进一步证明了排名第1位的国家具有重要的影响力和中心地位。

通过表中数据分析可知，国际生物学研究领域的被引频次排名在前50位的国家中，中国的被引频次排在前10位，位列第8名。总体而言，在国际生物学研究领域，中国在被引次数中排名较靠前，较好地表明了近10年我国在生物学研究领域的国际学术影响力和地位。

（二）被引频次国家总连接度影响力

被引频次在一定的程度上代表了某一领域的学术影响力。本研究通过引用、文献、总连接度来评价国家的学术影响力。通过对国际生物学研究领域的文献数据进行统计和计算分析，将排名前50位的高被引国家和地区及其引文文献数量、总连接度的具体情况进行了展示，如表4-22所示。

表4-22　　被引频次总连接度排名前50位的国家和地区

排名	国家和地区	文献	引用	总连接度
1	USA	5810	1936049	58917
2	England	1617	522141	22311
3	Germany	1317	394405	18301
4	Peoples R China	1160	196687	15175
5	France	779	225427	11721
6	Canada	802	196580	10106
7	Australia	762	198818	9700
8	Switzerland	515	204158	9502
9	Netherlands	567	172430	7980
10	Spain	512	130903	7850
11	Japan	526	225215	7258
12	Italy	518	119222	7114

续表

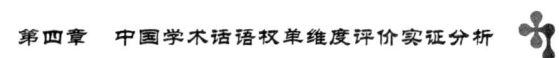

排名	国家和地区	文献	引用	总连接度
13	Sweden	408	129449	6699
14	Scotland	363	106960	5584
15	Denmark	335	79090	5438
16	Saudi Arabia	144	41200	4478
17	Belgium	287	66574	4410
18	Austria	196	53772	3330
19	Norway	190	41177	3081
20	Israel	207	54653	2999
21	South Korea	202	47416	2492
22	Finland	156	44677	2459
23	New Zealand	149	66676	2307
24	Portugal	143	29100	2243
25	Singapore	131	47911	1960
26	Brazil	173	28483	1947
27	Ireland	123	30321	1819
28	Russia	94	22016	1469
29	India	168	24110	1296
30	South Africa	102	21331	1290
31	Greece	93	19218	1268
32	Czech Republic	90	16918	1260
33	Wales	77	17415	1194
34	Poland	97	16152	1128
35	Argentina	62	10157	1069
36	Hungary	64	14519	1041
37	Taiwan	70	14769	807
38	Turkey	76	13408	765
39	Mexico	72	10552	740
40	Croatia	18	5571	576
41	Iran	91	5236	536

续表

排名	国家和地区	文献	引用	总连接度
42	Chile	42	9178	500
43	Malaysia	35	5785	393
44	Estonia	24	9572	383
45	Pakistan	32	2904	357
46	Luxembourg	16	3309	312
47	Colombia	20	2367	306
48	Thailand	37	5974	293
49	Vietnam	17	1904	217
50	Egypt	32	2393	216

由表4-22可知，国际生物学研究领域的总被引频次居首位的国家为美国（USA），总被引频次高达1936049次，被引文献为5810篇，与各国的总连接度为58917次；其次是英国（England）和德国（Germany），这两个国家的被引频次分别为522141次、394405次，被引文献分别为1617篇和1317篇，与各国的总连接度分别为22311次和18301次。这也较好地说明了美国、英国和德国在国际生物学研究领域具有较高的影响力和地位，并且美国的总被引频次比英国和德国之和还高出一半。可见，美国在国际上影响力和地位最高。

另外，在排名前50位的国家和地区中，排名最后的国家为Egypt（埃及），其被引频次为2393次，被引文献只有32篇，与各国的总连接度为216次；在排名前50位的国家中，总连接度在3000次至5000次之间的国家只有4个，分别为Saudi Arabia（沙特阿拉伯）、Belgium（比利时）、Austria（奥地利）和Norway（挪威）；可见，这4个国家在国际上的影响力和地位与排名第1位的美国相比，差距悬殊十分显著。

在该排名中，中国排在第4位，其总被引频次为196687次，被引文献为1160篇，与各国的总连接度为15175次。可见，中国的生物学研究在国际上具有较高的影响力和地位，但与美国、英国和德国相比还存在一些差距，今后有待进一步提升。

通过以上分析可知，被引频次排名前3位的国家和地区，其相应的被引文献数和总连接度也相对较高；但也有国家和地区被引频次较高，而相应的被引文献数和总连接度相对较小，如中国的总被引频次排在France（法国）、Japan（日本）、Switzerland（瑞士）和Australia（澳大利亚）后面，但中国的总被引文献数和总连接度却排在这些国家的前面。这也充分证明，中国与排名前3位的国家的排名差距相对较小，在国际上具有较高的学术影响力。

（三）文献耦合国家总连接度影响力分析

文献耦合强度代表网络中一个点与其他点共同出现的总次数，默认从大到小排列，从而反映了网络中重要节点的影响力。文献耦合度排名前50位的国家和地区具体情况如表4-23所示。

表4-23 **文献耦合总连接度排名前50位的国家和地区**

排名	国家和地区	文献	引用	总连接度
1	USA	5810	1936049	3008521
2	England	1617	522141	1159247
3	Germany	1317	394405	1018701
4	Peoples R China	1160	196687	842971
5	France	779	225427	696958
6	Australia	762	198818	659291
7	Canada	802	196580	599039
8	Spain	512	130903	508309
9	Netherlands	567	172430	487095
10	Switzerland	515	204158	475517
11	Italy	518	119222	462497
12	Japan	526	225215	427469
13	Sweden	408	129449	420546
14	Scotland	363	106960	344468
15	Denmark	335	79090	328579
16	Belgium	287	66574	273751

续表

排名	国家和地区	文献	引用	总连接度
17	Austria	196	53772	243685
18	Norway	190	41177	209959
19	Saudi Arabia	144	41200	203635
20	Finland	156	44677	195972
21	Israel	207	54653	174402
22	Brazil	173	28483	170739
23	South Korea	202	47416	157175
24	Portugal	143	29100	153181
25	New Zealand	149	66676	150236
26	Ireland	123	30321	130775
27	Greece	93	19218	112433
28	Singapore	131	47911	105558
29	Russia	94	22016	103088
30	India	168	24110	91295
31	South Africa	102	21331	89163
32	Argentina	62	10157	86128
33	Wales	77	17415	85654
34	Czech Republic	90	16918	82214
35	Hungary	64	14519	81440
36	Poland	97	16152	79702
37	Mexico	72	10552	67863
38	Turkey	76	13408	67302
39	Taiwan	70	14769	63083
40	Iran	91	5236	37703
41	Croatia	18	5571	37315
42	Chile	42	9178	29583
43	Colombia	20	2367	28169
44	Estonia	24	9572	27834
45	Luxembourg	16	3309	25751

续表

排名	国家和地区	文献	引用	总连接度
46	Malaysia	35	5785	24404
47	Pakistan	32	2904	20489
48	Uruguay	15	3141	18922
49	Thailand	37	5974	18523
50	Ukraine	17	3824	18069

由表4-23可以看出，文献耦合度居榜首的国家和地区为美国（USA），该国的文献耦合度高达3008521次，在该领域的地位和作用居榜首。其次是英国（England）和德国（Germany），这两个国家的文献耦合度分别为1159247次和1018701次。排名最后的国家为乌克兰（Ukraine），文献耦合度为18069次，与排名第1位的国家相比，排名第1位的国家文献耦合度比该国高出近百倍，可见，美国在国际生物学研究领域具有较高的影响力和地位。

另外，在该列表中，文献耦合度国家的次数大多在100000次至900000次之间，共有26个国家，占表中总国家数的52%，这也较好地说明了这26个国家具有普遍的影响力，且悬殊不是很大。文献耦合度国家的次数在900000次以上的有3个，仅占表中总国家数的6%，可见，高影响力国家仅在少数，特别是排名第1位的国家的影响力遥遥领先，与其他所有国家存在较大的差距，从而更进一步证明了排名第1位的国家具有重要的影响力和中心地位。

从表中数据可知，生物学研究国家文献耦合总连接度排名前50位的国家中，中国排在第4位。总体来看，中国在国际生物学研究领域的文献耦合度和被引次数等指标均排名较靠前，这较好地说明了我国在国际生物学研究领域具有较高的影响力和地位。

（四）基于InCites数据库的国家整体影响力分析

为了进一步分析国家影响力，了解高被引国家的学术影响力和地位。本书通过InCites数据，限定2009年至2019年国际生物学研究领域数据，选择Incites Dataset，限定国家和地区，对生物学研究领域的国家和地区相关数据进行检索，在检索的界面中选择所要分析的指标，并导出该领域的相关指标。该领域共有127个国家和地区，将整体影响力排名前50位的国家和地区列出，如表4-24所示。

表4-24　学科规范化引文影响力排名前50位的国家和地区

排名	国家和地区	Web of Science 文献	文献引用百分比	引用数	学科规范化引文影响力
1	Scotland	2678	85.14	61605	1.85
2	Wales	542	81.73	9408	1.82
3	Switzerland	3131	77.67	58797	1.79
4	Sweden	2915	76.91	58235	1.75
5	Singapore	806	77.05	14005	1.74
6	Norway	1117	79.95	20252	1.72
7	Panama	226	88.05	5360	1.72
8	Finland	1167	82.6	20290	1.68
9	New Zealand	1227	76.37	23413	1.66
10	Netherlands	3325	75.04	60933	1.61
11	England	14016	79.32	268661	1.6
12	Denmark	2008	68.28	31355	1.6
13	Australia	6169	77.78	105739	1.59
14	United Kingdom	16184	79.61	308529	1.58
15	Germany (Fed Rep Ger)	10532	77.97	173287	1.53
16	Austria	1556	78.79	25871	1.53
17	Belgium	1691	79.3	29234	1.49
18	Hong Kong	752	59.84	8910	1.46
19	Spain	4072	79.81	66171	1.43
20	Israel	1464	79.23	23657	1.38
21	France	7719	77.52	124056	1.37
22	Italy	4507	77.32	67402	1.37
23	Portugal	1240	75.65	16586	1.31

续表

排名	国家和地区	Web of Science 文献	文献引用百分比	引用数	学科规范化引文影响力
24	Canada	10604	53.78	120887	1.3
24	South Africa	1481	73.19	20252	1.28
26	Ireland	885	64.07	11508	1.27
27	Slovenia	354	79.94	5053	1.24
28	Usa	90861	39.6	693884	1.2
29	Chile	806	70.84	7141	1.08
30	Hungary	1036	74.32	13640	1.01
31	Thailand	616	66.56	6544	1
32	Czech Republic	1413	77.57	12801	0.97
33	Greece	678	80.53	8068	0.97
34	Japan	7781	68.38	71918	0.94
35	China Mainland	14803	67.68	110186	0.92
36	Mexico	2543	49.71	14469	0.92
37	Taiwan	1883	40.57	10323	0.91
38	Saudi Arabia	1763	63.93	10248	0.89
39	Malaysia	931	69.92	8845	0.89
40	South Korea	4017	38.49	17671	0.87
41	India	5819	68.64	37672	0.71
42	Poland	2870	69.41	17020	0.64
43	Scotland	3158	61.56	15859	0.6
44	Wales	2276	68.85	11974	0.58
45	Switzerland	3078	66.54	12030	0.56
46	Sweden	10036	59.36	49042	0.53
47	Singapore	1924	44.91	10454	0.53
48	Norway	1743	56.11	5882	0.49
49	Panama	2669	55.64	10847	0.41
50	Finland	1323	73.39	5511	0.34

由表 4-24 可以看出，国家和地区学科规范化引文影响力（CNCI）数据排名第 1 位的为苏格兰（Scotland），该国的学科规范化引文影响力（CNCI）为 1.85，在该领域的地位和作用相对较大。其次是威尔士（Wales）和瑞士（Switzerland），这两个国家的学科规范化引文影响力（CNCI）分别为 1.82 和 1.79。排名前 3 位的国家和地区学科规范化引文影响力（CNCI）之间的差距相对较小。排名最后的国家为芬兰（Finland），学科规范化引文影响力（CNCI）为 0.34，与排名第 1 位的国家相比还存在着一定的差距，可见，排名前 3 位的国家在国际生物学研究领域具有较高的影响力和地位。

另外，在该列表中，学科规范化引文影响力（CNCI）国家和地区的次数大多在 1 至 1.9 之间，共有 31 个国家和地区，占表中总国家数的 62%，这也较好地说明了这 31 个国家和地区具有普遍的影响力。学科规范化引文影响力（CNCI）国家和地区的次数在 1 以下的有 19 个，仅占表中国家数的 38%。可见，学科规范化引文影响力（CNCI）国家和地区之间的差距相对较小，中国的排名在第 35 位。因此，排名第 1 位的国家和地区学科规范化引文影响力（CNCI）在排名中遥遥领先，与其他国家和地区的差距不大，从而进一步证明了排名第 1 位的国家具有相对重要的影响力和中心地位。

（五）中国高被引作者、机构分析

为了进一步了解国际生物学研究领域的中国作者和机构的影响力，本书提取了所有中国作者、机构的被引频次数据，将排名前 50 位的作者和机构进行了展示，如表 4-25 所示。

表 4-25　　中国高被引频次排名前 50 位的作者和机构

排名	作者	机构	被引频次
1	Li, RQ	Beijing Genom Inst（北京基因研究所）	2102
2	Luo, RB	Univ Hong Kong（香港大学）	1836
3	Du, Z	China Agr Univ（中国农业大学）	1453
4	Wang, LK	Tsinghua Univ（清华大学）	1419
5	Xu, W	Fudan Univ（复旦大学）	1248

续表

排名	作者	机构	被引频次
6	Xie, C	Peking Univ（北京大学）	983
7	Peng, Y	Univ Hong Kong（香港大学）	978
8	Sun, LM	Natl Inst Biol Sci（北京生命科学研究所）	872
9	Li, JH	Sun Yat Sen Univ（中山大学）	848
10	Meng, FH	Soochow Univ（台湾东吴大学）	813
11	Yan, H	Peking Univ（北京大学）	788
12	Yuan, JH	Second Mil Med Univ（第二军医大学）	784
13	Shi, YG	Tsinghua Univ（清华大学）	732
14	Zhang, YJ	Nanjing Univ（南京大学）	719
15	Jiang, QH	Harbin Inst Technol（哈尔滨工业大学）	719
16	Li, RH	Chinese Acad Sci（中国科学院）	716
17	Hu, B	Peking Univ（北京大学）	682
18	Ouyang, L	Sichuan Univ（四川大学）	642
19	Li, ZY	Univ Sci & Technol China（中国科学技术大学）	638
20	Tang, ZF	Peking Univ（北京大学）	587
21	Esteban, MA	Chinese Acad Sci（中国科学院）	587
22	Wang, JY	Shanghai Jiao Tong Univ（上海交通大学）	579
23	Zhang, Y	Chinese Acad Sci（中国科学院）	577
24	Zhao, B	Zhejiang Univ（浙江大学）	556
25	Yu, FX	Fudan Univ（复旦大学）	548
26	Niu, YY	Yunnan Key Lab Primate Biomed Res（云南省重点实验室灵长类生物医学研究所）	539
27	Yan, LY	Peking Univ（北京大学）	538
28	Zhao, Y	Sichuan Univ（四川大学）	510
29	Wang, HY	Natl Inst Biol Sci（北京生命科学研究所）	497
30	Sui, X	Zhejiang Univ（浙江大学）	488
31	Zhang, XO	Chinese Acad Sci（中国科学院）	487
32	Yu, Y	Sichuan Univ（四川大学）	482
33	Liu, XH	Nanjing Med Univ（南京医科大学）	479

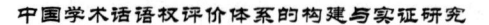

续表

排名	作者	机构	被引频次
34	Wang, J	Huazhong Agr Univ（华中农业大学）	474
35	Hou, J	Second Mil Med Univ（第二军医大学）	472
36	Liu, HQ	Chinese Acad Sci（中国科学院）	468
37	Liu, L	Chinese Acad Sci（中国科学院）	465
38	Liang, PP	Sun Yat Sen Univ（中山大学）	457
39	Wang, LA	Nanchang Univ（南昌大学）	452
40	Chen, W	Hebei United Univ（河北联合大学）	450
41	Lo, YMD	Chinese Univ Hong Kong（香港中文大学）	443
42	Zhu, JK	Chinese Acad Sci（中国科学院）	442
43	Yu, Y	Sichuan Univ（四川大学）	437
44	Chen, G	Peking Univ（北京大学）	426
45	Chang, NN	Peking Univ（北京大学）	422
46	Wang, Y	Second Mil Med Univ（第二军医大学）	419
47	Zhang, L	Nanjing Univ（南京大学）	409
48	Yan, JB	Tsinghua Univ（清华大学）	405
49	Xia, EQ	Sun Yat Sen Univ（中山大学）	399
50	Yang, JH	Sun Yat Sen Univ（中山大学）	394

从作者的被引频次来看，居首位的作者为北京基因研究所（Beijing Genom Inst）的 Li, RQ，该作者的被引频次高达 2102 次，其次是香港大学（Univ Hong Kong）的 Luo, RB、中国农业大学（China Agr Univ）的 Du, Z 以及清华大学（Tsinghua Univ）的 Wang, LK，这 3 位作者的被引频次分别为 1836 次、1453 次和 1419 次；作者被引频次在 1200 次以上的作者还有复旦大学（Fudan Univ）的 Xu, W，该作者的被引频次为 1248 次。由此可见，这 5 位排名靠前的作者是中国在国际生物学研究领域较有影响力的作者。排名最后的作者为中山大学（Sun Yat Sen Univ）的 Yang, JH，该作者的被引频次为 394 次，表明该作者与前 5 名的作者相比存在较大的差距。

另外，通过进一步分析发现，北京大学的作者共有7位，分别为Xie, C、Yan, H、Hu, B、Tang, ZF、Yan, LY、Chen, G、Chang, NN，这些作者的被引频次分别为983次、788次、682次、587次、538次、426次、422次；这7位作者的总被引频次为4426次，占排名前50位作者被引总频次的13.07%。同时，中国科学院的作者也有7位，这7位作者分别为Li, RH、Esteban, MA、Zhang, Y、Zhang, XO、Liu, HQ、Liu, L、Zhu, JK，其被引频次分别为716次、587次、577次、487次、468次、465次、442次，这7位作者的总被引频次为3742次，占排名前50位作者被引总频次的11.05%。这14位作者的总被引频次为8168次，占排名前50位作者被引总频次的24.12%，较好地表明了北京大学和中国科学院的学者在国际生物学研究领域具有一定的影响力。从另外一个角度而言，排名前50位的高被引作者在国际生物学研究领域均具有较高的影响力，这也是国内其他生物学研究领域学者的标杆。

第三节　基于竞争力的中国学术话语权评价分析

一　学者竞争力分析

（一）整体发文数量

观察和衡量一个学科的发展规模或数量，一般可以通过学术论文、图书专著等代表性成果进行测度。一个学科的发展规律或数量在一定程度上反映了该学科或学科个体或团体的学术竞争力。[1] 基于此，本研究通过WOS数据库对国际生物学研究领域近10年的学术高影响力论文进行了统计分析，具体发文量如图4-1所示。

对WOS生物学研究领域的高水平学术论文的年度分布数量及趋势变化情况见图4-1和表4-26。通过统计分析发现，2009年至2019年之间生物学研究领域的高水平论文整体保持稳步增长的态势，2009年高水平论文的数量为913篇，占论文总数的约8.55%；2009年至2013年之

---

[1] 陶俊：《体裁、社会效应与学术竞争力——图书情报学科高被引论文内容结构考察》，《图书情报工作》2016年第1期。

间，论文数量保持在 900 篇左右，数量变化较小，所占比率均在 8% 至 9% 左右；而从 2014 年至 2018 年之间，论文数量均保持在 1000 篇以上，所占比率均在 9% 至 10% 左右。另外，2019 年的发文数量突然变少，仅有 723 篇，是由于本研究获取数据的时间是 2019 年 10 月 25 日，整年的数据还没有出来，故发文量减少了。通过以上分析，我们可以进一步发现，发文的增长趋势分为两个阶段，分别是 2009 年至 2013 年和 2014 年至 2019 年，第一个阶段发文量均在 800 篇至 1000 篇之间，第二个阶段发文量均在 1000 篇至 1200 篇之间。通过这两个阶段可以得出，生物学研究领域的论文数量整体呈现不断增长的趋势。

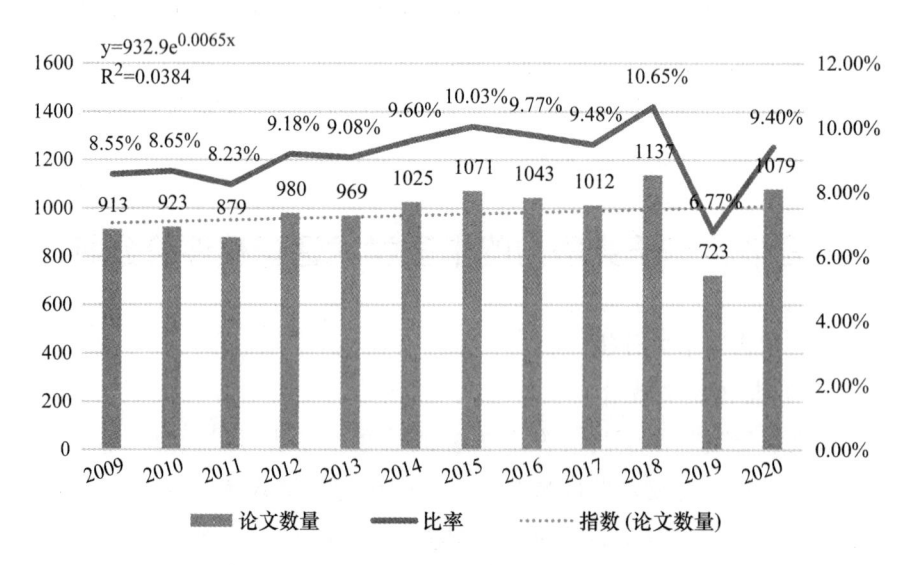

图 4-1 生物学研究领域高水平论文增长趋势

表 4-26　　　　生物学研究领域高水平论文增长趋势

发文年	发文量（篇）	比例（%）
2009 年	913	8.55
2010 年	923	8.65
2011 年	879	8.23
2012 年	980	9.18

续表

发文年	发文量（篇）	比例（%）
2013 年	969	9.08
2014 年	1025	9.60
2015 年	1071	10.03
2016 年	1043	9.77
2017 年	1012	9.48
2018 年	1137	10.65
2019 年	723	6.77
2020 年	1079	9.40

为了验证 2009 年至 2019 年之间生物学研究领域论文数量的变化趋势，对该领域的论文数量做了拟合趋势曲线分析，通过趋势线拟合分析发现，生物学研究领域高水平论文数量的拟合曲线和指数函数相符合（$y = 947.83 e^{0.0029x}$），且曲线的拟合程度比较高（$R^2 = 0.0061$）。表明生物学研究领域的文献增长数量呈现指数型增长态势。由此可见，生物学研究领域的文献量累积增长趋势符合普赖斯指数的增长规律。因此，综合上述对生物学研究领域的文献量增长趋势的分析，可预测未来对生物学研究领域的关注度将会持续升温。

（二）期刊载文数量

期刊在刊载论文时根据办刊宗旨和各自的侧重点，即不同的期刊通过其竞争力和影响力在该领域发挥着重要的作用。为了了解国际生物学研究领域近 10 年期刊的竞争力和数量规模排名情况，本书对该研究领域的期刊进行了统计和排名，将载文量占总发文数量比在 1.0% 以上的期刊进行了展示，具体情况如图 4-2 所示。

通过期刊分布图可知，表 4-2 中列出了载文量占总发文数量比在 1.0% 以上的刊物共有 17 种。排在第 1 位的期刊是 *Cell*，载文量高达 831 篇，占总发文数的 7.78%，该刊物也是国际顶尖级期刊之一。排在第 2 位的期刊为 *Nucleic Acids Research*，载文量为 729 篇，占总发文数的 6.83%。其余期刊的载文数量均在大于 100 小于 400 篇，且总发文数占

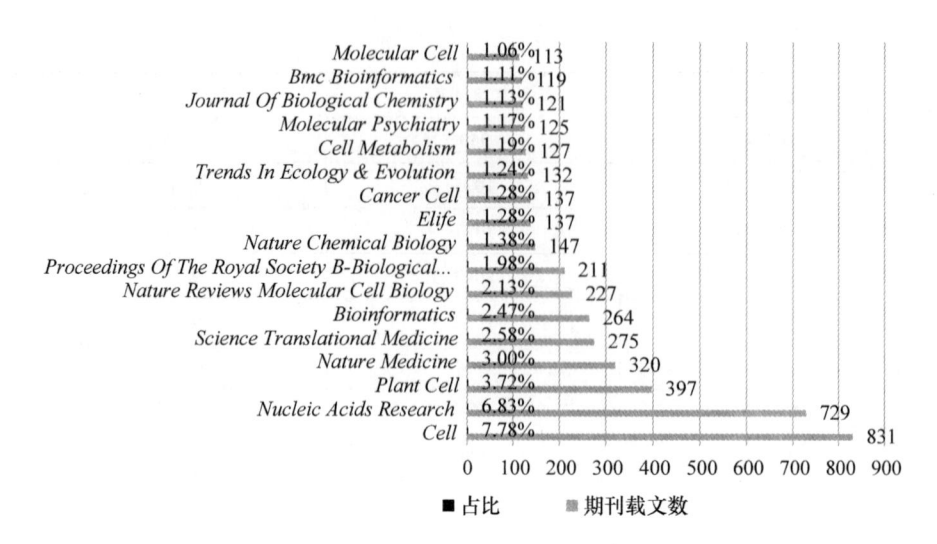

```
Molecular Cell          1.06%  113
Bmc Bioinformatics      1.11%  119
Journal Of Biological Chemistry  1.13%  121
Molecular Psychiatry    1.17%  125
Cell Metabolism         1.19%  127
Trends In Ecology & Evolution  1.24%  132
Cancer Cell             1.28%  137
Elife                   1.28%  137
Nature Chemical Biology 1.38%  147
Proceedings Of The Royal Society B-Biological...  1.98%  211
Nature Reviews Molecular Cell Biology  2.13%  227
Bioinformatics          2.47%  264
Science Translational Medicine  2.58%  275
Nature Medicine         3.00%  320
Plant Cell              3.72%  397
Nucleic Acids Research  6.83%  729
Cell                    7.78%  831
```

图 4-2　期刊载文数量分布图

比在 1.11% 至 3.72% 之间。排名最后的期刊为 *Molecular Cell*，载文量为 113 篇，占总发文数的 1.06%。从排名期刊可看出，表中的 17 种生物类期刊中，期刊名有"Cell"和"Biology"的刊物各有 6 种，占了排名期刊的四分之三以上。由此可较好地说明这些刊物都是国际生物学研究领域比较重要的刊物；另外，排名前 17 位的期刊在国际生物学研究领域受到了高度的关注，也是具有重要竞争力的期刊。

（三）作者发文数量

发文总数在一定程度上反映了某一研究领域的科研实力以及对该研究领域所作的贡献程度。经统计，共有 63192 位作者，发文在 23 篇以上的作者如表 4-27 所示。

表 4-27　　　　　　　　发文量 23 篇以上的作者

排名	高产作者	发文量（篇）	比率（%）	排名	高产作者	发文量（篇）	比率（%）
1	Zhang Y	63	0.59	5	Li Y	53	0.50
2	Chou Kc	62	0.58	6	Zhang J	46	0.43
3	Wang J	58	0.54	7	Liu Y	42	0.39
4	Wang Y	54	0.51	8	Kim J	38	0.36

续表

排名	高产作者	发文量（篇）	比率（%）	排名	高产作者	发文量（篇）	比率（%）
9	Wang L	38	0.36	24	Liu B	28	0.26
10	Li H	35	0.33	25	Xiao X	28	0.26
11	Li L	34	0.32	26	Yang Y	28	0.26
12	Zhang L	34	0.32	27	Clevers H	27	0.25
13	Chen X	33	0.31	28	Lander Es	27	0.25
14	Li J	33	0.31	29	Chang Hy	26	0.24
15	Chen W	31	0.29	30	Wang X	26	0.24
16	He C	30	0.28	31	Finn Rd	25	0.23
17	Lin H	30	0.28	32	Getz G	25	0.23
18	Bateman A	29	0.27	33	Liu J	25	0.23
19	Chen Y	29	0.27	34	Xu J	25	0.23
20	Kroemer G	29	0.27	35	Chen J	24	0.23
21	Lee J	29	0.27	36	Huang Y	24	0.23
22	Bork P	28	0.26	37	Kumar S	24	0.23
23	Lee S	28	0.26	38	Li X	24	0.23

2009年至2019年共发文10675篇，每位作者平均发文量为5.91篇，说明国际生物学研究领域的学者发文量相对较大。据统计，发文23篇以上的作者有38位，共发文1272篇，占统计论文总数的11.9%。其中，发文总数排名居榜首的作者为Zhang Y，该作者发文63篇，占统计论文总数的0.59%。其次是作者Chou Kc和Wang J，发文量分别为62篇和58篇，分别占统计论文总数的0.58%和0.54%。可见，这3位作者在国际生物学研究领域十分活跃，研究实力相对较为雄厚。发文量排名最后的作者为Li X，该作者的发文量为24篇，占统计论文总数的0.23%，相当于排名前3位作者发文量的一半。

通过进一步统计显示，在该列表中，中国作者有27位，占排名作者的71%，中国作者的发文总量为958篇，占排名作者发文总数的75.31%。另外，在排名前10位的作者中，中国作者占了7位，并且是排名第1位至第7位。由此可见，中国学者在国际生物学研究领域具有较强的研究实力和竞争力。

（四）作者发文基金资助数量

基金资助数量。科学研究离不开资金资助和支持，基金资助对提高科学研究水平和学术竞争力具有极大的促进作用。①本研究对作者发文对应的基金资助情况进行了统计，将排名前50位的作者发文基金数一一列出，具体见表4-28。

表4-28　　　　　基金资助数量排名前50位的作者

排名	作者	基金数	排名	作者	基金数
1	Chou, Kuo-Chen	33	26	Berardini, T. Z.	16
2	Chen, Wei	24	27	Berridge, Michael V.	16
3	Lin, Hao	24	28	Berriman, M.	16
4	Bork, Peer	18	29	Bezawork-Geleta, Ayenachew	16
5	Cunningham, Fiona	18	30	Binkley, G.	16
6	Flicek, Paul	18	31	Blake, J. A.	16
7	Acencio, M. L.	16	32	Blatter, M. -C.	16
8	Acquaah, V.	16	33	Bolton, E. R.	16
9	Ahmad, S. H.	16	34	Boukalova, Stepana	16
10	Albou, L. P.	16	35	Boutet, E.	16
11	Aleksander, S. A.	16	36	Breuza, L.	16
12	An, Yong Jin	16	37	Bridge, A.	16
13	Antonazzo, G.	16	38	Britto, R.	16
14	Argoud-Puy, G.	16	39	Brown, N. H.	16
15	Arighi, C.	16	40	Bye-A-Jee, H.	16
16	Attrill, H.	16	41	Campbell, N. H.	16
17	Auchincloss, A.	16	42	Carbon, S.	16
18	Axelsen, K.	16	43	Casals-Casas, C.	16
19	Bahler, J.	16	44	Chan, J.	16
20	Bajzikova, Martina	16	45	Chang, H. Y.	16
21	Bakker, E.	16	46	Chatre, Laurent	16
22	Balhoff, J. P.	16	47	Chen, H.	16
23	Basu, S.	16	48	Cherry, J. M.	16
24	Bateman, A.	16	49	Chibucos, M. C.	16
25	Bely, B.	16	50	Chisholm, R. L.	16

---

① 廖鹏、乔冠华、金鑫、王志锋、贾金忠：《"双一流"中医院校科研基金资助现状与竞争力研究》，《中医杂志》2019年第19期。

经统计分析可知，10675 篇统计论文中有 6718 篇论文为基金资助的研究成果，占统计论文总数的 62.93%，所有论文的基金资助总数为 27898 次。其中，作者发文资助基金总数排名居榜首的作者为 Chou, Kuo-Chen，该作者基金资助数为 33 个，占统计基金资助总数的 0.11%。其次是作者 Chen, Wei 和 Lin, Hao，这两位作者的发文基金资助数量都为 24 次，占统计基金资助总数的 0.09%。可见，排名第 1 位的作者发文基金资助数量在国际生物学研究领域具有较强的学术竞争力。作者发文基金资助数量排名最后的作者为 Chisholm, R. L.，该作者的发文基金资助量为 16 次，占统计作者论文基金资助总数的 0.06%，与排名第 1 位的作者存在一定的差距。

通过进一步统计显示，在该列表中，排名前 5 位的中国作者有 3 位，分别位列第 1 位至第 3 位，发文作者基金总数为 81 次，占排名发文作者基金总数的 0.29%。在该列表中，中国作者共有 6 位，这 6 位作者的发文基金资助总量为 123 次，占排名作者发文基金总数的 0.44%。另外，在排名前 50 位的作者中，中国作者有 3 位排名靠后，分别位于第 44 位、第 45 位和第 47 位。由此可见，中国学者在国际生物学研究领域具有较强的研究实力和竞争力。

（五）作者使用次数

使用次数 U1 和 U2。在 WoS 核心数据中用使用次数（Usage Count）表示，最近 180 天的使用次数用字段 U1 表示，2013 年至今的使用次数用字段 U2 表示。本书对 U1 和 U2 进行了统计分析，具体见表 4-29 和表 4-30。

表 4-29　　　　使用次数（U1）排名前 50 位的作者

排名	作者	U1	排名	作者	U1
1	Sahebkar, Amirhossein	200	6	Acharya, U. Rajendra	155
2	Farhood, Bagher	198	7	Carreau, Pierre J.	142
3	Mortezaee, Keywan	198	8	Heuzey, Marie-Claude	142
4	Najafi, Masoud	198	9	Kamal, Musa R.	142
5	Robinson, Sharon A.	160	10	Nofar, Mohammadreza	142

续表

排名	作者	U1	排名	作者	U1
11	Sacligil, Dilara	142	31	Suez, Jotham	126
12	Bashiardes, Stavros	126	32	Topol, Eric J.	126
13	Brik, Rotem Ben-Zeev	126	33	Zilberman-Schapira, Gili	126
14	Cohen, Yotam	126	34	Zmora, Niv	126
15	Dori-Bachash, Mally	126	35	Zur, Maya	126
16	Elinav, Eran	126	36	Figueroa, Felix L.	125
17	Federici, Sara	126	37	Haeder, Donat-P.	125
18	Halpern, Zamir	126	38	Hylander, Samuel	125
19	Harmelin, Alon	126	39	Neale, Patrick J.	125
20	Itzkovitz, Shalev	126	40	Rose, Kevin C.	125
21	Kotler, Eran	126	41	Wangberg, Sten-Ake	125
22	Maharshak, Nitsan	126	42	Williamson, Craig E.	125
23	Moor, Andreas E.	126	43	Worrest, Robert C.	125
24	Mor, Uria	126	44	Coffey, Robert J.	120
25	Pevsner-Fischer, Meirav	126	45	Sanmamed, Miguel F.	117
26	Regev-Lehavi, Dana	126	46	Oh, Shu Lih	113
27	Segal, Eran	126	47	Goradel, Nasser Hashemi	111
28	Shapiro, Hagit	126	48	Salehi, Eniseh	106
29	Sharon, Itai	126	49	Liu, Qi	105
30	Shibolet, Oren	126	50	Afshari, Jalil T.	104

经统计分析可知，10675篇统计论文中有7678位作者产生了使用次数（U1），占统计论文总数的71.92%，这些作者的总使用次数（U1）为111804次。其中，使用次数总数排名居榜首的作者为Sahebkar，Amirhossein，该作者的使用次数为200次，占使用次数总数的1.78%。其次是作者Farhood，Bagher和Mortezaee，Keywan，这两位作者的使用次数都为198次，占统计使用次数总数的1.77%。可见，排名第1位的作者的使用次数在国际生物学研究领域具有一定的学术竞争力。作者发文使用次数排名最后的作者为Afshari，Jalil T.，该作者的使用次数

为104次，占统计作者使用次数总数的0.93%，与排名第1位的作者存在一定的差距。

通过进一步统计显示，在该列表中，中国作者使用次数仅有1位，为Liu, Qi，位列第49位，该作者的使用次数为105次，占排名发文作者使用次数总数的0.94%。由此可见，中国作者在国际生物学研究领域的使用次数与其他国家存在一定的差距，其研究实力和竞争力有待提升。

表4-30　　　　使用次数（U2）排名前50位的作者

排名	作者	U2	排名	作者	U2
1	Sahebkar, Amirhossein	752	26	Zilberman-Schapira, Gili	355
2	Farhood, Bagher	539	27	Zmora, Niv	355
3	Mortezaee, Keywan	539	28	Zur, Maya	355
4	Najafi, Masoud	539	29	Kharazinejad, Ebrahim	336
5	Acharya, U. Rajendra	376	30	Goradel, Nasser Hashemi	307
6	Bashiardes, Stavros	355	31	Salehi, Eniseh	302
7	Brik, Rotem Ben-Zeev	355	32	Afshari, Jalil T.	300
8	Cohen, Yotam	355	33	Esmaeili, Seyed-Alireza	300
9	Dori-Bachash, Mally	355	34	Mardani, Fatemeh	300
10	Elinav, Eran	355	35	Mohammadi, Asadollah	300
11	Federici, Sara	355	36	Mohammadian, Saeed	300
12	Halpern, Zamir	355	37	Seifi, Bita	300
13	Harmelin, Alon	355	38	Shapouri-Moghaddam, Abbas	300
14	Itzkovitz, Shalev	355	39	Taghadosi, Mahdi	300
15	Kotler, Eran	355	40	Vazini, Hossein	300
16	Maharshak, Nitsan	355	41	Din, Mohd Fadhil Md	283
17	Moor, Andreas E.	355	42	Kamyab, Hesam	283
18	Mor, Uria	355	43	Park, Junboum	283
19	Pevsner-Fischer, Meirav	355	44	Rezania, Shahabaldin	283
20	Regev-Lehavi, Dana	355	45	Taib, Shazwin Mat	283
21	Segal, Eran	355	46	Talaiekhozani, Amirreza	283
22	Shapiro, Hagit	355	47	Yadav, Krishna Kumar	283
23	Sharon, Itai	355	48	Oh, Shu Lih	281
24	Shibolet, Oren	355	49	Carreau, Pierre J.	247
25	Suez, Jotham	355	50	Heuzey, Marie-Claude	247

经统计分析可知，10675 篇统计论文中有 7678 位作者产生了使用次数（U2），占统计论文总数的 71.92%，这些作者的总使用次数为 223344 次。其中，使用次数（U2）总数排名居榜首的作者为 Sahebkar, Amirhossein，该作者的使用次数为 752 次，占使用次数总数的 0.34%。其次是 Farhood, Bagher 和 Mortezaee, Keywan，这两位作者的使用次数都为 539 次，占统计使用次数总数的 0.24%。可见，排名第 1 位的作者的使用次数在国际生物学研究领域具有一定的学术竞争力。作者发文使用次数排名最后的作者为 Heuzey, Marie-Claude，该作者的使用次数为 247 次，占统计作者使用次数总数的 0.11%，与排名第 1 位的作者存在一定的差距。

通过进一步统计显示，在该列表中，中国作者的使用次数（U2）没有出现在该列表中，由此可见，中国作者在国际生物学研究领域的使用次数（U2）与其他国家存在较大的差距。

（六）作者合作数

发表论文作者的合作数量在一定程度上反映了作者的科研竞争力。基于此，本书对作者的合作数量进行了统计，具体合作数量情况如图 4-3 所示。

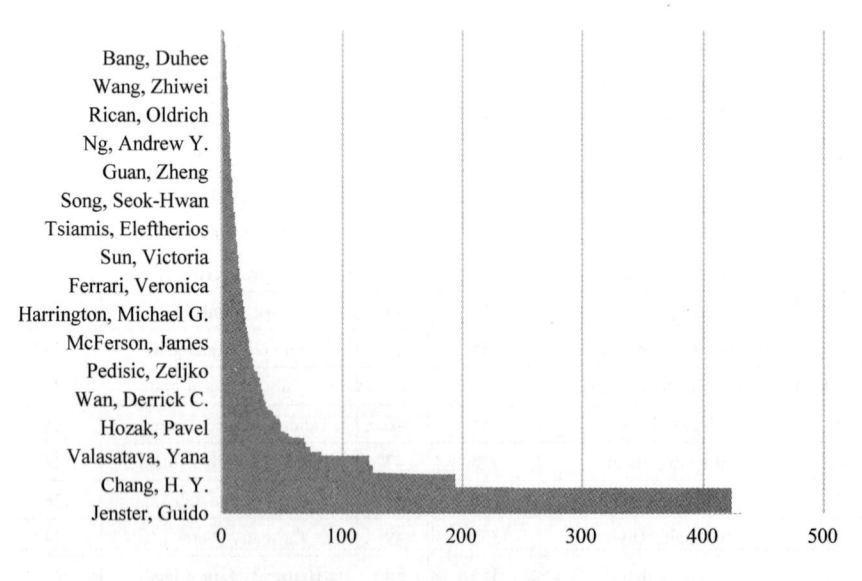

图 4-3 作者合作数量排名

经统计分析发现，在 10675 篇论文中，有合作的作者论文共有 7185 篇，占统计论文总数的 67.30%，这些作者的总合作次数为 336774 次。其中，合作次数总数排名居榜首的作者为 Jenster，Guido，该作者的合作次数高达 431 次，占合作次数总数的 0.128%。其次是作者 Robbins，Paul D 和 Khvorova，Anastasia，这两位作者的合作次数分别为 415 次和 401 次，分别占统计合作次数总数的 0.123% 和 0.119%。可见，排名第 1 位的作者的合作次数在国际生物学研究领域具有一定的学术竞争力。

通过进一步统计分析显示，在该列表中，中国作者 Chen，Shuai、Chang，Yu-Ting 排名前 70 名，合作次数都为 382 次，占合作次数总数的 0.113%。由此可见，中国作者在国际生物学研究领域的合作次数与其他国家存在一定的差距。

二　机构竞争力分析

（一）机构发文量

比较机构高水平论文数量从一定程度上可反映出某一机构的竞争力。对生物学研究领域 10675 篇高水平论文的所有机构进行统计，该领域共有 8521 个机构，表中列出了生物学研究领域高水平论文发文量达到 100 篇以上的 42 个机构名称、所属地区、机构性质和发文量，具体见表 4-31。

表 4-31　　生物学研究领域高水平论文数量机构分布

排名	研究机构	所属地	机构性质	论文数量（篇）	百分比（%）
1	Harvard Univ（哈佛大学）	美国	私立大学	565	5.29
2	Stanford Univ（斯坦福大学）	美国	私立大学	311	2.91
3	Univ Calif San Diego（圣地亚哥圣迭戈大学）	美国	私立大学	272	2.55
4	Univ Calif San Francisco（加州大学旧金山分校）	美国	公立大学	270	2.53

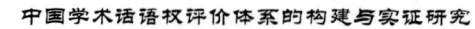

续表

排名	研究机构	所属地	机构性质	论文数量（篇）	百分比（%）
5	MIT（麻省理工学院）	美国	私立大学	263	2.46
6	Chinese Acad Sci（中国科学院）	中国	国家研究院	244	2.29
7	Univ Cambridge（剑桥大学）	英国	公立大学	230	2.16
8	Univ Calif Berkeley（加州大学伯克利分校）	美国	公立大学	212	1.99
9	Univ Oxford（牛津大学）	英国	公立大学	197	1.85
10	Univ Penn（潘恩大学）	美国	私立大学	189	1.77
11	Univ Washington（华盛顿大学）	美国	公立大学	183	1.71
12	Univ Copenhagen（哥本哈根大学）	丹麦	公立大学	181	1.70
13	Ucl（伦敦大学学院）	英国	公立大学	176	1.65
14	Univ Toronto（多伦多大学）	美国	公立大学	175	1.64
15	Univ Calif Los Angeles（加州大学洛杉矶分校）	美国	公立大学	174	1.63
16	Univ Michigan（密西根大学）	美国	公立大学	164	1.54
17	Mem Sloan Kettering Canc Ctr（斯隆·凯特林癌症中心）	美国	私立研究中心	162	1.52
18	Columbia Univ（哥伦比亚大学）	美国	私立大学	156	1.46
19	Massachusetts Gen Hosp（马萨诸塞州医院）	美国	私立大学	156	1.46
20	Yale Univ（耶鲁大学）	美国	私立大学	156	1.46
21	Washington Univ（华盛顿大学）	美国	公立大学	152	1.42
22	Johns Hopkins Univ（约翰·霍普金斯大学）	美国	私立大学	148	1.39
23	Harvard Med Sch（哈佛医学院）	美国	私立大学	144	1.35
24	Cnrs（法国国家科学研究中心）	法国	公立研究所	138	1.29
25	Dana Farber Canc Inst（达纳法伯癌症研究所）	美国	公立研究所	133	1.25
26	Duke Univ（杜克大学）	美国	私立大学	131	1.23

续表

排名	研究机构	所属地	机构性质	论文数量（篇）	百分比（%）
27	Univ N Carolina（北卡罗来纳大学）	美国	公立大学	130	1.22
28	Univ Melbourne（墨尔本大学）	澳大利亚	公立大学	126	1.18
29	Univ Texas Md Anderson Canc Ctr（德克萨斯大学安德森分校）	美国	公立大学	125	1.17
30	Karolinska Inst（卡林斯卡学院）	瑞典	公立大学	124	1.16
31	Univ Calif Davis（加州大学戴维斯分校）	美国	公立大学	124	1.16
32	Univ Edinburgh（爱丁堡大学）	英国	公立大学	124	1.16
33	Univ Queensland（昆士兰大学）	澳大利亚	公立大学	124	1.16
34	Cornell Univ（康奈尔大学）	美国	私立大学	120	1.12
35	Howard Hughes Med Inst（霍华德·休斯医学研究所）	美国	私立研究所	120	1.12
36	Univ British Columbia（不列颠哥伦比亚大学）	加拿大	公立大学	120	1.12
37	Univ Massachusetts（马萨诸塞大学）	美国	公立大学	110	1.03
38	Univ Wisconsin（威斯康星大学）	美国	公立大学	110	1.03
39	Nyu（纽约大学）	美国	私立大学	109	1.02
40	Univ Chicago（芝加哥大学）	美国	私立大学	109	1.02
41	Wellcome Trust Sanger Inst（威康信托投资有限公司）	美国	公立研究所	106	0.99
42	Univ Zurich（苏黎世大学）	瑞士	公立大学	101	0.95

通过对表4-29进行分析发现，该领域机构发文量居榜首的是美国的哈佛大学（Harvard Univ），发文量高达565篇，占论文总数量的5.29%，排名第2位和第3位的分别是美国的斯坦福大学（Stanford Univ）和圣地亚哥圣迭戈大学（Univ Calif San Diego），发文量分别为311篇和272篇，分别占论文总数量的2.91%和2.55%。排名最后的为瑞士的苏黎世大学（Univ Zurich），发文量为101篇，占论文总数量的0.95%。

排名前3位的机构发文量占据了全球所有机构论文数量的10.75%，这3个机构的生物学研究在国际上占有较高的优势和地位。

从整体来看，美国的生物学研究机构在国际上遥遥领先，仅美国的斯坦福大学（Stanford Univ）的论文数量就占到了5.29%，而在全球机构发文的前42所机构中，美国的发文机构占了近90%；也即是说，美国在生物学研究领域具有较强的优势和地位。另外，在这些机构中，除了排名前3位的美国机构，其他机构的发文量均在100篇以上，300篇以下，多数发文机构的发文量在100篇以上，200篇以下，这样的机构共有34个；而200篇以上，300篇以下的机构只有5个；这些机构占论文总数量的比率都在1.10%以上，2.55%以下。这也进一步说明了国际上这些生物学研究机构的发文量差距比较均等，数量分布相对比较均衡。这也从另外一个角度充分表明了这些排名前42位的生物学研究机构的优势和地位，且相互之间竞争激烈，代表了国际生物学领域研究的发展态势。

另外，我们可以明显看出，中国科学院（Chinese Acad Sci）在国际生物学研究领域的发文量排名第6位，发文量为244篇，占发文总数量的2.29%，也是亚洲唯一在生物学研究领域最突出的机构。中国科学院作为我国生物学研究领域最高层次的研究机构，代表了中国生物学研究在国际上的影响力，也较好地说明了中国科学院的生物学研究在国际上的优势和地位。同时也可以看出，中国与国际生物学研究领域相比还有一定的差距，特别是跟美国相比，我国在生物学研究领域还需要进一步地提升综合影响力和地位。

从研究机构性质来看，公立机构占多数，生物学研究领域的前42个机构中，共有26个公立机构，公立机构占所有机构的61.9%，这些机构的发文总量为4053篇，占论文总数的37.98%。而私立机构虽然比公立机构少，共有16个，占所有机构的38.1%，但这些私立机构的研究实力在国际上处于领先地位，这些机构具有开放的学术环境，并拥有雄厚的科研实力。另外，这些机构均由公立机构和私立机构组成，这些机构在生物学研究领域发挥主要的引领优势和作用。

（二）机构发文基金资助数量

基金资助数量。科学研究需要资金资助和支持，且对提高科学研究水平和学术竞争力具有极大的促进作用。本研究通过机构发文对应的基金资助情况进行了统计，将排名前50位的机构发文基金资助数量一一列出，具体见表4-32。

表4-32　　　　　　　　　机构发文基金资助数量

排名	机构	基金数	排名	机构	基金数
1	Harvard Univ	1795	26	Kings Coll London	504
2	Stanford Univ	1001	27	Karolinska Inst	503
3	Univ Calif San Francisco	996	28	Univ Edinburgh	499
4	Univ Cambridge	967	29	Brigham & Womens Hosp	470
5	Chinese Acad Sci	883	30	Dana Farber Canc Inst	459
6	Univ Calif San Diego	872	31	NYU	448
7	Univ Oxford	866	32	Boston Univ	446
8	MIT	837	33	Wellcome Trust Sanger Inst	435
9	UCL	781	34	CNRS	434
10	Washington Univ	774	35	Duke Univ	427
11	Univ Penn	766	36	McGill Univ	424
12	Columbia Univ	684	37	Univ Melbourne	407
13	Univ Toronto	678	38	Univ Pittsburgh	406
14	Massachusetts Gen Hosp	670	39	Univ Queensland	406
15	Mem Sloan Kettering Canc Ctr	638	40	Baylor Coll Med	389
16	Univ Calif Los Angeles	632	41	INSERM	388
17	Harvard Med Sch	619	42	Univ Groningen	388
18	Univ Washington	618	43	Howard Hughes Med Inst	383
19	Univ Copenhagen	589	44	Cornell Univ	372
20	Univ Michigan	586	45	Univ Zurich	372
21	Univ N Carolina	583	46	Mayo Clin	365
22	Univ Calif Berkeley	543	47	Radboud Univ Nijmegen	361
23	Johns Hopkins Univ	525	48	Univ Massachusetts	359
24	Yale Univ	525	49	Icahn Sch Med Mt Sinai	358
25	Univ Texas MD Anderson Canc Ctr	515	50	Univ Bristol	350

经统计分析发现，10675 篇统计论文中有 8069 个机构，占统计论文总数的 75.59%，所有论文的基金资助总数为 32958 个。其中，机构发文资助基金总数排名居榜首的机构为哈佛大学（Harvard Univ），该机构基金资助数高达 1795 个，占统计基金资助总数的 5.44%。其次是斯坦福大学（Stanford Univ）和加州大学旧金山分校（Univ Calif San Francisco），这两个机构的发文基金资助数量分别为 1001 个和 996 个，分别占统计基金资助总数的 3.03% 和 3.02%。可见，排名第 1 位的机构发文基金资助数量在国际生物学研究领域具有较大的学术竞争力。机构发文基金资助数量排名最后的机构为布里斯托大学（Univ Bristol），该机构的发文基金资助量为 350 个，占统计机构论文基金资助总数的 1.06%，与排名第 1 位的机构存在较大的差距。

通过进一步统计显示，在该列表的排名前 5 位中，中国机构仅有一个，为中国科学院（Chinese Acad Sci），位列第 5 位，发文机构基金数为 883 个，占排名发文机构基金总数的 2.69%。由此可见，中国科学院在国际生物学研究领域具有较强的研究实力和竞争力。

（三）机构使用次数

使用次数 U1 和 U2。在 WoS 核心数据集中的使用次数（Usage Count）。最近 180 天的使用次数用字段 U1 表示，2013 年至今的使用次数用字段 U2 表示。本书对 U1 和 U2 进行了统计分析，具体如表 4-33 和表 4-34 所示。

表 4-33 使用次数 U1 排名前 50 位的机构

排名	机构	U1	排名	机构	U1
1	Harvard Univ	11598	7	Harvard Med Sch	6258
2	Stanford Univ	8010	8	UCL	5979
3	Univ Calif San Diego	6791	9	MIT	5864
4	Chinese Acad Sci	6662	10	Dana Farber Canc Inst	5402
5	Univ Penn	6425	11	Univ Oxford	5228
6	Univ Calif San Francisco	6309	12	Univ Cambridge	4977

续表

排名	机构	U1	排名	机构	U1
13	Univ Chicago	4513	32	Boston Univ	2740
14	Mem Sloan Kettering Canc Ctr	4148	33	Radboud Univ Nijmegen	2694
15	Univ Calif Berkeley	4005	34	Weill Cornell Med Coll	2672
16	Univ Colorado	3887	35	Washington Univ	2645
17	Univ Washington	3849	36	Univ N Carolina	2618
18	Karolinska Inst	3808	37	Kings Coll London	2587
19	Johns Hopkins Univ	3584	38	German Canc Res Ctr	2576
20	Yale Univ	3388	39	NYU	2490
21	Wellcome Trust Sanger Inst	3318	40	Brigham & Womens Hosp	2487
22	Univ Texas MD Anderson Canc Ctr	3305	41	Sun Yat Sen Univ	2442
23	Mayo Clin	3184	42	Cornell Univ	2406
24	Univ Toronto	3116	43	Vanderbilt Univ	2393
25	Univ Michigan	3006	44	Univ Hong Kong	2391
26	NCI	2991	45	Howard Hughes Med Inst	2374
27	CNRS	2990	46	INSERM	2323
28	Univ Copenhagen	2939	47	Monash Univ	2315
29	Univ Calif Davis	2829	48	Emory Univ	2244
30	Massachusetts Gen Hosp	2798	49	Natl Univ Singapore	2211
31	Univ Calif Los Angeles	2792	50	Univ Ghent	2207

经统计分析可知，10675篇统计论文中有8079个机构产生了使用次数（U1），占统计论文总数的75.68%，这些机构的总使用次数（U1）为115579次。其中，机构使用次数总数排名居榜首的机构为哈佛大学（Harvard Univ），该机构的使用次数为11598次，占使用次数总数的10.03%。其次是斯坦福大学（Stanford Univ）和加州大学圣迭戈分校（Univ Calif San Diego），这两个机构的使用次数分别为8010次和6791次，分别占统计使用次数总数的6.93%和5.88%。可见，排名第1位的机构的使用次数在国际生物学研究领域具有较高的学术竞争力。机构发文使用次数排名最后的机构为根特大学（Univ Ghent），该机构的使用次数为2207次，占统计机构使用次数总数的1.91%，与排名第1位的机

构存在较大的差距。

通过进一步统计显示，在该列表中，中国机构使用次数（U1）仅有1位，为中国科学院（Chinese Acad Sci），位列第4位；该机构的使用次数为6662次，占排名发文机构使用次数总数的5.77%。由此可见，中国机构在国际生物学研究领域的使用次数具有较佳的学术竞争力和研究实力。

表4-34　　　　　使用次数U2排名前50位的机构

排名	机构	U2	排名	机构	U2
1	Harvard Univ	72046	26	Duke Univ	19934
2	MIT	41031	27	Univ Wisconsin	19925
3	Univ Calif Berkeley	36367	28	Univ Edinburgh	19630
4	Univ Calif San Diego	35910	29	Univ Ghent	19463
5	Stanford Univ	34957	30	Univ Florida	19257
6	Univ Calif San Francisco	33759	31	Univ Helsinki	18830
7	Chinese Acad Sci	33110	32	Massachusetts Gen Hosp	18767
8	Univ Cambridge	27902	33	Univ Maryland	18748
9	Univ Oxford	26668	34	CSIC	18747
10	Univ Copenhagen	26135	35	Univ Massachusetts	18342
11	Univ Calif Los Angeles	24286	36	Univ Tokyo	18324
12	Univ Calif Davis	23869	37	Univ Zurich	18066
13	Univ Penn	23747	38	Univ Colorado	17958
14	CNRS	23664	39	Univ Chicago	17885
15	Yale Univ	23309	40	Natl Univ Singapore	17789
16	UCL	22891	41	Univ Texas MD Anderson Canc Ctr	17732
17	Univ N Carolina	22146	42	Univ Queensland	17725
18	Mem Sloan Kettering Canc Ctr	22143	43	Karolinska Inst	17707
19	Univ Washington	21966	44	Swedish Univ Agr Sci	17534
20	Columbia Univ	21837	45	Johns Hopkins Univ	17466
21	Univ Michigan	21729	46	Univ Illinois	17346
22	Univ British Columbia	21039	47	INSERM	17296
23	Washington Univ	20548	48	Boston Univ	17000
24	Univ Melbourne	20397	49	McGill Univ	16797
25	Univ Toronto	20110	50	Univ Groningen	16795

经统计分析显示，10675篇统计论文中有8079个机构产生了使用次数（U2），占统计论文总数的75.68%，这些机构的总使用次数为394956次。其中，机构使用次数（U2）总数排名居榜首的机构为哈佛大学（Harvard Univ），该机构的使用次数为72046次，占使用次数总数的18.24%。其次是麻省理工学院（MIT）和加州大学伯克利分校（Univ Calif Berkeley），这两个机构的发文使用次数分别为41031次和36367次，分别占统计使用次数总数的10.39%和9.21%。可见，排名第1位的机构的使用次数在国际生物学研究领域具有较高的学术竞争力。机构发文使用次数排名最后的为格罗宁根大学（Univ Groningen），该机构的使用次数为16795次，占统计机构使用次数总数的4.25%，与排名第1位的机构存在一定的差距。

通过进一步统计显示，在该列表中，中国机构的使用次数（U2）排名在前10位，该机构为中国科学院（Chinese Acad Sci），排名第7位，使用次数（U2）为33110次，占统计使用次数总数的8.38%。由此可见，中国科学院在国际生物学研究领域的使用次数（U2）具有较高的学术竞争力和科研实力。

（四）合作机构数量

机构合作数量在一定程度上反映了某一机构的科研竞争力。本书通过处理原始数据，对发文机构的合作数量进行了统计，具体情况见表4-35。

表4-35　　　　　　　　　机构合作数量

排名	机构	合作机构数量	排名	机构	合作机构数量
1	Harvard Med Sch	1259	7	Karolinska Inst	788
2	Univ Calif San Francisco	1023	8	Washington Univ	774
3	UCL	911	9	Univ Toronto	773
4	Univ Oxford	879	10	Univ Melbourne	766
5	Univ Calif San Diego	856	11	Univ Cambridge	754
6	Massachusetts Gen Hosp	799	12	Icahn Sch Med Mt Sinai	738

续表

排名	机构	合作机构数量	排名	机构	合作机构数量
13	Univ Michigan	736	32	Boston Univ	580
14	Univ Texas MD Anderson Canc Ctr	729	33	Univ Padua	578
15	Stanford Univ	727	34	Univ Edinburgh	574
16	Chinese Acad Sci	725	35	Univ Penn	570
17	Mem Sloan Kettering Canc Ctr	725	36	Univ Med Ctr Utrecht	560
18	Univ Pittsburgh	702	37	German Canc Res Ctr	550
19	Univ Amsterdam	688	38	Univ Copenhagen	549
20	Johns Hopkins Univ	670	39	Univ Oslo	543
21	Harvard Univ	660	40	Univ Ghent	537
22	INSERM	657	41	Radboud Univ Nijmegen	534
23	Univ Queensland	653	42	Natl Univ Singapore	533
24	Univ Calif Los Angeles	637	43	Brown Univ	530
25	Univ Bristol	620	44	Univ Colorado	527
26	Univ Massachusetts	616	45	Univ Helsinki	521
27	Queen Mary Univ London	607	46	Univ Maryland	515
28	Univ Southern Calif	607	47	Monash Univ	514
29	Univ Porto	601	48	Tech Univ Munich	508
30	Univ Western Australia	595	49	Univ Wurzburg	504
31	Aix Marseille Univ	592	50	Columbia Univ	502

经统计分析显示，10675 篇统计论文中有 3235 个机构与其他机构有过合作，占统计论文总数的 30.30%，这些机构的总合作次数为 192608 次。其中，机构合作次数总数排名居榜首的为哈佛医学院（Harvard Med Sch），该机构的合作次数为 1259 次，占合作次数总数的 0.65%。其次是加州大学旧金山分校（Univ Calif San Francisco）和伦敦大学学院（UCl），这两个机构的合作次数分别为 1023 次和 911 次，分别占统计合

作次数总数的0.53%和0.47%。可见，排名第1位的机构的合作次数在国际生物学研究领域具有较高的学术竞争力。机构发文合作次数排名最后的机构为哥伦比亚大学（Columbia Univ），该机构的合作次数为502次，占统计机构使用次数总数的0.26%，与排名第1位的机构存在一定的差距。

通过进一步统计显示，在该列表中，中国机构的合作次数排名在前20位，该机构为中国科学院（Chinese Acad Sci），位居第16位，合作次数为725次，占统计合作次数总数的0.38%。由此可见，中国科学院在国际生物学研究领域的合作次数具有一定的学术竞争力和科研实力。

三　国家竞争力分析

（一）国家发文量

国家和地区高水平论文数量比较可反映一个国家的整体学术竞争力。对生物学研究领域10675篇高水平论文的所有国家和地区进行统计，将发文数量100篇（含100篇）以上的国家和地区进行了展示，具体如表4-36所示。

表4-36　生物学研究领域高水平论文数量国家和地区分布

国家和地区	论文数量（篇）	百分比（%）	国家和地区	论文数量（篇）	百分比（%）
USA（美国）	5827	54.59	Israel（以色列）	215	2.01
England（英国）	1635	15.32	South Korea（韩国）	206	1.93
Germany（德国）	1332	12.48	Austria（奥地利）	204	1.91
Peoples R China（中华人民共和国）	1165	10.91	Norway（挪威）	197	1.85
Canada（加拿大）	811	7.60	Brazil（巴西）	179	1.68
France（法国）	789	7.39	India（印度）	172	1.61
Australia（澳大利亚）	770	7.21	Finland（芬兰）	163	1.53
Netherlands（荷兰）	575	5.39	New Zealand（新西兰）	155	1.45
Japan（日本）	537	5.03	Portugal（葡萄牙）	150	1.41

续表

国家和地区	论文数量（篇）	百分比（％）	国家和地区	论文数量（篇）	百分比（％）
Switzerland（瑞士）	532	4.98	Saudi Arabia（沙特阿拉伯）	146	1.37
Italy（意大利）	528	4.95	Singapore（新加坡）	138	1.29
Spain（西班牙）	520	4.87	Ireland（爱尔兰）	131	1.23
Sweden（瑞典）	417	3.91	South Africa（南非）	107	1.00
Scotland（苏格兰）	369	3.46	Poland（波兰）	103	0.97
Denmark（丹麦）	343	3.21	Russia（俄罗斯）	102	0.96
Belgium（比利时）	295	2.76	Greece（希腊）	100	0.94

通过对表4-36进行分析发现，该领域10675篇论文归属于137个国家和地区，其中，发文数量占到该领域论文总数量10％以上的有4个国家，美国（USA）居榜首，发文量为5827篇，占54.59％；其次是英国（England）和德国（Germany），发文量分别为1635篇和1332篇，所占比率分别为15.32％和12.48％，而中华人民共和国（Peoples R China）居第4位，发文数量为1165篇，占论文总数的10.91％。由此可知，这4个国家的发文量占据了全球所有国家和地区论文数量的93.29％，这4个国家的生物学研究在国际上占有绝对的优势和地位。另外，美国的论文数量占到了近55％，也即是说，美国的优势和地位占到了全球的一半以上，这也进一步说明了美国与排名前4位的其他国家在发文数量上差距较大，美国的总数量几乎是英国、美国和中国之和的两倍，这充分表明了美国在生物学研究领域的国际地位和优势十分显著。

另外，通过进一步统计分析发现，其他国家和地区的论文比率在2％至7％的国家和地区较多，共有13个国家和地区，排名第1位的是加拿大（Canada），发文数量为811篇，占论文总数的7.60％，排名最后的是以色列（Israel），发文数量为215篇，占论文总数的2.01％；另外，这些国家和地区的发文量均在900篇以下、200篇以上。这些国家和地区的论文比率在2％以下、1％以上的国家和地区有12个，排名第1位的是韩国（South Korea），发文数量为206篇，占论文总数的1.93%，排名最后的是爱尔兰（Ireland），发文数量为131篇，占论文总数的1.23%；发文数量均在130篇以上、210篇以下。国家和地区的论文比率在1%以下的仅有3个，分别为波兰（Poland）、俄罗斯（Russia）和希腊（Greece），发文篇数均在100篇至103篇，占论文总数的0.9%以上、1.00%以下。

另外，我们还发现，亚洲共有3个国家和地区在生物学研究领域有一定的地位和影响，分别是中国、日本和韩国，中国（Peoples R China）在亚洲的排名遥遥领先，发文数量为1165篇，占论文总数量的10.91%，其次是日本（Japan），发文数量为537篇，占论文总数量的5.03%，最后是韩国（South Korea），论文数量为206篇，占论文总数量的1.93%。可见，亚洲3个国家的生物学研究论文数量占全球论文总数量的17.87%，相当于美国的三分之一。因此，中国虽然在亚洲领先，但与美国的差距较大，还有进一步发展和提升的空间。

（二）国家基金数量

基金资助数量。科学研究需要资金资助和支持，对提高科学研究水平和学术竞争力具有极大的促进作用。本研究通过国家和地区发文对应的基金资助情况进行了统计，将排名前50位的国家和地区发文基金资助数量一一列出，具体见表4-37。

表4-37　　　　　　国家和地区发文基金资助数量

排名	合作国家和地区	基金数	排名	合作国家和地区	基金数
1	USA	6631	8	Netherlands	1128
2	England	2543	9	Australia	1070
3	Peoples R China	2274	10	Switzerland	893
4	Germany	2015	11	Sweden	846
5	Canada	1310	12	Italy	812
6	France	1267	13	Denmark	692
7	Spain	1134	14	Japan	658

续表

排名	合作国家和地区	基金数	排名	合作国家和地区	基金数
15	Belgium	634	33	Czech Republic	225
16	Scotland	544	34	South Africa	219
17	Austria	502	35	Singapore	179
18	Brazil	437	36	Argentina	162
19	Ireland	408	37	Mexico	150
20	Norway	366	38	Taiwan	149
21	Israel	358	39	North Ireland	140
22	Finland	351	40	Chile	135
23	Portugal	329	41	Turkey	114
24	Saudi Arabia	324	42	Iran	96
25	South Korea	320	43	Iceland	89
26	Greece	293	44	Luxembourg	84
27	Russia	282	45	Serbia	79
28	Wales	259	46	Estonia	71
29	Hungary	251	47	Qatar	69
30	New Zealand	241	48	Slovenia	64
31	Poland	235	49	Thailand	64
32	India	228	50	Malaysia	63

经统计分析发现，10675篇论文中有127个国家和地区，所有论文的基金资助总数为32830个。其中，国家发文资助基金总数排名居榜首的国家为美国（USA），该国基金资助数高达6631个，占统计基金资助总数的20.19%。其次是英国（England）和中国（Peoples R China），这两个国家的发文基金资助数量分别为2543个和2274个，分别占统计基金资助总数的7.74%和6.92%。可见，排名第1位的国家和地区发文基金资助数量在国际生物学研究领域具有较大的学术竞争力。国家发文基金资助数量排名最后的国家为马来西亚（Malaysia），该国的发文基金资助量为63个，占统计机构论文基金资助总数的0.19%，与排名第1位

的国家存在较大的差距。

另外，在该列表中，中国的发文资助基金总数在国际上位列第3位，表明中国的生物学研究在国际上具有一定地位，在国际生物学研究领域具有较大的实力和竞争力。

（三）国家使用次数

使用次数U1和U2。在WOS核心数据集中的使用次数（Usage Count）。最近180天的使用次数用字段U1表示，2013年至今的使用次数用字段U2表示。本书对U1和U2进行了统计分析，具体如表4-38和表4-39所示。

表4-38　　　　　　　　使用次数（U1）

排名	国家和地区	U1	排名	国家和地区	U1
1	USA	22120	19	Belgium	1594
2	Peoples R China	8018	20	Brazil	1491
3	England	6080	21	Austria	1481
4	Germany	5737	22	Finland	1471
5	France	3908	23	Israel	1449
6	Canada	3840	24	Portugal	1435
7	Australia	3743	25	Saudi Arabia	1284
8	Spain	3216	26	Ireland	1252
9	Switzerland	3033	27	Norway	1191
10	Netherlands	2957	28	Singapore	1150
11	Sweden	2627	29	South Africa	1133
12	Italy	2541	30	New Zealand	1063
13	Japan	2120	31	Argentina	1057
14	Denmark	2013	32	Turkey	1001
15	India	1879	33	Russia	976
16	Iran	1855	34	Poland	973
17	Scotland	1700	35	Mexico	965
18	South Korea	1684	36	Greece	952

续表

排名	国家和地区	U1	排名	国家和地区	U1
37	Malaysia	880	44	Thailand	584
38	Hungary	785	45	Luxembourg	557
39	Czech Republic	782	46	Qatar	543
40	Taiwan	772	47	North Ireland	539
41	Chile	761	48	Estonia	522
42	Wales	738	49	Serbia	519
43	Slovenia	637	50	Slovakia	501

经统计分析可知，10675 篇统计论文中有 127 个国家和地区产生了使用次数（U1），这些国家和地区的总使用次数（U1）为 117202 次。其中，使用次数总数排名居榜首的国家为美国（USA），该国的使用次数高达 22120 次，占使用次数总数的 18.87%。其次是中国（Peoples R China）和英国（England），这两个国家的发文使用次数分别为 8018 次和 6080 次，分别占统计使用次数总数的 6.84% 和 5.18%。可见，排名第 1 位的国家的使用次数在国际生物学研究领域具有较高的学术竞争力。国家发文使用次数排名最后的国家为斯洛伐克（Slovakia），该国的使用次数为 501 次，占统计机构使用次数总数的 0.42%，与排名第 1 位的国家存在较大的差距。

另外，在该列表中，中国的使用次数居全球第 2 位，由此可见，中国机构在国际生物学研究领域的使用次数具有较强的学术竞争力和研究实力。

表 4-39　　　　　　　　使用次数（U2）

排名	国家和地区	U2	排名	国家和地区	U2
1	USA	147264	5	Canada	27849
2	Peoples R China	46776	6	France	27382
3	England	42342	7	Australia	25563
4	Germany	37650	8	Netherlands	21124

续表

排名	国家和地区	U2	排名	国家和地区	U2
9	Spain	20697	30	Singapore	7773
10	Switzerland	19897	31	Russia	7293
11	Sweden	18222	32	Argentina	6714
12	Italy	16200	33	Poland	6456
13	Denmark	16060	34	Mexico	6256
14	Japan	14910	35	Greece	6074
15	Scotland	13203	36	Czech Republic	6044
16	Belgium	11961	37	Turkey	5841
17	Austria	11860	38	Wales	5823
18	Brazil	11127	39	Chile	5805
19	South Korea	10899	40	Hungary	5670
20	Portugal	10457	41	Malaysia	5562
21	Iran	10006	42	Taiwan	5499
22	Israel	9766	43	Slovenia	4716
23	India	9442	44	Luxembourg	4647
24	Finland	9366	45	North Ireland	4618
25	Norway	9082	46	Thailand	4618
26	Saudi Arabia	8955	47	Estonia	4341
27	South Africa	8718	48	Slovakia	4259
28	Ireland	8293	49	Serbia	4203
29	New Zealand	8040	50	Qatar	4197

经统计分析显示，10675 篇统计论文中有 127 个国家和地区产生了使用次数（U2），这些国家和地区的总使用次数为 802025 次。其中，使用次数（U2）总数排名居榜首的国家为美国（USA），该国的使用次数（U2）高达 147264 次，占使用次数总数的 18.36%。其次是中国（Peoples R China）和英国（England），这两个国家的发文使用次数（U2）分别为 46776 次和 42342 次，分别占统计使用次数（U2）总数的 5.83% 和 5.27%。可见，排名第 1 位的美国的使用次数在国际生物学研究领域具

有较高的学术竞争力。国家发文使用次数（U2）排名最后的国家为卡塔尔（Qatar），该国的使用次数为4197次，占统计国家使用次数总数的0.52%，与排名第1位的国家的差距相对较大。

通过进一步统计显示，在该列表中，中国机构的使用次数（U2）排名在前2位，由此可见，中国科学院在国际生物学研究领域具有较高的学术竞争力和科研实力。

（四）合作国家和地区数量

发文国家和地区合作数量在一定程度上反映了某一国家和地区的科研竞争力。本书通过处理原始数据，对发文国家和地区的合作数量进行了统计，具体情况见表4-40。

表4-40　　　　　　　　　国家合作数量

排名	国家和地区	合作国家数量	排名	国家和地区	合作国家数量
1	USA	5656	18	Portugal	763
2	England	2833	19	Brazil	735
3	Germany	2517	20	Norway	733
4	Peoples R China	1884	21	Finland	676
5	France	1855	22	Ireland	666
6	Australia	1748	23	Russia	575
7	Canada	1737	24	South Africa	571
8	Spain	1556	25	Israel	567
9	Netherlands	1504	26	South Korea	560
10	Italy	1367	27	Greece	539
11	Switzerland	1355	28	Saudi Arabia	515
12	Sweden	1307	29	Czech Republic	507
13	Denmark	1094	30	India	496
14	Japan	989	31	New Zealand	481
15	Scotland	987	32	Hungary	474
16	Belgium	939	33	Poland	474
17	Austria	821	34	Singapore	446

续表

排名	国家和地区	合作国家数量	排名	国家和地区	合作国家数量
35	Argentina	423	43	Slovenia	294
36	Turkey	388	44	Malaysia	251
37	Wales	387	45	Croatia	241
38	Mexico	385	46	Estonia	232
39	Taiwan	375	47	Romania	222
40	Chile	374	48	Colombia	221
41	Iran	363	49	Latvia	220
42	Serbia	316	50	Thailand	218

经统计分析显示，10675篇统计论文中有127个国家和地区与其他国家有过合作，这些机构的总合作次数为102372次。其中，合作次数总数排名居榜首的国家为美国（USA），该国的合作次数为5656次，占统计合作次数总数的5.52%。其次是英国（England）和德国（Germany），这两个国家的合作次数分别为2833次和2517次，分别占统计合作次数总数的2.77%和2.46%。可见，排名第1位的国家的合作次数在国际生物学研究领域具有较高的学术竞争力。国家发文合作次数排名最后的为泰国（Thailand），该国的合作次数为218次，占统计国家合作次数总数的0.21%，与排名第1位的国家存在一定的差距。

通过进一步统计显示，在该列表中，中国的合作次数排名在前5位，位居第4位，合作次数为1884次，占统计合作次数总数的18.4%。由此可见，中国在国际生物学研究领域具有较高的学术竞争力和科研实力。

总之，通过国家竞争力分析可知，美国、英国、德国和中国的实力均排在前5位，表明这4个国家在国际生物学研究领域的实力和地位相对领先。

第四节　本章小结

本章通过国际生物学研究领域近10年高水平论文作为样本数据进行

实证分析，首先从学术主体视角评价学术引领力、学术影响力和学术竞争力，分别从点度中心性、中介中心性、接近中心性和中心势聚类系数等四个方面对学术主体合作网络进行揭示和分析，从四个中心性指标的计算结果进行评价；通过学术主体的学术引领力、学术影响力和学术竞争力合作网络中不同学术主体的权力进行量化研究和比较，找出了具有较高权力和地位的学术主体明星节点。评价结果表明，通过对学者的引领力分析可知，美国学者在点度中心性、中介中心性和接近中心性中均名列前茅，而中国学者整体基本处于中等左右；机构的引领力主要是美国哈佛大学，均名列前茅，而中国机构整体水平也处于中等左右；国家影响力主要是美国、英国、德国和中国四个国家的整体排名较突出。

第五章 中国学术话语权综合评价实证分析

上一章分别从学术主体的角度对中国学术话语权的学术引领力、学术影响力和学术竞争力进行了详细的分析和评价。本章将在已有研究的基础上，融合学术引领力、学术影响力和学术竞争力指标，构建中国学术话语权综合评价模型，对中国学术话语权进行综合评价和分析，挖掘国际生物学研究领域具有重要话语权的学者、机构和国家，来探测中国学术话语权在国际上的地位和优势。

第一节 中国学术话语权评价指标与模型

一 中国学术话语权综合评价指标模型

构建科学、合理的评价指标体系是评价工作的重要基础。根据前文的相关理论和研究，本研究从学术主体的引领力、影响力、竞争力三个方面对中国学术话语权进行评价，包括论文的社会网络中心性、发表情况、论文被引情况、基金资助情况等13个评价指标维度。具体见表5-1，关于引领力，主要用来评估某研究领域科研论文的学术主体的社会网络中心性贡献程度；关于影响力，主要用来呈现某研究领域学术主体的学术水平、学术影响面；关于竞争力，主要用来反映某研究领域学术主体对科研论文的贡献和发展规模等。

表5-1　　　　中国学术话语权综合评价指标体系及说明

评价维度	一级指标	二级指标	指标主要观测点
学术主体（个体、机构和国家）	引领力	点度中心性、中介中心性、接近中心性、聚类系数	学术主体的中心性
	影响力	被引频次、网络连接度、文献耦合度、学科规范化引文影响力	学术主体的影响力
	竞争力	合作数、基金数、发文数、使用次数（U1、U2）	学术主体的学术生产力和生产规模

二　中国学术话语权综合评价指标权重的设计与验证分析

科学地确定各评价指标的权重对综合评价结果具有重要的影响，也是客观、公正与量化学术话语权综合评价指标的重要基础。通常指标赋值法是通过专业和实践经验来确定各个评价指标的权重，主要有两种方法来确定评价指标权重：专家评判法和层次分析法。专家评判法是通过专家学者对各个指标和因素的重要性进行判断来确定评价体系的权重。[1] 层次分析法是运用因子分析法、主成分分析法对各个评价指标数据进行赋值的方法，原始指标通过线性组合重新组成彼此无关的综合指标。[2] 比较以上两种方法，结合本研究数据样本，本书认为第二种方法确定权重赋值较为客观，故本书将采用层次分析法来确定中国学术话语权评价各指标的要素权重。

为了进一步确定层次分析法适用于中国学术话语权评价指标要素权重，本研究将对指标数据进行如下处理，首先，消除不同的量纲和数量差异，要对学术论文的相关指标数据进行标准化处理；然后再对标准化后的数据进行 KMO-Bartlett 检验；在进一步提取各指标数据的公因子方

---

[1] 席晓宇、黄元楷、李文君、裴佩、陈磊：《构建我国医院药学服务体系的评价指标体系》，《中国医院药学杂志》2019年第4期；张玉、潘云涛、袁军鹏、苏成、马峥、刘娜、殷蜀梅、张群：《论多维视角下中文科技图书学术影响力评价体系的构建》，《图书情报工作》2015年第7期。

[2] 潘雪、陈雅：《我国的图情研究生教育质量评价指标体系的构建研究》，《图书馆学研究》2017年第17期；祝琳琳、杜杏叶、李贺：《知识生产视角下学术论文质量自动评审指标体系构建研究》，《图书情报工作》2018年第24期。

差,确定主成分;最后将得到成分得分系数矩阵,为最终的综合评价计算得分奠定基础。

指标数据标准化。指标数据标准化是处理大型数据的重要前提。在大型数据分析中,因数据的来源不同,量纲及量纲单位也有所不同,要使数据具备可比性,需要通过标准化方法消除偏差。原始数据进行数据标准化处理后,不同的指标将处在同一数量级,有助于综合对比分析和评价。指标标准化的基本原理是数值减去平均值,再除以其标准差,得到均值为0,标准差为1,且服从标准正态分布的数据。

(一)作者学术话语权综合评价指标权重设计

首先,作者指标数据 KMO-Bartlett 检验。

指标数据 KMO-Bartlett 检验是因子分析的前提,也就是对指标数据的信度和效度进行分析。基于此,本研究对各指标数据进行了 KMO-Bartlett 检验。检验结果如表 5-2 所示。

表 5-2　　　　　学术论文的作者数据 KMO-Bartlett 检验

KMO 和 Bartlett 检验			
Bartlett 取样适切性量数		0.807
Bartlett 球形度检验	近似卡方	11059.980
	自由度	78
	显著性	0.000

由表 5-2 可知,通过 KMO 和 Bartlett 检验,各指标数据 KMO 大于 0.5,Bartlett 球形度检验的近似卡方值为 11059.980,显著性(Sig.)值为0,这表明选择的指标数据具有较高的效度,即表明适合进行因子分析来确定指标的权重。

其次,提取指标数据的公因子方差。

公因子方差反映了各指标数据变异的比例,本书通过指标数据的相关系数矩阵,利用主成分分析法提取公因子,通过数据计算,各指标数据的公因子方差如表 5-3 所示。

表 5-3　　　　　学术论文的作者数据公因子方差

	公因子方差	
	初始	提取
De	1.000	0.822
Be	1.000	0.945
Ce	1.000	0.105
Cl	1.000	0.867
CT	1.000	0.946
Tl	1.000	0.962
Ts	1.000	0.830
Cnci	1.000	0.994
zc	1.000	0.973
jc	1.000	0.789
U1	1.000	0.882
U2	1.000	0.921
Zhc	1.000	0.883

提取方法：主成分分析法。

由表 5-3 可知，各指标数据提取的公因子方差值在 0.105 至 0.994 之间，提取的值均较高，这较好地说明了各指标数据提取的公因子能较好地反映出原指标数据的主要信息，提取效果较好。

最后，确定主成分。

主成分的确定通常通过特征值大于 1 和碎石图中特征值的突变点来确定主成分的数量。① 基于此，通过计算，各指标数据的总方差解释量如表 5-4 所示。

---

① 李跃艳、熊回香、李晓敏：《基于主成分分析法的期刊评价模型构建》，《情报杂志》2019 年第 7 期；舒予：《基于因子分析和方差最大化模型的科研评价指标体系构建》，《情报杂志》2015 年第 12 期。

表 5-4　　　　　　　　作者指标数据的总方差解释量

总方差解释

成分	初始特征值 总计	初始特征值 方差百分比（%）	初始特征值 累计百分比（%）	提取载荷平方和 总计	提取载荷平方和 方差百分比（%）	提取载荷平方和 累计百分比（%）	旋转载荷平方和 总计	旋转载荷平方和 方差百分比（%）	旋转载荷平方和 累计百分比（%）
1	7.067	54.365	54.365	7.067	54.365	54.365	6.752	51.939	51.939
2	1.571	12.086	66.451	1.571	12.086	66.451	1.554	11.954	63.892
3	1.159	8.915	75.366	1.159	8.915	75.366	1.477	11.365	75.257
4	1.122	8.632	83.999	1.122	8.632	83.999	1.136	8.741	83.999
5	0.983	7.560	91.559						
6	0.377	2.902	94.461						
7	0.325	2.498	96.959						
8	0.286	2.197	99.157						
9	0.078	0.601	99.757						
10	0.017	0.134	99.892						
11	0.007	0.053	99.945						
12	0.005	0.041	99.986						
13	0.002	0.014	100.000						

提取方法：主成分分析法

由表 5-4 各指标数据解释的总方差和图 5-1 各指标数据特征值的碎石图可知，初始特征值大于 1 的成分有 4 个，它们的累计解释方差比解释了总变异的 83.999%，信息提取度较高，因此提取这 4 个公因子成分来描述学术话语权的地位。

（二）机构学术话语权综合评价指标权重设计

首先，机构指标数据 KMO-Bartlett 检验。

指标数据 KMO-Bartlett 检验是因子分析的前提，也就是对指标数据的信度和效度进行分析。基于此，本研究对各指标数据进行了 KMO-Bartlett 检验。检验结果如表 5-5 所示。

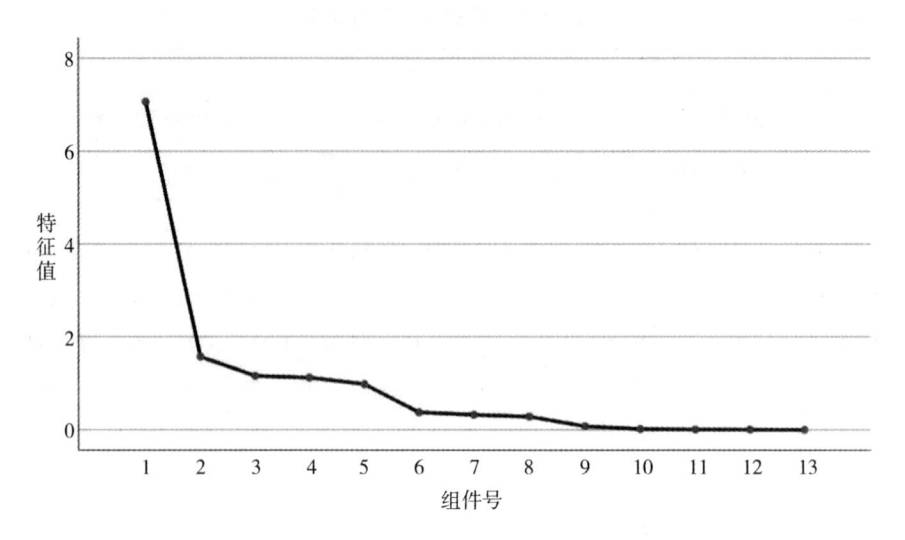

图 5-1　作者指标数据特征值的碎石图

表 5-5　　　　　学术论文的机构数据 KMO-Bartlett 检验

KMO 和巴特利特检验		
KMO 取样适切性量数		0.674
巴特利特球形度检验	近似卡方	569.513
	自由度	78
	显著性	0.000

由表 5-5 可知，通过 KMO 和 Bartlett 检验，各指标数据 KMO 大于 0.5，Bartlett 球形度检验的近似卡方值为 569.513，显著性（Sig.）值为 0，这表明选择的指标数据就有较高的效度，即表明适合进行因子分析来确定指标的权重。

其次，提取指标数据的公因子方差。

公因子方差反映了各指标数据变异的比例，本书通过指标数据的相关系数矩阵，利用主成分分析法提取公因子，各指标数据的公因子方差如表 5-6 所示。

表 5-6　　　　　　　学术论文的机构数据公因子方差

公因子方差		
	初始	提取
De	1.000	0.916
Be	1.000	0.953
Ce	1.000	0.932
Cl	1.000	0.645
CT	1.000	0.806
Tl	1.000	0.899
Ts	1.000	0.899
Cnci	1.000	0.720
Oc	1.000	0.819
jc	1.000	0.809
U1	1.000	0.921
U2	1.000	0.752
Ohc	1.000	0.844

提取方法：主成分分析法

由表 5-6 可知，各指标数据提取的公因子方差值在 0.645 至 0.953 之间，提取的值均较高，这较好地说明了各指标数据提取的公因子能较好地反映出原指标数据的主要信息，提取效果较好。

最后，确定主成分。

主成分的确定通常通过特征值大于 1 和碎石图中特征值的突变点来确定主成分的数量。各指标数据的总方差解释量如表 5-7 所示。

由表 5-7 各指标数据解释的总方差和图 5-2 各指标数据特征值的碎石图可知，初始特征值大于 1 的成分有 4 个，它们的累计解释方差比解释了总变异的 83.961%，信息提取度较高，因此提取这 4 个公因子成分来描述机构学术话语权的地位和优势。

表5-7　　　　　　　机构指标数据的总方差解释量

成分	初始特征值 总计	初始特征值 方差百分比（%）	初始特征值 累计百分比（%）	提取载荷平方和 总计	提取载荷平方和 方差百分比（%）	提取载荷平方和 累计百分比（%）	旋转载荷平方和 总计	旋转载荷平方和 方差百分比（%）	旋转载荷平方和 累计百分比（%）
1	6.090	46.849	46.849	6.090	46.849	46.849	3.841	29.545	29.545
2	2.036	15.658	62.507	2.036	15.658	62.507	3.277	25.207	54.752
3	1.530	11.770	74.277	1.530	11.770	74.277	2.106	16.199	70.951
4	1.259	9.684	83.961	1.259	9.684	83.961	1.691	13.010	83.961
5	0.564	4.336	88.297						
6	0.460	3.538	91.835						
7	0.372	2.859	94.694						
8	0.309	2.375	97.069						
9	0.229	1.763	98.832						
10	0.098	0.753	99.586						
11	0.041	0.315	99.901						
12	0.010	0.080	99.981						
13	0.003	0.019	100.000						

提取方法：主成分分析法

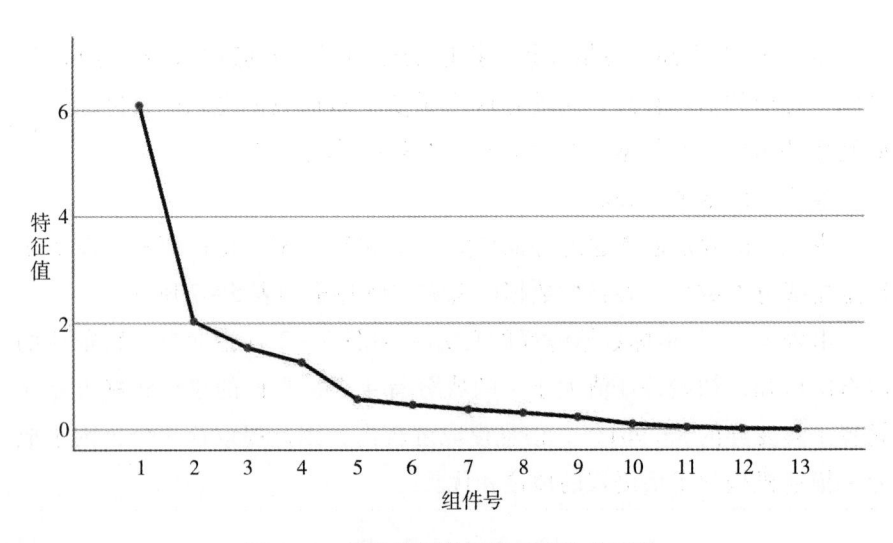

图5-2　机构指标数据特征值的碎石图

(三) 国家学术话语权综合评价指标权重设计

首先，指标数据 KMO-Bartlett 检验。

指标数据 KMO-Bartlett 检验是因子分析的前提，也就是对指标数据的信度和效度进行分析。基于此，本研究对各指标数据进行了 KMO-Bartlett 检验。检验结果如表 5-8 所示。

表 5-8　　　　　学术论文的国家数据 KMO-Bartlett 检验

KMO 和巴特利特检验		
KMO 取样适切性量数		0.710
巴特利特球形度检验	近似卡方	2224.338
	自由度	78
	显著性	0.000

由表 5-8 可知，通过 KMO 和 Bartlett 检验，各指标数据 KMO 大于 0.5，Bartlett 球形度检验的近似卡方值为 2224.338，显著性（Sig.）值为 0，这表明选择的指标数据就有较高的效度，即表明适合进行因子分析来确定指标的权重。

其次，提取指标数据的公因子方差。

公因子方差反映了各指标数据变异的比例，本书通过指标数据的相关系数矩阵，利用主成分分析法提取公因子，各指标数据的公因子方差如表 5-9 所示。

表 5-9　　　　　学术论文的国家数据公因子方差

	公因子方差	
	初始	提取
De	1.000	0.897
Be	1.000	0.825
Ce	1.000	0.955
Cl	1.000	0.454

续表

公因子方差	初始	提取
CT	1.000	0.897
Tl	1.000	0.957
Ts	1.000	0.966
Cnci	1.000	0.732
Gc	1.000	0.303
jc	1.000	0.596
U1	1.000	0.875
U2	1.000	0.811
Ghc	1.000	0.948

提取方法：主成分分析法

由表5-9可知，各指标数据提取的公因子方差值在0.303至0.966之间，提取的值均较高，这较好地说明了各指标数据提取的公因子能反映出原指标数据的主要信息，提取效果较好。

最后确定主成分。

主成分的确定通常通过特征值大于1和碎石图中特征值的突变点来确定主成分的数量。各指标数据的总方差解释量如表5-10所示。

表5-10　　　　国家指标数据的总方差解释量

成分	初始特征值 总计	初始特征值 方差百分比（%）	初始特征值 累计百分比（%）	提取载荷平方和 总计	提取载荷平方和 方差百分比（%）	提取载荷平方和 累计百分比（%）	旋转载荷平方和 总计	旋转载荷平方和 方差百分比（%）	旋转载荷平方和 累计百分比（%）
1	5.124	39.416	39.416	5.124	39.416	39.416	4.829	37.149	37.149
2	2.160	16.618	56.034	2.160	16.618	56.034	2.087	16.051	53.201
3	1.710	13.156	69.190	1.710	13.156	69.190	2.051	15.776	68.976
4	1.221	9.395	78.585	1.221	9.395	78.585	1.249	9.609	78.585
5	0.979	7.534	86.119						

第五章　中国学术话语权综合评价实证分析

续表

总方差解释

成分	初始特征值			提取载荷平方和			旋转载荷平方和		
	总计	方差百分比（%）	累计百分比（%）	总计	方差百分比（%）	累计百分比（%）	总计	方差百分比（%）	累计百分比（%）
6	0.760	5.846	91.965						
7	0.520	4.001	95.966						
8	0.205	1.577	97.543						
9	0.154	1.186	98.729						
10	0.087	0.669	99.398						
11	0.057	0.436	99.833						
12	0.020	0.157	99.990						
13	0.001	0.010	100.000						

提取方法：主成分分析法

由表5-10各指标数据解释的总方差和图5-3各指标数据特征值的碎石图可知，初始特征值大于1的成分有4个，它们的累计解释方差比

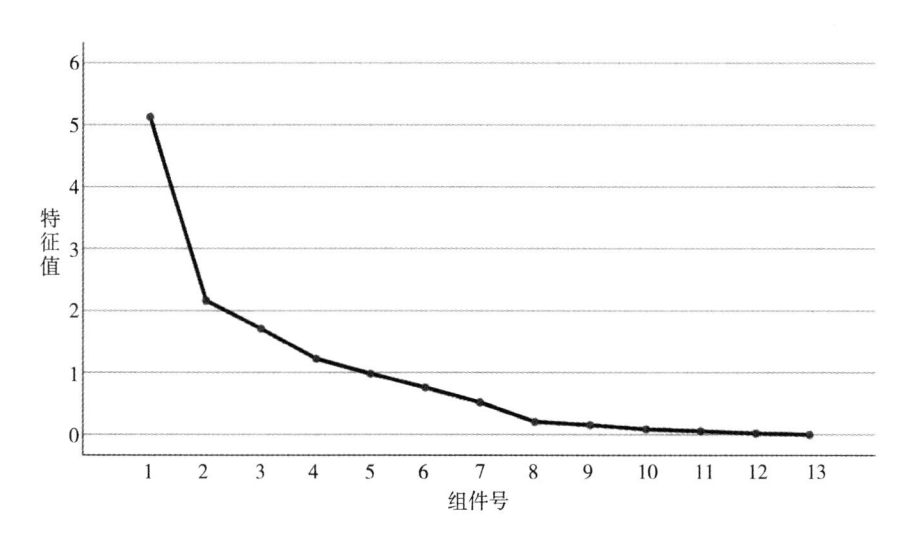

图5-3　国家指标数据特征值的碎石图

解释了总变异的 78.585%，信息提取度较高，因此提取这 4 个公因子成分来描述国家学术话语权的地位和绝对优势。

三 中国学术话语权综合评价模型构建

为了对中国学术话语权进行全面、综合的评价，本书分别从学术主体（作者、机构和国家）三个角度构建中国作者、机构和国家学术话语权综合评价模型，从不同的视角综合分析中国学术话语权。

（一）作者学术话语权评价模型构建

为了更进一步了解各公因子所代表的实际分量，可通过最大方差法对因子载荷矩阵进行正交旋转，得到了旋转后的作者成分矩阵，如表 5-11 所示。

表 5-11　　　　　　　　作者数据旋转后成分矩阵

	旋转后的成分矩阵[a]			
	成分			
	1	2	3	4
Cnci	0.985	-0.003	0.157	0.008
Tl	0.975	0.004	0.108	0.014
CT	0.968	-0.003	0.093	-0.005
zc	0.966	-0.004	0.201	0.005
U2	0.954	-0.023	0.104	0.012
U1	0.920	-0.017	0.186	0.001
Ts	0.910	0.011	-0.029	0.006
Cl	-0.037	0.880	0.034	-0.300
De	0.011	0.852	-0.016	0.310
Zhc	0.165	0.067	0.922	0.031
jc	0.589	0.076	0.659	0.042
Ce	0.008	0.202	-0.245	0.061
Be	0.004	0.034	-0.017	0.971

提取方法：主成分分析法
旋转方法：凯撒正态化最大方差法

a. 旋转在 5 次迭代后已收敛

由表 5-11 可知，按因子系数大小排列，成分 1 中相关度较高的指标分别为学科相对影响力（Category Normalized Citation Impact）、总连接度（total link strength）、被引频次（citations）、作者发文数（ac）、使用频次（U2）等 4 个指标，这较好地体现了作者的学术影响力和竞争力；成分 2 中相关度较高的指标由中心性（degree）、聚类系数（clustering）两个指标组成，这两个指标代表了作者的学术引领力。成分 3 中相关度较高的指标为作者合作数（ahc），这个指标体现了作者的学术竞争力。成分 4 中相关度较高的指标为中介中心性，这个指标体现了作者的学术引领力。

根据上文成分矩阵和划分标准，构建由学术引领力、学术影响力和学术竞争力综合组成的 4 个一级指标与对应的 13 个二级指标构成的中国作者学术话语权评价模型，如图 5-4 所示。

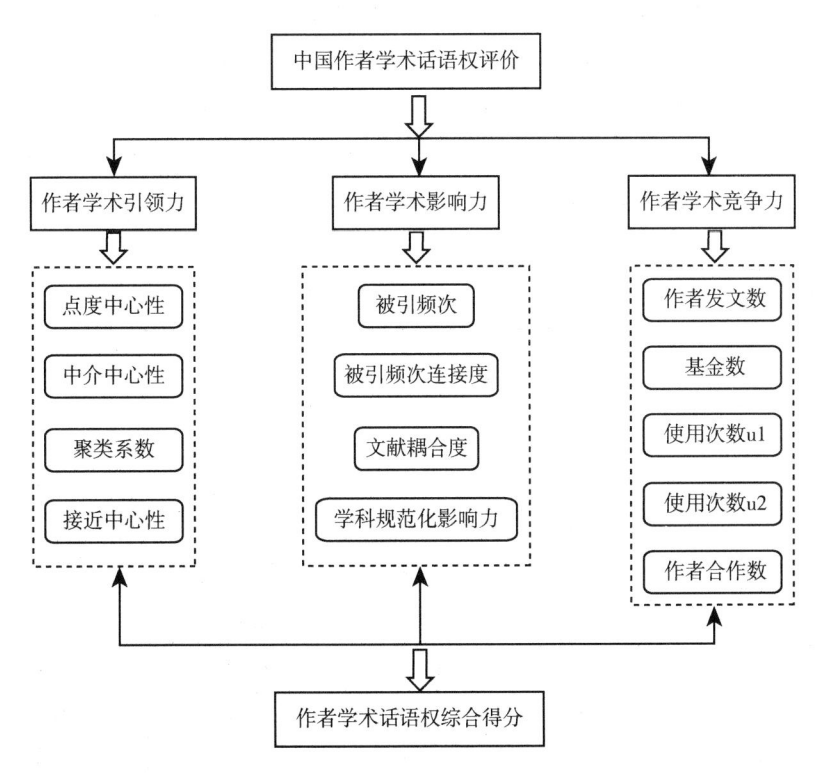

图 5-4 中国作者学术话语权评价模型

本书通过因子分析和主成分分析，获得4个成分的得分系数矩阵，如表6-12所示。根据13个指标对应的4个成分得分系数，可分别计算出4个成分的具体得分，分别为作者学术影响力和学术竞争力（TS1）、作者学术引领力（TS2）、作者学术竞争力（TS3）、作者学术引领力（TS4）：

$TS1 = 0.007 * De - 0.008 * Be + 0.042 * Ce - 0.002 * Cl + 0.159 * Tc + 0.1588 * Tl + 0.168 * Ts + 0.152 * Cnci + 0.141 * ac + 0 * jc + 0.135 * U1 + 0.154 * U2 - 0.119 * ahc$

$TS2 = 0.542 * De - 0.006 * Be + 0.138 * Ce + 0.576 * Cl + 0.002 * Tc + 0.005 * Tl + 0.015 * Ts - 0.001 * Cnci - 0.002 * ac + 0.028 * Jc - 0.011 * U1 - 0.012 * U2 + 0.009 * ahc$

$TS3 = -0.046 * De - 0.012 * Be - 0.21 * Ce + 0 * Cl - 0.08 * Tc - 0.069 * Tl - 0.171 * Ts - 0.03 * Cnci + 0.009 * ac + 0.444 * Jc + 0.005 * U1 - 0.067 * U2 + 0.731 * ahc$

$TS4 = 0.248 * De + 0.856 * Be + 0.047 * Ce - 0.29 * Cl - 0.016 * Tc + 0 * Tl - 0.006 * Ts - 0.005 * Cnci - 0.006 * ac + 0.03 * Jc - 0.009 * U1 + 0 * U2 + 0.027 * ahc$

表5-12　　　　　　　　作者成分得分系数矩阵

	成分得分系数矩阵			
	成分			
	1	2	3	4
De	0.007	0.542	-0.046	0.248
Be	-0.008	-0.006	-0.012	0.856
Ce	0.042	0.138	-0.210	0.047
Cl	-0.002	0.576	0.000	-0.290
CT	0.159	0.002	-0.080	-0.016
Tl	0.158	0.005	-0.069	0.000
Ts	0.168	0.015	-0.171	-0.006

续表

成分得分系数矩阵

	成分			
	1	2	3	4
Cnci	0.152	-0.001	-0.030	-0.005
zc	0.141	-0.002	0.009	-0.006
jc	0.000	0.028	0.444	0.030
U1	0.135	-0.011	0.005	-0.009
U2	0.154	-0.012	-0.067	0.000
Zhc	-0.119	0.009	0.731	0.027

提取方法：主成分分析法
旋转方法：凯撒正态化最大方差法
组件得分

为了验证所提取的4个成分的合理性，本书通过成分得分协方差矩阵对4个成分的相关性做进一步的分析，得到表5-13所示的成分协方差矩阵。由表5-13可知，所提取的4个成分的相关性均为0，表明4个成分之间不相关，所作的分析合理。

表5-13 作者数据成分得分协方差矩阵

成分得分协方差矩阵

成分	1	2	3	4
1	1.000	0.000	0.000	0.000
2	0.000	1.000	0.000	0.000
3	0.000	0.000	1.000	0.000
4	0.000	0.000	0.000	1.000

提取方法：主成分分析法
旋转方法：凯撒正态化最大方差法
组件得分

根据指标总方差解释量表中旋转载荷平方和方差百分比可计算所提

取 4 个成分的权重值。通过计算，TS1 的权重为 0.618，TS2 的权重为 0.142，TS3 的权重为 0.135，TS4 的权重为 0.104。

最终得到国际生物学研究领域的学术话语权评价公式为：

$$AF = 0.618 * TS1 + 0.142 * TS2 + 0.135 * TS3 + 0.104 * TS4$$

通过此公式计算所有作者的综合得分，从而得到作者学术话语权的综合排名。

（二）机构学术话语权评价模型构建

为了进一步了解各公因子所代表的实际分量，通过最大方差法对因子载荷矩阵进行正交旋转，得到旋转后的机构成分矩阵，如表 5-14 所示。

表 5-14　　　　　　　　机构数据旋转后成分矩阵

	旋转后的成分矩阵[a]			
	成分			
	1	2	3	4
Tl	0.897	0.242	0.117	-0.151
Ts	0.867	0.343	0.098	-0.142
Oc	0.853	0.180	-0.174	0.167
CT	0.800	0.342	0.218	-0.040
De	0.447	0.828	0.157	-0.077
Ce	0.467	0.818	0.183	-0.104
Be	0.500	0.800	0.151	-0.203
Cl	-0.306	-0.708	0.093	0.204
Cnci	-0.212	0.619	-0.497	0.213
U1	0.153	-0.007	-0.898	-0.303
Ohc	0.291	0.144	0.832	-0.215
jc	-0.037	-0.026	0.294	0.849
U2	-0.019	-0.228	-0.290	0.784

提取方法：主成分分析法
旋转方法：凯撒正态化最大方差法

a. 旋转在 7 次迭代后已收敛

由表 5-14 可知，按因子系数大小排列，成分 1 中相关度较高的指标分别为被引频次（citations）、总连接度（Tl）、文献耦合度（Ts）、机构发文数（Gc）等 4 个指标，这较好地体现了机构的学术影响力和竞争力；成分 2 中相关度较高的指标由点度中心性（degree）、中介中心性（betweenesscentrality）和接近中心性（closnesscentrality）3 个指标组成，这 3 个指标代表了机构的学术引领力。成分 3 中相关度较高的指标为机构合作数（jhc），这个指标体现了机构的学术竞争力。成分 4 中相关度较高的指标为基金资助数（jc），这个指标体现了机构的学术竞争力。

根据上文成分矩阵和划分标准，构建由学术引领力、学术影响力和学术竞争力综合组成的 4 个一级指标与对应的 13 个二级指标构成的中国机构学术话语权评价模型，如图 5-5 所示。

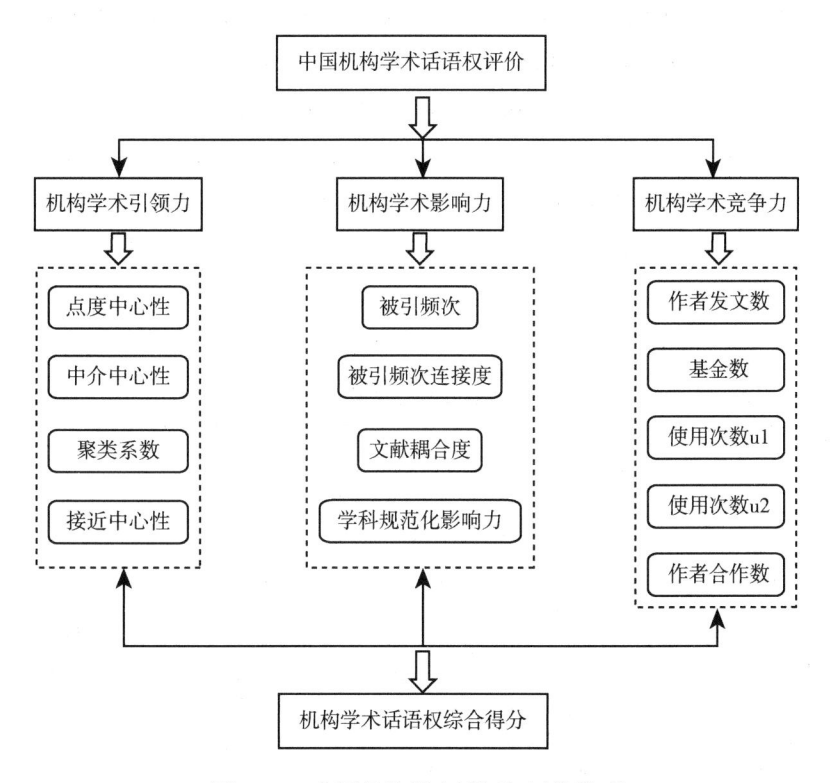

图 5-5 中国机构学术话语权评价模型

本书通过因子分析和主成分分析，获得4个成分的得分系数矩阵，如表5-15所示。根据13个指标对应的4个成分得分系数，可分别计算出4个成分的具体得分，分别为机构学术影响力和竞争力（TS1）、机构学术引领力（TS2）、机构学术竞争力（TS3）、机构学术竞争力（TS4）：

TS1 = −0.054 * De − 0.028 * Be − 0.046 * Ce + 0.067 * Cl + 0.239 * Tc + 0.315 * Tl + 0.275 * Ts − 0.219 * Cnci + 0.353 * Oc + 0.005 * Jc + 0.134 * U1 + 0.119 * U2 + 0.006 * Ohc

TS2 = 0.294 * De + 0.253 * Be + 0.281 * Ce − 0.258 * Cl − 0.054 * Tc − 0.145 * Tl − 0.083 * Ts + 0.393 * Cnci − 0.139 * Oc + 0.077 * Jc − 0.085 * U1 − 0.045 * U2 − 0.019 * Ohc

TS3 = 0.049 * De + 0.04 * Be + 0.06 * Ce + 0.066 * Cl + 0.043 * Tc − 0.018 * Tl − 0.023 * Ts − 0.221 * Cnci − 0.158 * Oc + 0.153 * Jc − 0.463 * U1 − 0.142 * U2 + 0.391 * Ohc

TS4 = 0.046 * De − 0.034 * Be + 0.029 * Ce + 0.054 * Cl + 0.043 * Tc − 0.032 * Tl − 0.019 * Ts + 0.18 * Cnci + 0.162 * Oc + 0.541 * Jc − 0.191 * U1 + 0.48 * U2 − 0.108 * Ohc

表5-15　　　　　　　　机构成分得分系数矩阵

	成分得分系数矩阵			
	成分			
	1	2	3	4
De	−0.054	0.294	0.049	0.046
Be	−0.028	0.253	0.040	−0.034
Ce	−0.046	0.281	0.060	0.029
Cl	0.067	−0.258	0.066	0.054
CT	0.239	−0.054	0.043	0.043
Tl	0.315	−0.145	−0.018	−0.032

续表

成分得分系数矩阵					
	成分			
	1	2	3	4
Ts	0.275	-0.083	-0.023	-0.019
Cnci	-0.219	0.393	-0.221	0.180
Oc	0.353	-0.139	-0.158	0.162
jc	0.005	0.077	0.153	0.541
U1	0.134	-0.085	-0.463	-0.191
U2	0.119	-0.045	-0.142	0.480
Ohc	0.006	-0.019	0.391	-0.108

提取方法：主成分分析法
旋转方法：凯撒正态化最大方差法
组件得分

为了验证所提取的4个成分的合理性，本书通过成分得分协方差矩阵对4个成分的相关性做进一步的分析，得到表5-16所示的成分协方差矩阵。由表5-16可知，所提取的4个成分的相关性均为0，表明各成分之间不相关，所作的分析合理。

表5-16　　　　　　机构数据成分得分协方差矩阵

成分得分协方差矩阵				
成分	1	2	3	4
1	1.000	0.000	0.000	0.000
2	0.000	1.000	0.000	0.000
3	0.000	0.000	1.000	0.000
4	0.000	0.000	0.000	1.000

提取方法：主成分分析法
旋转方法：凯撒正态化最大方差法
组件得分

根据指标总方差解释量表中旋转载荷平方和方差百分比可计算所提取4个成分的权重值。通过计算，TS1的权重为0.352，TS2的权重为0.300，TS3的权重为0.193，TS4的权重为0.155。

最终得到国际生物学研究领域的机构学术话语权评价公式为：

$$AF = 0.352 * TS1 + 0.300 * TS2 + 0.193 * TS3 + 0.155 * TS4$$

通过此公式计算所有作者的综合得分，从而得到机构学术话语权的综合排名。

（三）国家学术话语权评价模型构建

为了进一步了解各公因子所代表的实际分量，通过最大方差法对因子载荷矩阵进行正交旋转，得到旋转后的国家成分矩阵，如表5-17所示。

表5-17　　　　　　　国家数据旋转后成分矩阵

旋转后的成分矩阵[a]

	成分			
	1	2	3	4
Ts	0.973	-0.006	0.137	-0.023
Tl	0.971	-0.028	0.110	-0.029
Ghc	0.950	-0.023	0.211	0.002
CT	0.942	-0.055	0.052	-0.057
Be	0.877	0.034	0.234	-0.029
Cl	-0.507	-0.097	0.388	-0.192
U1	-0.038	0.931	-0.047	-0.062
U2	-0.070	0.804	-0.105	0.385
jc	0.072	0.736	0.040	-0.218
Ce	0.216	-0.015	0.952	-0.053
De	0.245	-0.043	0.912	0.051
Cnci	-0.066	0.079	0.089	0.845
Gc	-0.030	0.089	0.079	-0.537

提取方法：主成分分析法
旋转方法：凯撒正态化最大方差法

a. 旋转在5次迭代后已收敛

第五章 中国学术话语权综合评价实证分析

由表 5-17 可知，按因子系数大小排列，成分 1 中相关度较高的指标分别为被引频次（Tc）、文献耦合度（Ts）、总连接度（Tl）、中介中心性（betweenesscentrality）、国家合作数（Ghc）等 5 个指标，这较好地体现了国家的学术引领力、影响力和竞争力；成分 2 中相关度较高的指标由资助基金数（jc）、使用次数（U1）和使用次数（U2）3 个指标组成，这两个指标代表了国家的学术竞争力。成分 3 中相关度较高的指标为点度中心性（De）和接近中心性（Ce），这 2 个指标体现了国家的学术引领力。成分 4 中相关度较高的指标为学科相对影响力（Cnci），这个指标体现了国家的学术影响力。

根据上文成分矩阵和划分标准，构建由学术引领力、学术影响力和学术竞争力综合组成的 4 个一级指标与对应的 13 个二级指标构成的国家学术话语权评价模型，如图 5-6 所示。

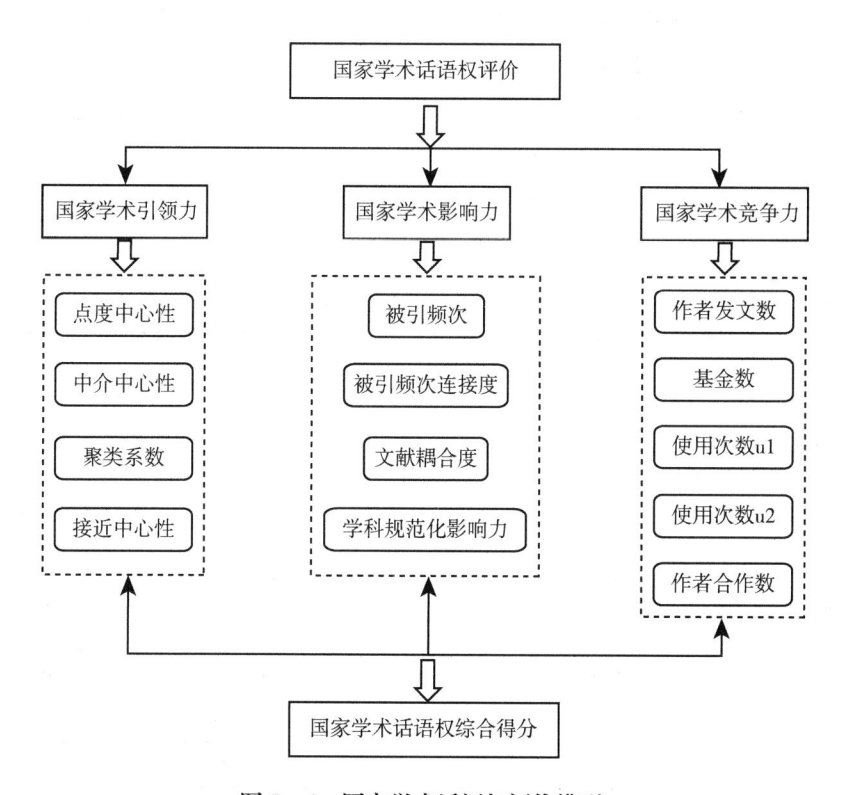

图 5-6 国家学术话语权评价模型

本书通过因子分析和主成分分析，获得4个成分的得分系数矩阵，如表5-18所示。根据13个指标对应的4个成分得分系数，可分别计算出4个成分的具体得分，分别为国家学术影响力和竞争力（TS1）、国家学术引领力（TS2）、国家学术竞争力（TS3）、国家学术引领力（TS4）：

TS1 = 0.037 * De + 0.175 * Be - 0.049 * Ce - 0.157 * Cl + 0.208 * Tc + 0.209 * Tl + 0.207 * Ts - 0.015 * Cnci - 0.021 * Gc + 0.01 * Jc - 0.004 * U1 - 0.001 * U2 + 0.194 * Ghc

TS2 = 0.013 * De + 0.027 * Be + 0.033 * Ce - 0.023 * Cl - 0.022 * Tc - 0.007 * Tl + 0.004 * Ts + 0.002 * Cnci + 0.072 * Gc + 0.369 * Jc + 0.453 * U1 + 0.368 * U2 - 0.003 * Ghc

TS3 = 0.467 * De + 0.037 * Be + 0.489 * Ce + 0.251 * Cl - 0.073 * Tc - 0.042 * Tl - 0.027 * Ts + 0.086 * Cnci + 0.032 * Gc + 0.037 * Jc + 0.014 * U1 - 0.004 * U2 + 0.016 * Ghc

TS4 = 0.076 * De - 0.008 * Be - 0.008 * Ce - 0.144 * Cl - 0.031 * Tc - 0.008 * Tl - 0.003 * Ts + 0.682 * Cnci - 0.437 * Gc - 0.209 * Jc - 0.097 * U1 + 0.269 * U2 + 0.02 * Ghc

表5-18　　　　　　　　国家成分得分系数矩阵

	成分得分系数矩阵			
	成分			
	1	2	3	4
De	-0.037	0.013	0.467	0.076
Be	0.175	0.027	0.037	-0.008
Ce	-0.049	0.033	0.489	-0.008
Cl	-0.157	-0.023	0.251	-0.144
CT	0.208	-0.022	-0.073	-0.031
Tl	0.209	-0.007	-0.042	-0.008
Ts	0.207	0.004	-0.027	-0.003

续表

成分得分系数矩阵

	成分			
	1	2	3	4
Cnci	-0.015	0.002	0.086	0.682
Gc	-0.021	0.072	0.032	-0.437
jc	0.010	0.369	0.037	-0.209
U1	-0.004	0.453	0.014	-0.097
U2	-0.001	0.368	-0.004	0.269
Ghc	0.194	-0.003	0.016	0.020

提取方法：主成分分析法
旋转方法：凯撒正态化最大方差法
组件得分

为了验证所提取的4个成分的合理性，本书通过成分得分协方差矩阵对4个成分的相关性做了进一步分析，得到了表5-19所示的国家成分协方差矩阵。由表5-19可知，所提取的4个成分的相关性均为0，表明各个成分之间不相关，所作的分析合理。

表5-19　　　　　　　　国家数据成分得分协方差矩阵

成分得分协方差矩阵

成分	1	2	3	4
1	1.000	0.000	0.000	0.000
2	0.000	1.000	0.000	0.000
3	0.000	0.000	1.000	0.000
4	0.000	0.000	0.000	1.000

提取方法：主成分分析法
旋转方法：凯撒正态化最大方差法
组件得分

根据指标总方差解释量表中旋转载荷平方和方差百分比可计算所提取 4 个成分的权重值。通过计算，TS1 的权重为 0.473，TS2 的权重为 0.204，TS3 的权重为 0.201，TS4 的权重为 0.122。

最终得到国际生物学研究领域的国家学术话语权评价公式为：

$$AF = 0.473 * TS1 + 0.204 * TS2 + 0.201 * TS3 + 0.122 * TS4$$

通过此公式计算所有国家的综合得分，从而得到国家学术话语权的综合排名。

第二节 中国学术话语权综合评价结果分析

上文从学术主体的视角分别构建了中国学术话语权综合评价模型，接下来将通过中国学术话语权综合评价模型来计算和分析评价结果。

一 中国学者学术话语权评价结果分析

对中国作者的学术话语权综合得分进行分析，可以了解国际生物学研究领域中国作者在国际上的综合地位和绝对优势，从而挖掘出具有一定学术话语权的中国学者。我们对国际生物学研究领域的 51599 位作者的学术话语权综合得分进行了计算和评价，其中作者学术话语权总得分排名前 50 位的作者见表 5-20。

表 5-20　　中国作者学术话语权综合评价得分情况

序号	作者	总得分	序号	作者	总得分
1	Bateman, Alex	621.1927	9	Suchard, Marc A.	168.5473
2	Tanaka, Keiji	414.7674	10	Cuervo, Ana Maria	168.2186
3	Schumacher, Ton N.	360.7923	11	Federhen, Scott	167.7595
4	Doudna, Jennifer A.	326.2083	12	Zhang, Jian	163.7485
5	Sharma, Padmanee	250.0688	13	Wang, Jing	163.6696
6	Sonesson, Karin	246.1449	14	Cunningham, Fiona	145.6829
7	Gabriel, Stacey B.	199.1153	15	Wang, Jun	135.9620
8	Wilson, Richard K.	174.8537	16	Duvaud, Severine	132.8639

续表

序号	作者	总得分	序号	作者	总得分
17	Mills, Gordon B.	132.5497	34	Yamaguchi-Shinozaki, Kazuko	88.2794
18	Yang, Li	127.2868	35	Mathivanan, Suresh	85.9728
19	Sanchez-Vega, Francisco	125.1648	36	Wang, Jian	85.7751
20	Zadissa, Amonida	123.1637	37	Baratin, Delphine	84.6768
21	Holt, Robert A.	122.3494	38	Stratton, Michael R.	83.7174
22	Yaschenko, Eugene	116.7727	39	Chou, Kuo-Chen	82.3525
23	Bolleman, Jerven	116.6939	40	Hermjakob, Henning	78.5296
24	Faircloth, Brant C.	114.6808	41	Feolo, Michael	78.2190
25	Gruaz-Gumowski, Nadine	107.3712	42	Pozzato, Monica	75.7686
26	McIntosh, A. M.	106.3698	43	Arminski, Leslie	74.1688
27	Shumway, Martin	104.4738	44	Parker, Roy	73.5850
28	Wang, Kai	99.4306	45	Amode, M. Ridwan	73.2231
29	Huntley, Rachael	98.5748	46	Coudert, Elisabeth	73.2174
30	Saksena, Gordon	98.4948	47	Maurel, Thomas	71.4949
31	Jones, Steven J. M.	97.1903	48	Orchard, Sandra	70.6111
32	Hulo, Chantal	93.5767	49	Irizarry, Rafael A.	69.7934
33	Swanton, Charles	90.3778	50	Barrell, Daniel	65.3555

通过对表5-20进行分析发现，近10年国际生物学研究领域学术话语权得分排名居首位的作者为Bateman, Alex，总得分高达621.1927分，该作者来自英国的欧洲生物信息研究所（European Bioinformat Inst），其次是Tanaka, Keiji，这位作者的总得分为414.7674分，该作者来自日本东京都科学研究院（Tokyo Metropolitan Inst Med Sci），总得分排名第三的作者为Schumacher, Ton N，这位作者的总得分为360.7923分，来自荷兰坎克研究所（Netherlands Canc Inst）。总得分排名最后的作者为Barrell, Daniel，该作者的总得为65.3555分，该作者来自欧洲生物信息学研究所（European Bioinformat Inst），该机构属于英国。可见，排名前三

的作者在国际生物学研究领域具有一定的学术话语优势和地位。

另外，在该列表中，50位作者的学术话语权总得分大多在80分至200分之间，共有33位作者，占表中作者数的66%，这也较好地说明了这33位作者虽然与排名前三的作者的学术话语权具有一定的差距，但在国际上还是具有一定的学术话语权和影响力。学术话语权总得分在200分以上的作者共有6位，占作者数的12%，这也较好地表明了学术话语权较高的作者的比率相对较少，同时也说明了不同作者的学术话语权地位和优势大小。

通过进一步分析这50位作者学术话语权总得分的国家和机构发现，中国作者的学术话语权总得分排名在国际生物学研究领域前50名之列的共有4位，占表中作者数的8%，分别为排名第13位的作者Wang, Jing，排名第15位的作者Wang, Jun，排名第18位的作者Yang, Li，排名第36位的作者Wang, Jian，这4位作者的学术话语权总得分分别为163.6696分、135.9620分、127.2868分和85.7751分，这4位作者分别来自中国科学院国家重点实验室植物基因组（Chinese Acad Sci, State Key Lab Plant Genom）、中国科学院动物研究所（Chinese Acad Sci, Inst Zool）、中国科学院上海生物科学研究院（Chinese Acad Sci, Shanghai Inst Biol Sci）和北京深圳基因组研究所（Beijing Genom Inst Shenzhen）。这较好地反映了中国作者在国际生物学研究领域的学术话语权具有一定的优势和地位，特别是中国的作者在国际生物学研究领域的学术话语权主要集中在中国科学院动物研究所、中国科学院国家重点实验室植物基因组、北京大学医学院等单位的作者，在国际生物学研究领域的学术话语权具有一定的优势和地位，但与排名第一的作者相比还存在较大的差距，有待进步提升。

国内这些学者的学术话语权也存在着一定的差异，为了进一步分析学者学术话语权总得分的整体趋势，本书通过excel表格绘制了学者学术话语权总得分的散点图并绘制了趋势线，如图5-7所示。

由趋势线拟合分析发现，生物学研究领域排名前50位的作者学术话语权总得分的拟合曲线和指数函数相符合（$y = 270.12e^{-0.032x}$），且曲线的拟合程度比较高（$R^2 = 0.8429$）。生物学研究领域排名前50位的作者

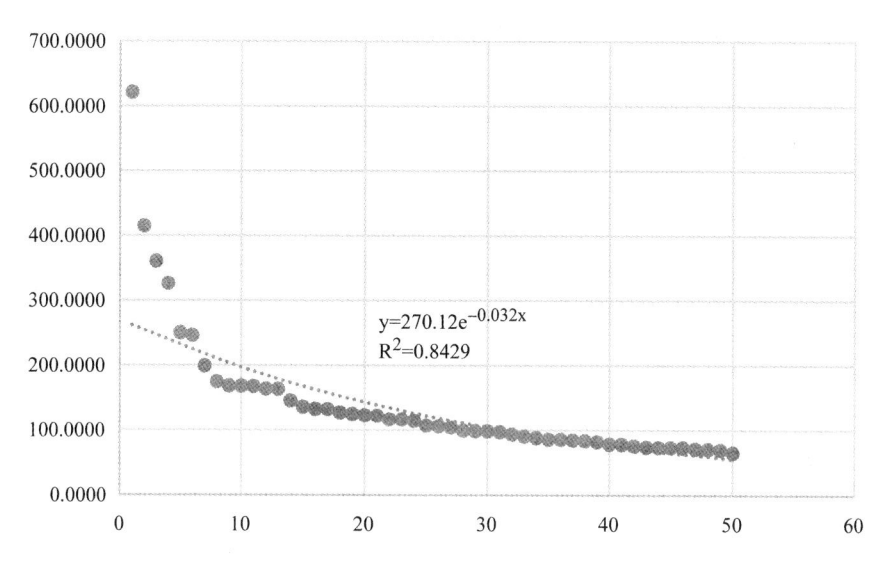

图 5-7 排名前 50 位的作者学术话语权总得分散点图

学术话语权总得分按指数趋势递减。

总之，中国作者的学术话语权在国际上具有一定的地位和优势，这些作者主要来自中国科学院，在总排名前 20 位作者中，中国作者有 3 位。在该列表中，大多数作者来自欧美国家。可见，欧美国家的学者在国际生物学研究领域占据了主要的话语权优势，而中国学者的整体学术话语权地位需进一步提升，应从数量和质量方面来整体提高中国学者的学术话语权。

二 中国机构学术话语权评价结果分析

对中国机构的学术话语权综合得分进行分析，可以了解国际生物学研究领域中国机构在国际上的综合地位和绝对优势，从而挖掘出具有一定学术话语权的中国机构。我们对国际生物学研究领域的 8521 个机构的学术话语权综合得分进行计算和评价，其中学术话语权总得分排名前 50 位的机构如表 5-20 所示。

表 5-21　　机构学术话语权综合评价得分情况

排名	研究机构	国家	总得分	排名	研究机构	国家	总得分
1	Harvard Univ	美国	269.3753	26	Monash Univ	澳大利亚	47.8948
2	MIT	美国	219.5808	27	Univ Edinburgh	英国	47.7305
3	Univ Calif San Francisco	美国	128.4699	28	Duke Univ	美国	47.4454
4	Univ Copenhagen	丹麦	127.9809	29	CNRS	法国	47.4367
5	Univ Calif Berkeley	美国	116.4936	30	Univ Calif Davis	美国	47.0716
6	Univ Calif San Diego	美国	116.1962	31	Brigham & Womens Hosp	美国	45.2144
7	Univ Cambridge	英国	104.3428	32	Univ Zurich	瑞士	44.8112
8	Albert Einstein Coll Med	美国	103.7994	33	Harvard Med Sch	美国	44.6861
9	Stanford Univ	美国	101.2464	34	Univ N Carolina	美国	42.7941
10	Mem Sloan Kettering Canc Ctr	美国	97.4439	35	Cornell Univ	美国	41.5947
11	Univ Oxford	英国	95.3663	36	Dana Farber Canc Inst	美国	41.4304
12	Massachusetts Gen Hosp	美国	87.8830	37	Broad Inst	美国	41.2471
13	Univ Washington	美国	86.4383	38	McGill Univ	加拿大	40.0479
14	Univ Calif Los Angeles	美国	74.9220	39	Univ Texas MD Anderson Canc Ctr	美国	39.1128
15	Univ Penn	美国	74.8944	40	King Abdulaziz Univ	沙特阿拉伯	38.3639
16	Yale Univ	美国	72.4242	41	Univ Maryland	美国	35.9751
17	Univ Michigan	美国	66.7522	42	Univ Melbourne	澳大利亚	34.2325
18	Chinese Acad Sci	中国	64.3077	43	Katholieke Univ Leuven	比利时	32.3243
19	Univ Toronto	美国	63.3497	44	Brown Univ	美国	31.8916
20	Columbia Univ	美国	60.8084	45	Kings Coll London	英国	31.0909
21	Wellcome Trust Sanger Inst	美国	60.2638	46	Univ Queensland	澳大利亚	30.6776
22	UCL	英国	56.0051	47	Univ British Columbia	加拿大	30.0111
23	Broad Inst MIT & Harvard	美国	54.4895	48	Baylor Coll Med	美国	26.7186
24	Washington Univ	美国	53.8679	49	Univ Chicago	美国	24.9168
25	Univ Wisconsin	美国	50.5722	50	Univ Massachusetts	美国	22.6546

通过对表5-21进行分析发现，学术话语权得分排名居首位的机构为哈佛大学（Harvard Univ），总得分高达269.3753分，该机构来自美国；其次是麻省理工学院（MIT），该机构的总得分为219.5808分，该机构来自美国；总得分排名第三的机构为加州大学旧金山分校（Univ Calif San Francisco），该机构的总得分为128.4699分，该机构属于美国。总得分排名最后的机构为马萨诸塞大学（Univ Massachusetts），该机构的总得分为22.6546分，该机构属于美国。可见，美国机构在国际生物学研究领域具有较高的学术话语权和优势地位。

另外，在该列表中，在排名前50位的机构学术话语权总得分大多在400分至100分之间，共有29个机构，占列表中总机构数的58%，这也较好地说明了这29个机构虽然与排名前3位的机构的学术话语权具有有一定的差距，但在国际上还是具有一定的学术话语权和地位。机构学术话语权总得分在100分以上的共有9个，占表中总机构数的18%，这也较好地表明了学术话语权较高的机构的比率相对较少，同时也说明了不同机构的学术话语权地位和优势大小。

通过进一步分析这50个机构的学术话语权总得分发现，中国机构的学术话语权总得分排名在国际生物学研究领域前50名之列的仅有一个，占总机构数的2%，在排名中位列第18位，该机构的学术话语权总得分为64.3077分，这个机构来自中国科学院。这较好地反映了中国科学院在国际生物学研究领域的学术话语权具有一定的优势和地位。但与排名第1位的机构相比还存在较大的差距，排名第1位的机构相当于中国科学院的4倍之多，可见，中国在未来提升的空间还较大。

从整体排名而言，经过具体的统计分析，发现在排名前50位的机构中，美国机构占了35个，占表中总机构数的70%，并且在排名前10位的机构中，美国机构占了8个。可见，美国机构的学术话语权在国际上具有较高的优势和地位。其次是英国和澳大利亚，分别共有5个机构和3个机构。

这些机构的学术话语权也存在着一定的差异，为了进一步分析机构学术话语权总得分的整体趋势情况，本书通过excel表格绘制了机构学术话语权总得分的散点图并绘制了趋势线，如图5-8所示。

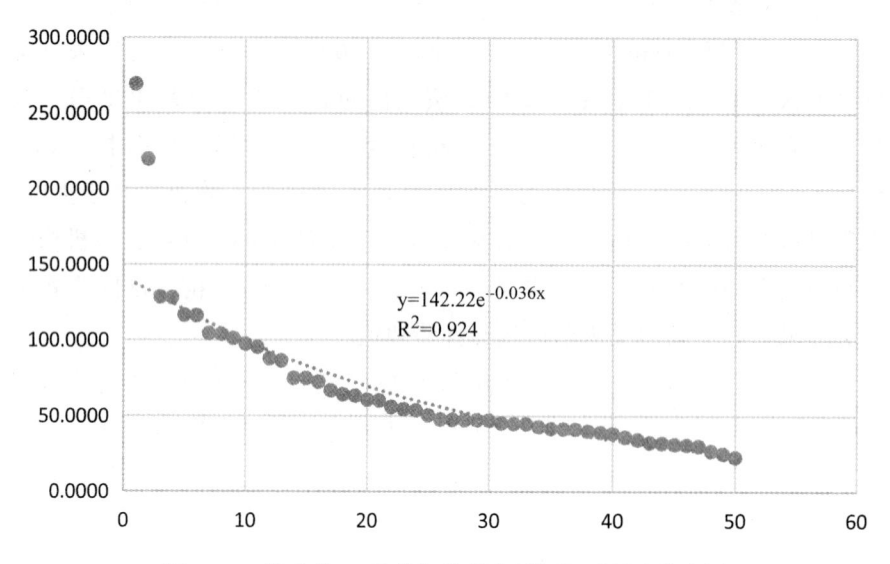

图 5-8　排名前 50 位的机构学术话语权总得分散点图

由趋势线拟合分析发现,生物学研究领域排名前 50 位的机构学术话语权总得分的拟合曲线和指数函数相符合（$y=142.22e^{-0.036x}$）,且曲线的拟合程度比较高（$R^2=0.924$）。生物学研究领域排名前 50 位的机构学术话语权总得分按指数趋势递减。

总之,中国机构的学术话语权在国际上具有一定的地位和优势,在排名前 50 位的机构中仅有中国科学院在总排名前 20 位中。在该列表中,大多数机构来自美国。可见,美国的机构在国际生物学研究领域占据了绝对的学术话语权优势,而中国机构的整体学术话语权地位需进一步提升,需从数量和质量方面来整体提高中国机构的学术话语权。

三　中国学术话语权评价结果分析

对国家的学术话语权综合得分进行分析,可以了解国际生物学研究领域不同国家的学术话语权在国际上的综合地位和绝对优势,从而挖掘出具有一定学术话语权的国家。我们对国际生物学研究领域 127 个国家的学术话语权综合得分进行了计算和评价,其中国家学术话语权总得分排名前 50 位的作者如表 5-22 所示。

表 5-22　　　国家学术话语权综合评价得分情况

排名	国家	国家	总得分	排名	国家	国家	总得分
1	USA	美国	127.1955	26	Iran	伊朗	47.3579
2	England	英国	83.7281	27	Cameroon	喀麦隆	47.0932
3	Australia	澳大利亚	76.5027	28	Cote Ivoire	科特迪瓦	46.0969
4	Germany	德国	72.9598	29	Lithuania	立陶宛	46.0761
5	France	法国	71.2900	30	Spain	西班牙	45.7247
6	Canada	加拿大	69.6349	31	Iceland	冰岛	45.6126
7	Italy	意大利	63.7475	32	Norway	挪威	45.5866
8	Japan	日本	60.1667	33	Cyprus	塞浦路斯	45.4435
9	Peoples R China	中国	59.7195	34	Latvia	拉脱维亚	45.3979
10	Belgium	比利时	59.3360	35	Luxembourg	卢森堡	45.2247
11	Netherlands	荷兰	58.5853	36	Malta	马耳他	45.0920
12	Austria	奥地利	57.8195	37	New Zealand	新西兰	45.0112
13	Denmark	丹麦	54.5072	38	Chile	智利	44.9787
14	Brazil	巴西	53.5450	39	Switzerland	瑞士	44.8503
15	Finland	芬兰	51.9193	40	Kenya	肯尼亚	44.4081
16	Jamaica	牙买加	50.7397	41	Lebanon	黎巴嫩	44.2051
17	Israel	以色列	50.6339	42	Kuwait	科威特	44.1888
18	Ireland	爱尔兰	50.5265	43	Costa Rica	哥斯达黎加	44.1041
19	Greece	希腊	50.0777	44	Jordan	约旦	44.0743
20	Mexico	墨西哥	49.6847	45	Indonesia	印度尼西亚	44.0235
21	India	印度	49.3082	46	Bangladesh	孟加拉国	43.8748
22	Benin	贝宁	49.1251	47	Greenland	格陵兰	43.8734
23	Hungary	匈牙利	49.0426	48	Ghana	加纳	43.5148
24	Colombia	哥伦比亚	48.7600	49	Scotland	苏格兰	42.8318
25	Malaysia	马来西亚	47.7436	50	Cuba	古巴	42.6358

通过对表5-22进一步分析发现,学术话语权得分排名居榜首的国家为美国(USA),总得分高达127.1955分;其次是英国(England),该国的总得分为83.7281分;总得分排名第三的国家为澳大利亚(Australia),总得分为76.5027分。总得分排名最后的国家为古巴(Cuba),该国的总得分为42.6358分。可见,排名前3位的国家中,特别是美国的整体力量在国际生物学研究领域具有较高的学术话语优势和地位。

另外,在该表中,排名前50位的国家学术话语权总得分大多在42分至55分之间,共有38个国家,占总国家数的76%,这也较好地说明了这38个国家虽然与排名前3位的国家的学术话语权具有一定的差距,但在国际上还是具有一定的学术话语权和地位的。国家学术话语权总得分在55分以上的国家共有12个,占表中总国家数的24%,这也较好地表明了学术话语权较高的国家的比率相对较少,同时也说明了不同国家的学术话语权地位和优势差异。

通过进一步分析这50个国家的学术话语权总得分发现,中国的学术话语权总得分排名在国际生物学研究领域的前10名之列,在排名中位列第9位,中国的学术话语权总得分为59.7195分。这较好地反映了中国在国际生物学研究领域的学术话语权具有一定的优势和地位。但与排名第一的国家相比还存在一定的差距,排名第一的美国得分相当于中国的2倍之多,可见,中国在未来提升的空间还较大。

从整体排名而言,经过具体的统计分析,发现在排名前50位的国家中,主要是来自美洲、欧洲,欧美国家在国际生物学研究领域的学术话语权在国际上具有较高的优势和地位。

这些国家的学术话语权也存在着一定的差异,为了进一步分析各国的国际学术话语权总得分整体趋势情况,本书通过excel表格绘制了国家学术话语权总得分的散点图并绘制了趋势线,如图5-9所示。

由趋势线拟合分析发现,生物学研究领域排名前50位的国家学术话语权总得分的拟合曲线和指数函数相符合($y = 69.806e^{-0.012x}$),且曲线的拟合程度比较高($R^2 = 0.6838$)。生物学研究领域排名前50位的国家学术话语权总得分按指数趋势递减。

总之,在近10年国际生物学研究领域,中国的整体学术话语权具较

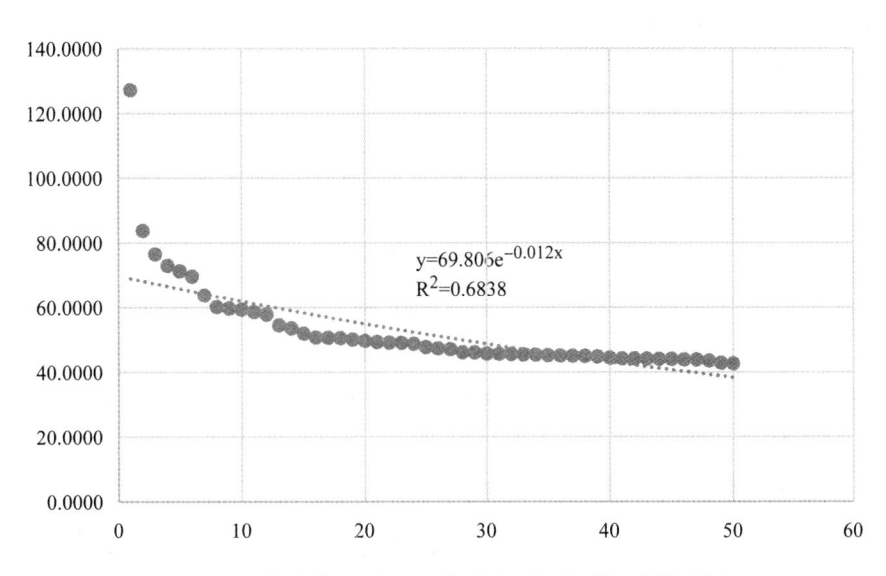

图5-9 排名前50位的国家学术话语权总得分散点图

高的地位和优势,在总排名前10位中。大多数国家来自欧美发达国家。可见,欧美国家在国际生物学研究领域占据了整体学术话语权优势,而中国的整体学术话语权地位还有待进一步提升,应从整体的数量和质量方面来提高中国学术话语权的综合地位和影响。

四 中国学术话语权评价结果验证分析

本研究对近10年(2009—2019年)国际生物学研究领域的中国学术话语权进行了评价,上文对评价指标进行了研究,本节将对评价结果进行验证,主要通过专家评分和2019QS世界大学生物科学专业榜单排名前50位进行对比验证。本评价涉及的评价项目有作者引领力、作者影响力、作者竞争力、机构引领力、机构影响力、机构竞争力、国家引领力、国家影响力、国家竞争力、中国学者学术话语权、中国机构学术话语权、中国国家学术话语权等11个评价项目。通过上文的指标设计和评价,本研究邀请了3位专家对具体排名结果进行了评估和打分,其中图书情报学科的专家两位,生物学科的专家1位。专家肯定其评价结果的同时,也总结了问题并提出相关建议,以便为下一步的深入研究提供借鉴和指导。下面具体验证专家评分结果和 2019QS 世界大学生物科学专业榜单排名前 50 位的结果。

（一）专家评分结果验证

评价项目经专家评审打分，具体专家评分表见附录1，通过专家评分表即可计算出各评分项的综合得分，根据表中说明最后计算出综合得分为 78.5 分，评分结果在 84 分至 75 分的为"基本通过"，由此可得出，本研究的评价结果通过了专家验证，具有较好的信度和效度，也进一步说明了中国近 10 年生物学研究领域在国际上的整体排名结果具有一定的可靠性，从一定程度上代表了该领域中国学术的话语权地位和影响力。

（二）2019QS 世界大学生物科学专业榜单排名前 50 位结果验证

Quacquarelli Symonds 国际高等教育咨询公司成立于 1990 年，是英国一家专门从事世界大学教育排名的机构。从 2004 年起，QS 和泰晤士高等教育合作，推出《泰晤士高等教育——QS 世界大学排名》。2009 年 QS 在发布排名后与泰晤士高等教育终止合作，从 2010 年开始各自发布世界大学排名。从 2010 年起，QS 世界大学排名得到了联合国教科文组织欧洲高等教育研究中心、美国华盛顿高等教育政策研究所、德国高等教育发展研究中心和上海交通大学高等教育研究院等机构倡导成立大学排名国际专家组建立的学术排名与卓越国际协会承认。目前 QS 排名同世界最大的学术出版集团爱思唯尔（ElsevierL）合作推出，涵盖了世界大学综合排名、学科分类排名及五个不同准则的地区性排名。①

2019QS 世界大学生物科学专业榜单排名前 50 位见附录2，从 2019QS 世界大学生物科学专业榜单排名前 50 位可看出，排名前 2 位的机构与本研究的中国机构学术话语权的排名结果高度一致，分别为哈佛大学（Harvard University）和麻省理工学院（MIT），排名分别为第 1 位和第 2 位；斯坦福大学（Stanford University）和牛津大学（University of Oxford）在 QS 排名中分别为第 5 位和第 4 位，而在本研究的排名结果中

---

① 《QS 世界大学排名》（https://baike.so.com/doc/6748930-6963476.html#refff_6748930-6963476-3）。

分别为第 9 位和第 11 位，通过仔细比较，存在一定的差距。另外，从 QS 排名中，中国仅有两个机构在排名前 50 位，分别为清华大学（Tsinghua University）和北京大学（Peking University），这与中国作者学术话语权的排名结果也是较一致的，如北京深圳基因组研究所和北京大学医学院的作者的综合排名也在榜单排名前 50 位中。另外，通过进一步对比作者引领力、作者影响力、作者竞争力、机构引领力、机构影响力、机构竞争力、国家引领力、国家影响力、国家竞争力、中国学者学术话语权、中国国家机构学术话语权、中国国家学术话语权等 11 个评价项目与 QS 排名的综合评价得分可知，本研究的项目排名前 50 位与 QS 排名均有对应和一致的地方。因此，从整体而言，本研究的排名结果基本通过验证。

第三节 本章小结

本章构建了中国学术话语权综合评价指标和模型，并通过综合评价指标和模型对中国学术话语权综合评价进行了实证分析，主要结论如下：

1. 通过对中国学者学术话语权综合评价的得分发现，中国作者在国际生物学研究领域的学术话语权具有一定的优势和地位，这些作者主要集中在中国科学院动物研究所、中国科学院国家重点实验室植物基因组、北京大学医学院等单位的作者。但与西方发达国家的作者相比还存在较大的差距，未来提升的空间还较大。

2. 通过对中国机构学术话语权综合评价得分发现，中国的机构学术话语权在国际上具有一定地位和优势。在排名前 50 位的机构中，仅有中国科学院在总排名前 20 位中。另外发现，在排名前 50 位的机构中，大多数来自美国。可见，美国的机构在国际生物学研究领域占据了绝对的话语权优势。

3. 通过对所有国家学术话语权综合评价得分发现，在这前 50 个国家中，中国的学术话语权的总得分排名在国际生物学研究领域的前 10 名之列，在排名中位列第 9 位，中国的学术话语权总得分为 59.7195 分。这较好地说明了中国在国际生物学研究领域的整体学术话语权在国际上的优势和地位。但与排名第一的国家相比还存在一定的差距，排名第一的美国相当于中国的 2 倍之多。

4. 最后，对评价结果进行了验证，并提出了中国学术话语权的提升策略和建议。

第六章 中国学术话语权提升策略与保障机制

第一节 中国学术话语权的提升策略

2016年5月17日,习近平总书记出席哲学社会科学工作座谈会时指出:哲学社会科学的学科体系、学术体系、话语体系建设水平及学术原创能力总体发展水平还不高,提出要加快建设社会主义文化强国、增强文化软实力、提升我国在国际上的话语权。[1] 可见,中国要通过自身国力和文化自觉、自信的不断增强,要实现中国在国际学术范围内的话语权较大程度的提升,从而进一步扩大中国学术话语权的国际影响力。

学术话语一般通过表述、传播阶段后,在共同体内的学术话语传播越广泛,表明其学术话语权就越能得到的认可。因此,在大数据、云计算、人工智能等背景下,需要构建更广阔的学术交流平台,可举办学术会议、创立学术期刊、出版学术著作、创办学术网站及学术数据库等有效的途径。[2] 通过这些学术交流平台,学术话语权才能得到更普遍认可和接受,从而才能更广泛地提升学术话语权。基于此,中国急需将自己的学术发现通过自己的话语表达出来,凸显我国学术表达的特色;与西方甚至国际上的学者多开展学术对话,通过学术对话交流广泛传播自己的学术知识;通过这样的方式和途径才能改变整个学术共同体内学术话语的结构,从根本上提升中国的学术话语权。

---

[1] 习近平:《在哲学社会科学工作座谈会上的讲话》,《人民日报》2016年5月19日第1版。
[2] 张连海:《共同体视阈下中国学术话语权发展路径的转换》,《湖北民族学院学报》(哲学社会科学版)2017年第5期。

根据中国学术话语权的综合评价指标，从学术主体的视角对学术引领力、学术影响力和学术竞争力进行了评价，学术话语权的构成要素之间存在一定的联系；而学术话语权的评价是一个复杂、发展和动态的过程。除了本书中列出的学术话语权评价指标外，还有一些学术话语权的构成要素和评价指标需要进一步研究和探讨。结合前文对中国学术话语权的评价研究，现阶段提升中国学术话语权还存在一系列的问题，主要体现在中国学术话语权的引领力、影响力和竞争力等方面。针对以上问题，本书认为可采取以下建议和对策来提升中国学术话语权的整体地位和优势。

一　提升学术引领力

当今学术引领力呈现出复杂态势，一方面，以美国为首的西方发达国家抢占了国际学术话语权的引领地位；另一方面，学术成果的网络化、网络学术交流的便捷性使发达国家的学术话语权的引领力得到了广泛的传播。这些均是中国学术引领力的瓶颈，也是急需得到提升的地方。

从学术引领力的单指标和综合指标评价中国学术话语权来看，学术主体之间的科研合作是提升学术引领力的重要因素之一。可以说，学术主体之间的科研合作度越高，对学术主体的引领力的作用就越大。学术引领力的目的就是通过有创造性的、有价值的学术成果来向社会传播学术影响力和话语权优势，并促进社会和文明的进步。中国的学术引领力与欧美一些发达国家还存在一定的差距，随着中国国力和学术影响力的不断发展，中国的学术引领力也在进一步提升，科研合作能力也在不断地拓展，但提升空间还有待进一步加强。

从学术主体而言，中国的学者、机构和国家的学术合作网络的地位和权力与美国、英国和德国等主要发达国家存在较明显差异。从社会网络角度而言，中国的学者、机构和国家在学术合作中需要选择科研实力和影响力较大的学术前沿对象进行合作，通过全面的交流和通力合作来增加中国学术主体在学术网络中的重要节点。国际上，学术话语权较高的学者、机构和国家在某一研究领域引领着该领域学术发展的方向，与该领域的重要学术主体都有着紧密的科研合作和交流关系，说明中国的学术引领力需把握合作对象，提高在国际上的科研合作力度，也即是从科研合作的广度和深度来全面提升中国学术引领力。

科研合作与论文的发文量、被引频次等文献数据存在一定的关系，这也表明学术论文的文献指标对中国的学术引领力的产生发挥了一定的作用。因此，中国学术引领力应从不同的学术层面来提升学术引领。

二 增进学术影响力

根据对中国学术话语权的理论和实证分析发现，学术影响力是学术话语权评价的一个重要因素。学术影响力的研究大多数是通过学术引文来体现的。[1]通过本书对学术影响力的分析，主要存在学术主体的被引频次、被引网络总链接度、文献耦合度、学科规范化引文影响力等方面的差异。这表明在学术主体层面需要从这几个方面来提高学术影响力，也就是不仅要从单个文献指标来体现学术影响力，还要从多指标的综合层面来整体提高学术影响力。

本书通过学术主体的影响力分析发现，学术主体的被引频次和学科规范化引文影响力对学术影响力的作用相对较大，通过深入分析发现，这些主要影响因素都与学术论文的整体学术指标有关，如引文的数量、引文网络关系和学科规范化引文影响力。学科规范化引文影响力是In Cites平台中学术主体等的论文影响力的指标，排除了出版年、学科领域与文献类型作用的无偏影响力指标，可用它进行不同规模、不同学科的论文集的比较来反映整体的学术影响力。

因此，学术主体的学术影响力可通过引文的数量、引文网络关系和学科规范化引文影响力等学术影响力因素来全面提高，除此之外，学术影响力还需深入到各个不同的层面来进一步完善和探讨其提升策略。

三 扩大学术竞争力

学术竞争力是衡量学术实力和规模的重要标志之一。学术竞争力主

---

[1] Cronin B., Sugimoto C., *Beyond Bibliometrics: Harnessing Multidimensional Indicators of Scholarly Impact*, MIT Press, 2014; Moed H. F., "New Developments in the Use of Citation Analysis in Research Evaluation", *Archivum Immunologiae Et Therapiae Experimentalis*, 2009, 57 (1), pp. 13 - 18.

要体现在学术成果竞争力上,学术成果竞争力是由学术人员与学术团队、机构等通过科研创造出来的学术业绩和成果形成的一种竞争力。① 根据前文对学术竞争力的理论和实证分析发现,学术竞争力主体与学术论文的数量有关,如发文数量、合作数量、基金数量和使用数量等。

值得特别注意的是,任何学术主体的学术竞争力都是动态的,而非静态的。中国学术竞争力可通过面向国际发展形势和国家重大发展战略,立足学科发展前沿,优化学术研究领域的研究方向,提高学术质量,形成优秀学术个体和群体,加强跨国、跨机构、跨学科的科研合作,鼓励在国际学术领域提高自身的学术竞争力,使学术主体的整体竞争力在国内外形成重要影响。因此,在国际时代背景下,除了加强对学术成果数量的提升外,国家和社会还需更加重视学术竞争力的发展,为学术研究提供更多的政策、资金支持等。

另外,学术竞争力是学术主体与政府、企业、研究院所和市场等进行交流、互动与合作的基础,也是提升学术主体声誉的重要载体,对推动学术成果的转化为社会和经济效能形成了一种竞争力。总之,扩大学术影响力应从多角度入手,全面提升学术竞争力。

因此,要全面提升中国学术话语权,需要从上述三个方面全面提升。可以说,学术引领力、学术影响力和学术竞争力直接体现在学术话语权的掌控能力问题上,学术话语权直接关系到学术引领力、学术影响力和学术竞争力的大小和强弱。总之,要立足中国、面向世界构建开放包容和客观公正的学术话语体系和学术话语权评价体制,参与、表达具有权威性的观点或思想,从而全面地提升中国学术话语权的影响力范围。

第二节　提升中国学术话语权的保障机制

学术话语权作为实现"文化强国"的重要组成部分,是衡量其综合国力和文化软实力强弱的重要尺度,受到世界各国的高度重视。欧美发达国家相继提出的"话语权力理论""文化领导权理论",以及西方文化

---

① 朱浩:《学术竞争力:世界一流大学的重要标志》,《高教发展与评估》2011年第6期。

霸权理论一直主导着世界话语权的发展。2016年习近平总书记在全国哲学社会科学工作会议上明确提出，"我国哲学社会科学领域的学科体系、学术体系、话语体系建设水平总体不高，学术原创能力还不强"。国家十四五规划特别强调"建成文化强国、增强国家文化软实力"的重要目标。近年来，国内对"学术话语权的缺失""学术话语体系的构建""学术话语权提升策略"等主题进行了广泛的探讨。目前，我国在学术话语、学术议题、学术标准上的能力和水平同我国的综合国力和国际地位还很不相称，存在明显的落差。因此，如何提升我国学术话语权建设总体水平？如何基于文化强国战略理清学术话语权的生成逻辑，构建学术话语权评价体系，提升有效实现路径保障，已成为建设文化强国战略亟须解决的重要课题。

一 中国学术话语权提升路径与推进机制研究

第一，实施"三个提升"路径。（1）提升学术话语内容创新；（2）提升学术话语权平台建设；（3）提升学术话语权的传播力度。

第二，创新推进机制。借鉴国内外经验和理论，创新学术话语权提升的推进机制。包括：（1）自上而下国家战略和社会各界自下而上推动相结合；（2）构建科学可行的学术话语权分类评价指标、对不同领域的学术话语权采取差异化政策支持；（3）激励学术大师参与国际学术议题设置等。

二 中国学术话语权的保障体系研究

第一，创建与完善制度、规划、管理一体化的制度措施。（1）政策保障措施：构建以完善提升学术话语权为主的制度保障措施。（2）合理规划措施：针对不同发展阶段，制度差异性的目标和方案。（3）科学管理支持措施：通过对政策、技术、平台和人才培养的深入研究，构建"政策—平台—技术—人才"一体化的保障措施。

第二，创建学术话语权网络空间和新媒体平台。在大数据、人工智能时代，要利用自身力量创建一流的全媒体多语言的学术传播平台，让中国学术前沿和学术话语传播至更远更广的国际舞台。

第三节　本章小结

本章节主要对中国学术话语权的提升策略和保障机制进行了深入的分析，主要做了以下分析：首先从学术引领力、学术影响力和学术竞争力三个层面提升中国学术话语权进行了详细阐述；其次，从提升学术话语内容创新、平台建设、传播力度等提升路径和创新推进机制进行了分析；最后构建了"政策—平台—技术—人才"一体化的保障措施。

第七章 研究结论与展望

第一节 主要研究结论

学术话语权是当今世界各国政治、经济、文化、科技等领域探讨的重要话题，并受到了国际社会各界广泛的关注；学术话语权代表了一个国家在某一研究领域的学术地位和优势，对学术的引领和发展发挥着重要的作用。在这种背景下，中国学术话语权的评价研究成为当今社会持续探讨和关注的焦点。在国际上，学术话语权的绝对优势和地位整体受欧美国家的支配，大多数国家长期被这些具有话语权优势的国家所引领，失去了自己国家独有或应有的学术话语权，导致这些国家（包括中国）一直没有完全建立起自己的学术话语权，也就是除了受国际上学术话语权占据主导地位国家的支配，自己没有或很难建立一套完整的学术话语权体系，在国际上发挥自己的学术话语权权力。中国的学术话语权与世界上发达国家还存在一定的差距，学术话语权的评价体系亟待进一步建立并逐步完善，在国际竞争和发展较快的大背景下，学术话语权在其中发挥着重要的作用，可以说从一定程度上代表了一个国家的经济、政治和文化发展的综合水平。因此，如何评价中国学术话语权、选取学术话语权指标、整合不同的评价方法、建立话语权综合评价模型，从而从自己的本国实际情况出发构建科学、公正、客观的中国学术话语权评价体系，为中国的决策部门和科研管理机构提供参考。基于以上问题，本书提出了中国学术话语权评价研究。

综合以上分析，本书主要从学术主体视角研究中国学术话语权的产生背景、构成因素等方面，结合相关理论、方法并从多维度进行了实证研究和综合评价。综合运用了社会网络分析理论与方法、引文分析理论与方法、文献信息统计分析方法；评价学理论与方法、学术评价理论方法；话语权理论，包括话语权的定义、要素和作用；中国学术话语权的相关理论，包括中国学术话语权的概念界定、国家关系话语权和学术话语权的核心因素，以及引领力理论、影响力理论和竞争力理论等。基于上述理论和方法构建了中国学术话语权评价体系，选取近10年国际生物学研究领域的高水平论文进行实证研究，并在此基础上对中国学术话语权的提升和发展提出了相关的对策和建议。

本书主要研究结论如下：

第一，基于本研究的选题背景、研究意义和国内外相关主题研究现状，对中国学术话语权评价研究及过程等所涉及的基本理论问题进行了深入的分析和探讨。

在基础理论研究方面，对科学计量学理论与方法、评价学理论与方法、学术评价理论与方法进行了详细的梳理和阐述。其中，科学计量学理论与方法主要包括社会网络分析理论与方法、引文分析理论与方法、文献信息统计分析法等；评价学理论与方法主要包括评价学理论、综合评价理论与方法、比较与分类理论等；学术评价理论与方法主要包括科学评价理论与方法、学术评价理论及方法等；并分别对这些理论的概念及研究方法进行深入的分析和梳理。相关理论和方法为中国学术话语权评价研究奠定了理论基础。

在中国学术话语权理论体系方面，本书首先分析和梳理了话语权、中国学术话语权相关的核心概念，分别对话语权的定义、要素和作用进行深入的分析和探讨；然后对中国学术话语权的概念进行了界定，分别从中国学术话语权的内涵、类型和产生等方面进行了论述；在此基础上，本书对中国学术话语权的相关理论进行了梳理，分别从引领力、影响力和竞争力理论进行深入的探讨；最后，结合相关理论提出了中国学术话语权的评价理论、方法与标准，并对此进行了阐述。

第二，基于学术话语权相关理论基础，分析了中国学术话语权的构成要素，构建了中国学术话语权评价指标体系。

首先，深入分析了学术话语权的内涵、类型和产生，认为学术话语权的产生可从学术主体上分为学术个人、学术机构、学术国家等具体方面来体现学术话语权的产生过程。不同的学术主体所产生的学术话语权不尽相同。同样，学术主体的整体影响对学术话语权的产生也是一个综合影响的过程。其次，本书认为中国学术话语权的构成要素由学术引领力、学术影响力和学术竞争力组成，提出从学术主体层面，从这三个主要要素来评价中国学术话语权。最后，根据单维度评价和综合评价视角，对指标进行了深入的分析、遴选和赋值构建了中国学术话语权评价指标体系，从学术引领力、学术影响力和学术竞争力三个主要指标对学术主体的单维层面指标和综合层面指标进行评价和排名，并对相关方法及优势进行了介绍和验证等。

第三，构建了中国学术话语权评价的指标模型，并对中国学术话语权评价进行了实证分析。

本书选取近10年国际生物学研究领域的10675篇高影响力学术论文作为数据样本进行实证分析，从学术主体视角对中国学术话语权进行评价。实证分析分别从学术主体的单维指标数据和综合指标数据进行全面评价。

对学术主体的单维评价方面，分别从学术作者、机构和国家三个视角对其学术引领力、学术影响力和学术竞争力进行分析和评价。通过社会网络分析法对学术作者的学术引领力评价发现，中国学者的学术引领力整体处于中等左右徘徊，而美国学者在点度中心性、中介中心性和接近中心性中均名列前茅；通过对中国机构的引领力评价分析可知，哈佛大学在点度中心性、中介中心性和接近中心性中均名列前茅，而中国机构的排名整体处于中等水平；就国家的学术引领力而言，中国整体处于中等以上的水平，而美国则遥遥领先，均居榜首。从被引频次、被引网络、耦合网络及学科规范化引文影响力视角对中国学术话语权的学术影响力进行评价分析可知，中国学者、机构和整个国家的整体研究水平在国际上具有一定的学术影响力。从发文数、合作数、基金资助数、使用数等视角对中国学术话语权的学术竞争力进行评价和分析，发现中国的学术竞争力均排名较靠前，对学术竞争力对中国学术话语权的评价结果表明，中国的学术竞争力在国际生物学研究领域具有较高学术地位和影响，在国际上具有相对较高的学术竞争力。

对学术主体的综合评价方面，通过学术话语权综合评价指标权重确定、因子分析、主成分分析等对指标进行融合，再提取公因子等方法对近10年国际生物学研究领域的10675篇高影响力学术论文进行综合评价，得出中国学者的学术话语权评价结果，表明中国作者在国际生物学研究领域的学术话语权具有一定的优势和地位，特别是中国的作者在国际生物学研究领域的学术话语权主要集中在中国科学院动物研究所、中国科学院国家重点实验室植物基因组、北京大学医学院等单位。中国学者的学术话语权评价结果，表明中国机构的学术话语权在国际上具有一定地位和优势，在排名前50位的机构中仅有中国科学院在总排名前20位中。在该列表中，大多数机构来自美国。各国家的学术话语权评价结果表明中国的整体学术话语权在国际上具有较高的地位和优势，在总排名前10位中，大多数国家来自欧美发达国家。

中国学术话语权的单维指标与综合指标体系和评价结果表明了评价结果的全面性和可靠性，最后对中国学术话语权的提升提出了相关的建议和策略。

第二节　研究不足与展望

随着全球化的不断发展，国家之间的竞争日益加剧，话语权的争夺亦日益激烈。近年来，中国经济的快速发展，促使中国的学术话语在国际上的地位和影响力已成为中国学术界和政府部门等关注的焦点。本书力求在研究思路和评价方法等方面进行创新，对中国学术话语权评价等一系列问题进行了系统的研究，并得出了一些有意义的结论，但限于个人学术能力、知识结构、研究时间、研究数据样本等原因，本研究难免存在一些不足之处，后期有待进一步的深化和完善。

（一）在研究内容方面，有待进一步拓展和完善中国学术话语权评价的核心构成要素

中国学术话语权评价是一个涉及面较复杂的研究课题，本书仅从学术主体层面，通过学术引领力、学术影响力和学术竞争力三个核心构成要素进行了研究，而忽略了学术传播力等构成要素。学术传播力可从学

术传播的主体和学术传播的途径或手段对学术传播客体所产生的影响进行综合分析和评价。

（二）在评价体系方面，中国学术话语权的评价指标体系有待进一步的丰富和完善

中国学术话语权评价体系是一个不断的探索和动态研究的过程，本书引入了基于学术引领力、学术影响力和学术竞争力的中国学术话语权评价等指标体系和模型进行评价，但这些指标体系仅从学术主体的层面对中国学术话语权进行了评价和分析，评价对象和评价指标体系有待进一步的丰富和完善。

（三）在研究数据方面，仅以单一的学科领域为研究对象

本研究过程中仅以国际生物学研究领域近10年的高影响力学术论文作为对象，从学术主体层面对学术论文的学术话语权进行了评价。在该学科的评价和研究结果是否可成为其他学科或整体学术评价有待进一步研究和验证。如对各学科的所有学术论文数据的评价、不同学科在不同时间段的学术数据对评价结果的影响以及动态评价和某一时间段学术数据评价的对比研究等，这些都是下一步需要完善和研究的问题。另外，对中国学术话语权评价的大型数据指标的获取和处理上也是需要进一步完善和亟待解决的一个问题。

附　　录

附录1　　　中国学术话语权综合评价得分专家评分表

序号	评分项目	评分分值	专家评分1	专家评分2	专家评分3
1	作者引领力	0—8			
2	作者影响力	0—7.5			
3	作者竞争力	0—7.5			
4	机构引领力	0—8			
5	机构影响力	0—7.5			
6	机构竞争力	0—7.5			
7	国家引领力	0—8			
8	国家影响力	0—7.5			
9	国家竞争力	0—7.5			
10	*中国学者学术话语权	0—10			
11	*中国机构学术话语权	0—10			
12	*中国国家学术话语权	0—11			

评审专家签名：

年　月　日

说明：1. 备注："*"号评分项中任意一项有三位专家打差的，一票否决，不予通过。

2. 得分在85分以上的为"通过"，84分至75分的为"基本通过"，74分至60分的为"原则通过"，59分以下为"不通过"。

3. 打分结果通过去掉一个最高分和一个最低分后的平均分，对外保密。

附录 2　　2019QS 世界大学生物科学专业榜单排名前 50 位

2019	学校	国家/地区	Academic Reputation	Citations per Paper	H-index Citations	Employer Reputation	Overall Score
1	Harvard University	United States	100	94.6	100	100	98.7
2	Massachusetts Institute of Technology (MIT)	United States	95.3	100	94.6	95.7	96.3
3	University of Cambridge	United Kingdom	99.4	89.9	94	97.6	95.5
4	University of Oxford	United Kingdom	98.4	88.5	94.4	95.9	94.7
5	Stanford University	United States	95.9	92.7	94.4	92.7	94.4
6	University of California, Berkeley (UCB)	United States	94.9	93.9	88.7	88.8	92.5
7	ETH Zurich (Swiss Federal Institute of Technology)	Switzerland	98.7	86.5	83.8	91.2	91.2
8	Yale University	United States	90	89.8	90.7	88.7	90
9	University of California, Los Angeles (UCLA)	United States	89.8	89.3	90.9	83.4	89.3
10	California Institute of Technology (Caltech)	United States	91.9	93.8	82.4	80.9	88.9
11	University of California, San Diego (UCSD)	United States	90.4	89.6	91.6	72.1	88.7
12	University of Toronto	Canada	84.8	86.1	92.5	93.2	87.9
13	Cornell University	United States	85.9	89.3	90.6	85	87.8
14	University of California, San Francisco (UCSF)	United States	85.2	93	94.1	67	87.6
15	The University of Tokyo	Japan	90.3	82.8	88.6	85.5	87.5
16	UCL (University College London)	United Kingdom	86.3	86.2	91.7	84.7	87.5
17	Imperial College London	United Kingdom	89.3	84.9	87.9	84.5	87.4

18	National University of Singapore (NUS)	Singapore	89	84.7	86.9	83.6	86.9
19	Columbia University	United States	83.7	90	90.7	81.8	86.8
20	Princeton University	United States	87.8	91	80.7	83.7	86.4
21	University of Edinburgh	United Kingdom	84.8	87.5	88.7	76.1	85.6
22	Johns Hopkins University	United States	81.1	87.8	92.1	81.3	85.5
23	Kyoto University	Japan	89.5	82.7	84	80.3	85.5
24	University of Chicago	United States	81.3	90.6	87.6	79.1	85
25	Ludwig-Maximilians-Universität München	Germany	84.3	85.1	88.5	74.5	84.6
26	University of British Columbia	Canada	83.7	84.5	85.5	83.6	84.3
27	University of Copenhagen	Denmark	82.6	85.5	90.5	72.7	84.3
28	University of Pennsylvania	United States	77.2	89.3	92.8	78.4	84.2
29	McGill University	Canada	81.1	83.6	86.4	90.2	84
30	The University of Melbourne	Australia	80.1	85.2	89.1	83.7	84
31	Karolinska Institute	Sweden	79.3	84.2	90.3	82.5	83.6
32	University of Washington	United States	79.2	87.8	91.8	69.3	83.5
33	Ecole Polytechnique Fédérale de Lausanne (EPFL)	Switzerland	80.1	89.3	81.2	84.9	83.2
34	Ruprecht-Karls-Universität Heidelberg	Germany	81.7	85.5	86.5	74.4	83.1
35	University of Michigan	United States	76.4	87	91.4	79.5	83.1
36	Tsinghua University	China	85.8	82.2	80.6	79.1	82.9
37	The University of Queensland (UQ)	Australia	80.9	83.4	86.5	80	82.8
38	Peking University	China	84.4	80.9	82.7	79.4	82.6
39	Washington University in St. Louis	United States	74.3	90.9	92.6	70.2	82.6
40	Duke University	United States	77.4	85.8	87.5	78.7	82.2

41	Seoul National University (SNU)	South Korea	83.7	78.2	83.6	79.7	81.9
42	University of California, Davis (UCD)	United States	81.4	83.7	84.6	69.7	81.6
43	Nanyang Technological University (NTU)	Singapore	80.3	85.8	80.2	77.1	81.3
44	Australian National University (ANU)	Australia	84.7	83.4	73.6	81	81.2
45	New York University (NYU)	United States	73.2	90.2	87.3	72.9	80.9
46	Rockefeller University	United States	79.4	97	86.1	33.2	80.9
47	Sorbonne University	France	77	83.2	84.6	81.4	80.9
48	University of Hong Kong (HKU)	Hong Kong	81.5	82.5	79.9	76.4	80.8
49	Uppsala University	Sweden	80.6	83.5	84.5	65.9	80.8
50	University of Zurich	Switzerland	75.8	87.4	86.1	70.2	80.7

参考文献

中文文献

蔡程瑞：《国内图情期刊高频编委群体学术影响力研究》，硕士学位论文，郑州大学，2018年。

操菊华、康存辉：《大数据作用于思想政治教育引领力的内在机理与推进机制》，《学校党建与思想教育》2019年第6期。

陈东琼：《马克思主义大众化与中国特色社会主义话语体系的构建》，《思想教育研究》2016年第2期。

陈华雄、王健、高健、侯馨远、邢怀滨：《科学领域学术竞争力评估研究》，《中国科学基金》2017年第4期。

陈堂发：《媒介话语权解析》，新华出版社2007年版。

陈兴德、王萍：《高校学术评价标准与管理文化反思——论CSSCI与现行科研人事考核机制的结合》，《科学学与科学技术管理》2005年第6期。

陈岳、丁章春：《国家话语权建构的双重面向》，《国家行政学院学报》2016年第4期。

程莹、杨颉：《从世界大学学术排名（ARWU）看我国"985工程"大学学术竞争力的变化》，《中国高教研究》2016年第4期。

戴维·诺克、杨松：《社会网络分析》（第二版），上海人民出版社2012年版。

邓验、张苾莹：《大数据时代国家意识形态话语权建构的逻辑进路》，《思想教育研究》2018年第1期。

董凌轩、刘友华、朱庆华：《基于SNA的iConference论文作者合作情况研究》,《情报杂志》2013年第10期。

董月玲、季淑娟:《我国高校学术竞争力的评价分析》,《科技管理研究》2013年第4期。

杜敏:《思想政治教育话语权研究》,博士学位论文,兰州大学,2018年。

段海超、蒲清平:《切实提升网络空间中社会主义意识形态的引领力》,《中国高等教育》2019年第11期。

段庆锋、朱东华:《基于合著与引文混合网络的协同评价方法》,《情报学报》2012年第2期。

冯建军:《构建教育学的中国话语体系》,《高等教育研究》2015年第8期。

福柯:《性史》,张廷琛等译,上海科学技术文献出版社1989年版。

付航:《树立档案学科自信 争取学术话语权》,《中国档案》2013年第3期。

高玉:《中国现代学术话语的历史过程及其当下建构》,《浙江大学学报》(人文社会科学版)2011年第2期。

耿树青、杨建林:《基于引用情感的论文学术影响力评价方法研究》,《情报理论与实践》2018年第12期。

顾立平:《机构合作的科研生产力观测——对灰色文献的文献计量与内容分析实证研究》,《图书情报工作》2011年第12期。

顾岩峰:《高校哲学社会科学学术话语权：中国语意、现实缺憾与提升策略》,《河北大学学报》(哲学社会科学版)2019年第2期。

郭裕湘:《高校学术竞争力内涵与要素系统的新探析》,《国家教育行政学院学报》2016年第2期。

韩维栋、薛秦芬、王丽珍:《挖掘高被引论文有利于提高科技期刊的学术影响力》,《中国科技期刊研究》2010年第4期。

侯剑华:《国际科学合作领域研究的国家合作网络图谱分析》,《科技管理研究》2012年第9期。

侯利文、曹国慧、徐永祥:《关于学术话语权建设的若干问题——兼谈社会学"实践自觉"的可能》,《学习与实践》2017年第12期。

胡钦太:《中国学术国际话语权的立体化建构》,《学术月刊》2013年第

3 期。

胡群、刘文云:《基于层次分析法的 SWOT 方法改进与实例分析》,《情报理论与实践》2009 年第 3 期。

黄宝玲:《权利与权力视域中的网络话语权》,《行政论坛》2015 年第 6 期。

黄家亮:《社会调查与中国社会科学的学术话语权——兼评郑杭生"社会调查系列丛书"》,《中国图书评论》2012 年第 2 期。

黄晓斌:《对网络环境下引文分析评价方法的再认识》,《情报资料工作》2004 年第 4 期。

黄忠:《论十八大后中国国际政治话语体系的构建》,《社会科学》2017 年第 8 期。

纪雪梅、李长玲、许海云:《基于权力指数的引文网络分析方法探讨》,《图书情报工作》2009 年第 24 期。

江海潮、张洪波:《人的竞争力评估指标系统研究》,《科技进步与对策》2004 年第 9 期。

姜万军:《中国科学技术国际竞争力现状、问题与对策》,《科学学研究》1998 年第 3 期。

姜志达:《话语权视角下的社科学术期刊国际化研究》,《出版发行研究》2018 年第 1 期。

蒋盛益等:《数据挖掘原理与实践》,电子工业出版社 2016 年版。

雷顺利:《教育学学术著作影响力分析——基于 Google Scholar 引文数据》,《图书情报知识》2013 年第 4 期。

李东、童寿传、李江:《学科交叉与科学家学术影响力之间的关系研究》,《数据分析与知识发现》2018 年第 12 期。

李丽:《新时代网络思想政治教育话语权的建构路径》,《思想理论教育导刊》2019 年第 3 期。

李丽娜:《习近平国际话语权思想研究》,华南理工大学,2018 年。

李平:《试论中国管理研究的话语权问题》,《管理学报》2010 年第 3 期。

李勤敏、郭进利:《基于主成分分析和神经网络对作者影响力的评估》,

《情报学报》2019年第7期。

李昕、张明明：《SPSS22.0统计分析》，电子工业出版社2015年版。

李秀霞、宋凯：《STCF值：基于研究主题的学术文献影响力评价新指标》，《图书情报工作》2018年第20期。

李友梅：《中国特色社会学学术话语体系构建的若干思考》，《社会学研究》2016年第5期。

李跃艳、熊回香、李晓敏：《基于主成分分析法的期刊评价模型构建》，《情报杂志》2019年第7期。

梁国强、侯海燕、任佩丽、王亚杰、黄福、王嘉鑫、胡志刚：《高质量论文使用次数与被引次数相关性的特征分析》，《情报杂志》2018年第4期。

梁晶、李晶：《高新科技园区竞争力评价指标体系的构建》，《软科学》2011年第9期。

梁小建：《我国学术期刊的国际话语权缺失与应对》，《出版科学》2014年第6期。

梁一戈、杨朝钊：《浅论国家话语权提高的重要性与实践性》，《科学咨询（科技·管理）》2014年第8期。

廖鹏、乔冠华、金鑫、王志锋、贾金忠：《"双一流"中医院校科研基金资助现状与竞争力研究》，《中医杂志》2019年第19期。

林聚任：《社会网络分析：理论、方法与应用》，北京师范大学出版社2009年版。

刘红霞：《我国高校图书馆机构合作现象的社会网络分析》，《情报杂志》2011年第9期。

刘红煦、王铮：《基于"公平性测试"的Altmetrics学术质量评价方法研究》，《图书情报工作》2018年第16期。

刘鸿雁：《微信传播中的思想政治话语权探析》，《中学政治教学参考》2018年第36期。

刘建军：《文学伦理学批评：中国特色的学术话语构建》，《外国文学研究》2014年第4期。

刘军：《整体网络分析讲义》，格致出版社2009年版。

刘俊婉、郑晓敏、王菲菲、冯秀珍：《科学精英科研生产力和影响力的社会年龄分析——以中国科学院院士为例》，《情报杂志》2015年第11期。

刘磊、罗华陶、仝敬强：《从ARWU排行榜看我国高校与世界一流大学的学术竞争力差距》，《高校教育管理》2017年第2期。

刘强、陈云伟：《科学家评价方法述评》，《情报杂志》2019年第3期。

刘盛博、王博、唐德龙、马翔、丁堃：《基于引用内容的论文影响力研究——以诺贝尔奖获得者论文为例》，《图书情报工作》2015年第24期。

刘筱敏、崔剑颖、何莉娜：《国际合作论文中机构贡献度分析——以中国科学院为例》，《图书情报工作》2012年第12期。

刘益东：《摆脱坏国际化陷阱，提升原创能力和学术国际话语权》，《科技与出版》2018年第7期。

刘勇、黄杨森：《网络话语权与重大群体事件网络舆情引导策略研究》，《行政论坛》2018年第4期。

卢凯、卢国琪：《论打造马克思主义中国化话语体系的路径》，《探索》2013年第5期。

卢黎歌、李英豪：《论增强网络空间意识形态凝聚力引领力机制建构》，《学术论坛》2018年第6期。

卢扬、王丹、聂茸、高泖：《基于因子分析法的图书馆信息服务质量评价研究》，《图书情报工作》2016年第S1期。

鲁晶晶、谭宗颖、刘小玲、卫垌圻：《国际合作中国家主导合作研究的网络构建与分析》，《情报杂志》2015年第12期。

鲁炜：《经济全球化背景下的国家话语权与信息安全》，《求是》2010年第14期。

栾春娟、侯海燕、侯剑华：《国际科技政策研究高产国家与机构合作网络》，《科技管理研究》2009年第3期。

栾春娟、林原：《中美能源技术领域机构合作网络比较研究》，《科技管理研究》2016年第14期。

骆郁廷：《新时代如何提升党的思想引领力》，《人民论坛》2019年第

12 期。

骆郁廷、史姗姗：《论意识形态安全视域下的文化话语权》，《思想理论教育导刊》2014 年第 4 期。

骆郁廷、魏强：《论大学生思想政治教育的网络文化话语权》，《教学与研究》2012 年第 10 期。

马力：《大数据环境下人文社会科学评价创新研究》，博士学位论文，武汉大学，2017 年。

马维野：《评价论》，《科学学研究》1996 年第 3 期。

毛荐其、荣雪云、刘娜：《国际合作网络对科学会聚的影响分析》，《科技管理研究》2019 年第 6 期。

毛一国、陈剑光：《我国学者担任国际社科学术期刊编委情况研究——基于 SSCI 收录期刊的统计与分析》，《中国出版》2015 年第 16 期。

毛跃：《论社会主义核心价值观的国际话语权》，《浙江社会科学》2013 年第 7 期。

孟慧丽：《话语权博弈：中国事件的外媒报道与中国媒体应对》，博士学位论文，复旦大学，2012 年。

牟象禹、龚凯乐、谢娟、成颖、柯青：《论文被引频次的影响因素研究——以国内图书情报领域为例》，《图书情报知识》2018 年第 4 期。

欧晓彦：《试论社会主义意识形态的引领力》，《中学政治教学参考》2019 年第 12 期。

潘雪、陈雅：《我国的图情研究生教育质量评价指标体系的构建研究》，《图书馆学研究》2017 年第 17 期。

彭远红、苏磊、韩婧、张广萌、石磊：《中国学术影响力提升之道》，《科技与出版》2018 年第 7 期。

浦墨、袁军鹏、岳晓旭、刘志辉：《国际合作科学计量研究的国际现状综述》，《科学学与科学技术管理》2015 年第 6 期。

邱长波、刘兆恒、张风：《SCI 收录中国主导国际合作论文被引频次研究》，《情报科学》2014 年第 8 期。

邱均平、柴雯、马力：《大数据环境对科学评价的影响研究》，《情报学报》2017 年第 9 期。

邱均平、文庭孝等：《评价学理论、方法和实践》，科学出版社 2010 年版。

邱均平等：《科学计量学》，科学出版社 2016 年版。

邱仁富：《论新时代社会主义意识形态的凝聚力和引领力》，《学校党建与思想教育》2018 年第 16 期。

邱咏梅：《建构一种科学系统和公正的学术评价标准——兼论学术的量化评价标准问题》，《学位与研究生教育》2004 年第 8 期。

权衡：《构建中国特色经济学话语体系要有科学的价值功能和定位》，《中共中央党校学报》2018 年第 3 期。

桑明旭：《加强社会主义核心价值观的网络话语权建设》，《思想理论教育导刊》2017 年第 4 期。

邵瑞华、沙勇忠、李亮：《机构合作网络与机构学术影响力的关系研究——以图书情报学科为例》，《情报科学》2017 年第 3 期。

邵娅芬：《经济学科的国际学术话语权研究》，上海交通大学，2011 年。

沈国麟、樊祥冲、张畅：《争夺话语权：中俄国家电视台在社交媒体上的话语传播》，《新闻记者》2019 年第 4 期。

沈利华、缪家鼎、陈国钢、何晓薇、余敏杰、李红：《"客观同行评议"方法探索性研究——一种基于引文分析法的学术论文影响力评价方法》，《图书情报工作》2012 年第 18 期。

沈壮海：《试论提升国际学术话语权》，《文化软实力研究》2016 年第 1 期。

石丽、秦萍、陈长华：《基于灰靶理论的顶尖大学联盟学术竞争力及障碍因素研究》，《情报杂志》2018 年第 10 期。

舒予：《基于因子分析和方差最大化模型的科研评价指标体系构建》，《情报杂志》2015 年第 12 期。

双传学：《提升党的思想引领力的内在逻辑与时代回应》，《中国特色社会主义研究》2019 年第 2 期。

宋瑶瑶、李陞、王雪、杨国梁：《国家科研竞争力评价——以 OECD 国家基础医学领域为例》，《科技导报》2019 年第 14 期。

苏新宁、王东波：《学术评价相关问题与思考》，《信息资源管理学报》

2018 年第 3 期。

苏云梅、武建光：《关于学术评价指标——学术迹的探讨》，《情报理论与实践》2015 年第 12 期。

孙海生：《文献耦合网络与同被引网络比较实证研究——以 Scientometrics 载文为例》，《现代情报》2019 年第 4 期。

孙鸿飞、侯伟、于淼：《我国情报学研究方法应用领域作者合作关系研究》，《情报科学》2015 年第 4 期。

檀有志：《国际话语权视角下中国公共外交建设方略》，中国社会科学出版社 2016 年版。

汤建民、邱均平：《评价科学在中国的发展概观和推进策略》，《科学学研究》2017 年第 12 期。

汤强、王亚民：《基于领域贡献值的核心著者评价》，《情报科学》2016 年第 4 期。

唐扬、张多：《权力、价值与制度：中国国际话语权的三维建构》，《社会主义研究》2019 年第 6 期。

陶俊：《体裁、社会效应与学术竞争力——图书情报学科高被引论文内容结构考察》，《图书情报工作》2016 年第 1 期。

陶文昭：《论中国学术话语权提升的基本因素》，《中共中央党校学报》2016 年第 5 期。

陶蕴芳：《学术话语权视域下我国政治认同与道路自信研究——兼论中国学术话语体系的构建》，《社会主义研究》2016 年第 1 期。

田养邑、周福盛：《论中国特色教育学术话语体系的新时代构建》，《国家教育行政学院学报》2018 年第 5 期。

涂静、李永周、张文萍：《国际合作网络结构与高被引论文产出的关系研究》，《图书馆杂志》2019 年第 7 期。

汪馨兰：《辩证观：破解马克思主义学术话语传播困境的新视角》，《学习论坛》2018 年第 6 期。

王保成：《论学科馆员核心竞争力》，《图书情报工作》2011 年第 S2 期。

王博：《学术引领者的担当》，《文献》2019 年第 3 期。

王冬梅、吴锦春：《网络时代提升社会主义主流文化引领力的挑战与对策》,《思想理论教育》2014年第3期。

王菲菲、芦婉昭、贾晨冉、黄雅雯:《基于论文——专利机构合作网络的产学研潜在合作机会研究》,《情报科学》2019年第9期。

王菲菲、王筱涵、刘扬:《三维引文关联融合视角下的学者学术影响力评价研究——以基因编辑领域为例》,《情报学报》2018年第6期。

王福军:《国际竞争力的来源:波特的解释》,《南京社会科学》1999年第11期。

王军权:《网络话语权的规制模式研究》,《法律适用》2015年第2期。

王莉:《对国际竞争力评价指标体系的理论思考》,《国际经贸探索》1999年第4期。

王兴:《国际学术话语权视角下的大学学科评价研究——以化学学科世界1387所大学为例》,《清华大学教育研究》2015年第3期。

王岩:《对加强我国国家话语权的思考》,《传承》2015年第7期。

王永贵、王建龙:《微时代背景下提升社会主义主流文化引领力探析》,《探索》2018年第4期。

王瑜:《高校学术评价机制研究》,《科技管理研究》2009年第4期。

文庭孝、邱均平:《对科学评价作用与价值的再认识》,《科技管理研究》2007年第9期。

文庭孝、邱均平:《论科学评价理论研究的发展趋势》,《科学学研究》2007年第2期。

吴登生、李若筠:《中国管理科学领域机构合作的网络结构与演化规律研究》,《中国管理科学》2017年第9期。

吴伟、姜天悦、余敏杰:《我国高水平大学基础研究与世界一流水平的群体性差距——基于学科规范化的引文影响力分析》,《现代教育管理》2017年第4期。

吴贤军:《中国国际话语权构建:理论、现状和路径》,复旦大学出版社2017年版。

吴晓明:《论当代中国学术话语体系的自主建构》,《中国社会科学》2011年第2期。

吴新叶:《中国社会治理话语体系的当代建构》,《中国高校社会科学》

2018 年第 3 期。

吴志红、胡志荣、杨鲁捷、曹艳：《基于数据库分析的机构发文量及学术影响力实证研究》，《情报科学》2013 年第 11 期。

伍婵提、童莹：《我国人文社科学术期刊国际话语权提升路径》，《中国出版》2017 年第 15 期。

席晓宇、黄元楷、李文君、裴佩、陈磊：《构建我国医院药学服务体系的评价指标体系》，《中国医院药学杂志》2019 年第 4 期。

袭继红、韩玺、吴倩倩：《国际合作对论文影响力提升的作用研究——以外科学为例》，《情报杂志》2015 年第 1 期。

徐娟：《我国高校的科研竞争力——基于 InCites 数据库的比较分析》，《复旦教育论坛》2016 年第 2 期。

薛霁、鲁特·莱兹多夫、叶鹰：《学术评价的多变量指标探讨》，《中国图书馆学报》2017 年第 4 期。

薛欣欣：《我国高校教育学院学术竞争力比较研究——基于 2018 年 16 家高等教育研究最具影响力期刊的载文统计》，《中国高教研究》2019 年第 9 期。

杨林坡：《中美新型大国关系：话语表述及认知差异》，《燕山大学学报》（哲学社会科学版）2014 年第 4 期。

杨荣刚、俞良早：《马克思主义意识形态学术话语建设的学理、困境与建构》，《思想教育研究》2018 年第 4 期。

杨瑞仙、李贤、李志：《学术评价方法研究进展》，《情报杂志》2017 年第 8 期。

杨兴林：《学术评价的内涵、异化及本真回归》，《高教发展与评估》2016 年第 6 期。

杨英伦、杨红艳：《学术评价大数据之路的推进策略研究》，《情报理论与实践》2019 年第 5 期。

姚冬梅：《论学术出版社在构建中国学术国际话语体系中的作用——以社会科学文献出版社探索与实践为例》，《出版广角》2018 年第 11 期。

姚晓丹：《学术评价标准面临挑战》，《中国社会科学报》2016 年 10 月 12 日第 003 版。

叶继元：《近年来国内外学术评价的难点、对策与走向》，《甘肃社会科学》2019年第3期。

叶继元：《人文社会科学评价体系探讨》，《南京大学学报》（哲学·人文科学·社会科学版）2010年第1期。

叶继元：《图书馆学期刊质量"全评价"探讨及启示》，《中国图书馆学报》2013年第4期。

易基圣：《基于文献计量学的期刊编委遴选方法》，《编辑学报》2017年第1期。

殷文贵、王岩：《新中国70年中国国际话语权的演进逻辑和未来展望》，《社会主义研究》2019年第6期。

尹金凤、胡文昭：《如何提升中国学术的话语权——兼论学术期刊编辑的问题意识与学术使命》，《中国编辑》2018年第7期。

曾繁仁：《学术评价体系应该从重数量转到重质量》，《中国高等教育》2007年第17期。

张博颖：《论社会主义核心价值体系的引领力》，《理论前沿》2009年第8期。

张瑞雅、王集令：《如何让青年群体引领中国未来》，《人民论坛》2013年第5期。

张希华、张东鹏：《高等学校学术评价体系构建研究》，《科技管理研究》2013年第20期。

张新平、庄宏韬：《中国国际话语权：历程、挑战及提升策略》，《南开学报》（哲学社会科学版）2017年第6期。

张雪、张志强、陈秀娟：《基于期刊论文的作者合作特征及其对科研产出的影响——以国际医学信息学领域高产作者为例》，《情报学报》2019年第1期。

张岩峰、陈长松、杨涛、左俐俐、丁飞：《微博用户的个性分类分析》，《计算机工程与科学》2015年第2期。

张扬南：《论核心期刊与学术评价标准》，《高校理论战线》2007年第1期。

张玉、潘云涛、袁军鹏、苏成、马峥、刘娜、殷蜀梅、张群：《论多维视角下中文科技图书学术影响力评价体系的构建》,《图书情报工作》2015 年第 7 期。

张正堂:《中国管理科学学术话语权构建与高校科研行为引导》,《南京社会科学》2016 年第 11 期。

张志洲:《提升学术话语权与中国的话语体系构建》,《红旗文稿》2012 年第 13 期。

张祖尧、许惠儿、薛荣:《提高高校学报学术竞争力对策研究》,《中国科技期刊研究》2007 年第 2 期。

赵丽涛:《我国主流意识形态网络话语权研究》,《马克思主义研究》2017 年第 10 期。

赵修卫:《区域竞争力基础的多元化及其思考》,《中国软科学》2003 年第 12 期。

赵云泽、付冰清:《当下中国网络话语权的社会阶层结构分析》,《国际新闻界》2010 年第 5 期。

郑杭生:《学术话语权与中国社会学发展》,《中国社会科学》2011 年第 2 期。

郑杭生、黄家亮:《"中国故事"期待学术话语支撑——以中国社会学为例》,《人民论坛》2012 年第 12 期。

郑佳之、张杰:《一种个人学术影响力的评价方法》,《中国科技期刊研究》2007 年第 6 期。

郑楼先、库耘:《提升高校学术期刊核心竞争力的思考》,《科技进步与对策》2005 年第 9 期。

仲明:《从情报学角度看社会科学学术评价》,《情报资料工作》2004 年第 6 期。

周建森:《出版做实"党建+"提升引领力》,《中国出版》2016 年第 11 期。

朱浩:《学术竞争力:世界一流大学的重要标志》,《高教发展与评估》2011 年第 6 期。

祝琳琳、杜杏叶、李贺:《知识生产视角下学术论文质量自动评审指标体系构建研究》,《图书情报工作》2018 年第 24 期。

邹冰冰:《情报研究成果评价指标体系及评价方法》,《情报学报》1992年第4期。

外文文献

Anderson, T., "The Doctoral Gaze: Foreign Phd Students' Internal And External Academic Discourse Socialization", *Linguistics and Education*, 2017, 37.

Azeem, M., "Identifying Factor Measuring Collective Leadership at Academic Workplaces", *International Journal of Educational Management*, 2019, 33 (06).

Balsa, "A Peer and Parental Influence in Academic Performance and Alcohol use", *Labour Economics*, 2018 (55).

Benelhadj, F., "Discipline and Genre in Academic Discourse: Prepositional Phrases as a Focus", *Journal of Pragmatics*, 2019, 139.

Bennett K., "Academic Discourse in Portugal: A Whole Different Ballgame?", *Journal of English for Academic Purposes*, 2010, 9 (1).

Besancenot, Damien; Maddi, Abdelghani, "Should Citations be Weighted to Assess the Influence of an Academic Article?", *Scientometrics*, 2019, 39 (01).

Bogdanova, L. I., "Academic Discourse: Theory and Practice", *Cuadernos de Rusistica Espanola*, 2018, 14.

Borch, Anita, "Food Security and Food Insecurity in Europe: An Analysis of the Academic Discourse (1975–2013)", *Appetite*, 2016, 103.

Borgatti, S. P., "Centrality and AIDS", *Connections*, 1995, 18.

Boudon, E., "Multisemiotic Artifacts and Academic Discourse of Economics: Knowledge Construction in the Textbook Genre", *Revista SignosI*, 2014, 47 (85).

Brink, P. A., "What is in a Number: the Impact Factor, Citation Analysis and 30 Years of Publishing the Cardiovascular Journal of Africa", *Cardiovascular Journal of Africa*, 2019, 30 (6).

Brusenskaya, L. A. , "Imitation, Informational Value and Phatic Communication in the Genres of Academic Discourse", *Vestnik Rossiiskogo Universiteta Druzhby Narodov-Seriya Lingvistika-Russian Linguistics*, 2019, 23 (1).

Burger A. , *Science Citation Index*, Science Citation Jndex, Institute for Scientific Information, Inc. 1961.

Charo Rodríguez, Sofía López-Roig, Pawlikowska T. , et al. , "The Influence of Academic Discourses on Medical Students' Identification With the Discipline of Family Medicine", *Academic Medicine*, 2014, 90 (5).

Cherry, S. , "Diversity in Leadership Promotes Great Science", *Cell Host & Microbe*, 2020, 27 (3).

Clyne, M. , "Cross-Cultural Responses to Academic Discourse Patterns", *Folia Linguistica*, 1988, 22 (3).

Cmejrkova, S. , "Intercultural Dialogue and Academic Discourse", *Dialogue and Culture*, 2007, 1.

Cronin B. , Sugimoto C. , *Beyond Bibliometrics: Harnessing Multidimensional Indicators of Scholarly Impact*, MIT Press, 2014.

Donald L. Gilstrap, "A Complex Systems Framework for Research on Leadership and Organizational Dynamics in Academic Libraries", *Portal Libraries & the Academy*, 9 (1).

Duff P. A. , "Language Socialization into Academic Discourse Communities", *Annual Review of Applied Linguistics*, 2010, 30.

Duszak, A. , "Academic Discourse and Intellectual Styles", *Journal of Pragmatics*, 1994, 21 (3).

Elena-Mădălina Vătămănescu, Andrei A. G. , Dumitriu D. L. , et al. , "Harnessing Network-based Intellectual Capital in Online Academic Networks. From the Organizational Policies and Practices Towards Competitiveness", *Journal of Knowledge Management*, 2016, 20 (3).

Fiorentino, G. , "Problematic Aspects of the Academic Discourse: An Analysis of Dissertation Abstracts", *Cuadernos de Filollogia Italiana*, 2015, 22.

Flowerdew J. , Wang, Simon Ho, "Identity in Academic Discourse", *Annual*

Review of Applied Linguistics, 2015, 35 (35).

Freeman L. C., "Centrality in Social Networks: Conceptual Clarification", *Social Network*, 1979 (1).

Garfiel E., "Dcitation Index for Science", *Science*, 1955, 122 (3159).

Gil L. V., "Juan Carlos Hernández Beltrán, Eva García Redondo. PISA as a Political Tool in Spain: Assessment Instrument, Academic Discourse and Political Reform", *European Education*, 2016, 48 (2).

Giner-Mira, I., "Factors that Influence Academic Performance in Physical Education", *Apunts Educacion Fisicay Deportes*, 2020 (139).

Gl Nzel W., Gorraiz J., "Usage Metrics Versus Altmetrics: Confusing Terminology?", *Scientometrics*, 2015, 102 (3).

Heyns, E. P., "Unsubstantiated Conclusions: A Scoping Review on Generational Differences of Leadership in Academic Libraries", *Journal of Academic Librarianship*, 2019, 45 (05).

Hong, S. K., "Geography of Hallyu Studies: Analysis of Academic Discourse on Hallyu in International Research", *Korea Journal*, 2019, 59 (2).

Horolets, A., "Ignorance as an Outcome of Categorizations: The 'Refugees' in the Polish Academic Discourse before and after the 2015 Refugee Crisis", *East European Politics And Societies*, 2019, (11).

Hyland K., Bondi M., "Academic Discourse Across Disciplines", *English for Specific Purposes*, 2010, 29 (4).

Hyland, K., "Bundles in Academic Discourse", *Annual Review of Applied linguistics*, 2012, 32.

Hyland, K., "Stance and Engagement: a Model of Interaction in Academic Discourse", *Discourse Studies*, 2005, 7 (2).

Itakura H., Tsui A. B. M., "Evaluation in Academic Discourse: Managing Criticism in Japanese and English Book Reviews", *Journal of Pragmatics*, 2011, 43 (5).

James K., Quirk A., "The Rationale for Shared Decision Making in Mental Health Care: A Systematic Review of Academic Discourse", *Mental Health*

Review Journal, 2017, 22 (3).

Jeon, M. M., "Influence of Website Quality on Customer Perceived Service Quality of a Lodging Website", *Journal of Quality Assurance In Hospitality & Tourism*, 2016, 17 (04).

Jiang, J. X., "Implicit Evaluation in Academic Discourse: A Systemic Functional Perspective", *Australian Journal of Linguistics*, 2020, (3).

Jones S., "Book review: Cosmopolitan Perspectives on Academic Leadership in Higher Education", *Management in Education*, 2019, 33 (1).

Jovilė Barevičiūtė, "Problems of Epistemology and Political Philosophy in the Academic Discourse", *Problemos*, 2007, 71.

Kayumova, A. R., "English-Russian Academic Discourses: Points Of Convergence And Divergence", *Modern Journal of Language Teaching Methods*, 2017, 7 (9).

Kessler M., "Bibliographic Coupling Between Scientific Papers", *American Documentation*, 1996 (14).

Kohtamäki, Vuokko, "Academic Leadership and University Reform-guided Management Changes in Finland", *Journal of Higher Education Policy and Management*, 2018.

Kraus, H. C., "Politics of the Scholors, Social Sciences and Academic Discourse in Germany in the 19th and 20th Century", *Historische Zeitschrift*, 2008, 297 (3).

Kutz E., "Between Students Language and Academic Discourse: Interlanguage as Middle Ground", *College English*, 1986, 48 (4).

Lehman, I. M., "Social Identification and Positioning in Academic Discourse: An English-Polish Comparative Study", *Academic Journal of Modern Philology*, 2015, 4.

Lengyel, D., "Academic Discourse and Joint Construction in Multilingual Classrooms", *Zeitschrift Für Erziehungswissenschaft*, 2010, 13 (4).

Li, Y. J., "A Study on the Construction of Academic Discourse Right of Chinese University Think Tank", *3RD Interntational Conference on Education

Reform and Modern Management, 2016.

Limberg, H., "Discourse Structure of Academic Talk in University Office Hour Interactions", *Discourse Studies*, 2007, 9 (2).

Liu, X. D., "Understanding Users' Continuous Content Contribution Behaviours on Microblogs: An Integrated Perspective of Uses and Gratification Theory and Social Influence Theory", *Behaviour & Information Technology*, 2019, 39 (05).

Lorenz, Judith, "Robotic Surgery: How Strongly does Industry Influence the Academic Research?", *Zentralblatt Fur Chirurgie*, 2019, 144 (03).

Lumby, J., "Leadership and Power in Higher Education", *Studies in Higher Education*, 2019, 44 (9).

MacDonald, S. P., "Data-Driven and Conceptually Driven Academic Discourse", *Written Communication*, 1989, 6 (4).

Maria K., Mauranen Anna, "Digital Academic Discourse: Texts and Contexts", *Discourse Context & Media*, 2018, 24.

Marta, M. M., "Written Academic Discourse and the Medical Discourse Community", *Discourse As A Form of Multiculturalism in Literature and Communication-Language and Discourse*, 2015.

Masood, A., "Speaking out: A Postcolonial Critique of the Academic Discourse on Far-right Populism", *Organization*, 2020, 27 (01): 162 – 173.

Moed H. F., "New Developments in the Use of Citation Analysis in Research Evaluation", *Archivum Immunologiae Et Therapiae Experimentalis*, 2009, 57 (1).

Mohnot, Hina, "The Impact of Some Demographic Variables on Academic Leadership Preparedness in Indian Higher Education", *Journal of Further & Higher Education*, 2017.

Mungra, P., "Commonality And Individuality In Academic Discourse", *Peter Lang*, 2010, 19.

None, "Academic Freedom And Competitiveness", *Chemical & Engineering*

News Archive, 2014, 92 (18): .

Oleksiyenko, A., "Intellectual Leadership and Academic Communities: Issues for Discussion and Research", *Higher Education Quarterly*, 2019, 73 (04).

Omondi-Ochieng, P., "Resource-based Theory of College Football Team Competitiveness", *International Journal of Organizational Analysis*, 2019, 27 (4).

Pallant, J. I., "An Empirical Analysis of Factors that Influence Retail Website Visit Types", *Journal of Retailing and Consumer Services*, 2017, 39.

Papatsiba, Vassiliki, "Policy Goals of European Integration and Competitiveness in Academic Collaborations: An Examination of Joint Master's and Erasmus Mundus Programmes", *Higher Education Policy*, 2014, 27 (1).

Pierre Bourdieu, *Language and Symbolic Power*, Harvard University Press, 1999.

Refugio Romo-Gonzalez, Jose, "Assesing the Academic Competitiveness Impact of Library Information Resources with Structural Equation Models", *Ibersid-Revista De Sistemas De Informacion Y Documentacion*, 2018, 12 (01).

Ren, Shengli, "Enhancing the International Competitiveness of China's Academic Journals Under the Background of Cultivating World-leading Scientific Journals", *Chinese Science Bulletin-Chinese*, 2019, 64 (03).

Ruiz, T. C. D., "Competitiveness and Innovation: Theory Versus Practice in the Measurement of Tourism Competitiveness", *Periplo Sustentable*, 2019, (36).

Semenenko, I. S., "Nations, Nationalism, National Identity: New Dimensions in Academic Discourse", *Mirovaya Ekonomika i Mezhdunarodnye Otnosheniya*, 2015, 59 (11).

Shen, S., "A Refined Method for Computing Bibliographic Coupling Strengths", *Journal of Informetrics*, 2019, 13 (2).

Slaughter S., Rhoades G., "The Emergence of a Competitiveness Research and Development Policy Coalition and the Commercialization of Academic

Science and Technology", *Science Technology & Human Values*, 1996, 21 (3).

Sotelo, X., "Differences and Similarities in the Discourse of Equality in Cross Cultural Academic Dialogues Europe-China", *CLCWeb-Comparative Literature and Culture*, 2018, 20 (2): SI.

Spack R., "Initiating ESL Students into the Academic Discourse Community: How Far Should We Go?", *Tesol Quarterly*, 1988, 22 (1).

Squazzoni, F., "Scientometrics of Peer Review", *Scientometrics*, 2010, 113 (0).

Starr, J. P., "On Leadership: Planning for Equity", *Phi Delta Kappan*, 2019, 101 (3).

Swales, J., "Disciplinary Identities: Individuality and Community in Academic Discourse", *Journal of Second Language Writing*, 2013, 22 (1).

S. Alper, P. M. Retish, "The Influence of Academic Information on Teachers' Judgments of Vocational Potential", *Except Child*, 1978, 44 (7).

Tahamtan, Iman; Afshar, Askar Safipour; Ahamdzadeh, Khadijeh, "Factors Affecting Number of Citations: a Comprehensive Review of The Literature", *Scientometris*, 2016, 107 (3).

Teixeira, Aurora A. C., "Ferreira, Cada. Intellectual Property Rights and the Competitiveness of Academic Spin-offs", *Journal of Innovation & Knowledge*, 2018, 4 (03).

Tinning, Richard, "'I Don't Read Fiction': Academic Discourse and the Relationship Between Health and Physical Education", *Sport, Education and Society*, 2015, 20 (6).

Tsui, Christine, "The Evolution of the Concept of 'Design' in PRC Chinese Academic Discourse: A Case of Fashion Design", *Journal of Design History*, 2016, 29 (4).

Ulysse B., Berry T. R., Jupp J. C., "On the Elephant in the Room: Toward a Generative Politics of Place on Race in Academic Discourse", *International Journal of Qualitative Studies in Education*, 2016, 29 (8).

Vanclay, J. K., "Factors Affecting Citation Rates in Environmental Science", *Journal of Informetric*, 2013, 7 (2).

Wang S. "Academic Discourse Socialization: A Case Study on Chinese Graduate Students' Oral Presentations", *Dissertations & Theses-Gradworks*, 2009.

Wang, S., "Oral Academic Discourse Socialization of an ESL Chinese Student: Cohesive Device Use", *Interantional Journal of English Linguistics*, 2016, 6 (1).

Watts D. J., Strogatz S. H., "Collective Dynamics of 'Small World' Networks", *Nature*, 1998, 393 (6684).

Williams, Ian A., "Cultural Differences in Academic Discourse: Evidence fom First-person Verb Use in the Methods Sections of Medical Research Articles", *International Journal of Corpus Linguistics*, 2010, 15 (2).

Xiao Y., "Academic Discourse: English in a Global Context", *Journal of English for Academic Purposes*, 2011, 10 (3).

Zhao F., Zhang Y., Lu J., et al., "Measuring Academic Influence Using Heterogeneous Author-citation Networks", *Scientometrics*, 2019, 118 (03).

Zhou Z., Shi C., Hu M., et al., "Visual Ranking of Academic Influence Via Paper Citation", *Journal of Visual Languages & Computing*, 2018, 48 (10).

网络文献

《引领汉典》，［2019－09－26］，https：//baike.baidu.com/item/引领/5334215？fr＝aladdin#reference-［1］-1812235-wrap。

《话语权》，［2019－8－21］，https：//baike.baidu.com/item/话语权/11020616？fr＝aladdin。

张其瑶：《没有科学评价就没有科学管理———访中国科学评价研究中心主任、武汉大学教授邱均平》，http：//www.cas.cn/xw/kjsm/gndt/200906/t20090608_639305.shtml。

《影响力概念》，［2019－9－23］，https：//baike.baidu.com/item/影响力/3348。

在线新华字典：《话语权》，[2019-9-12]，http://xh.5156edu.com/html5/z3975m9969j372041.html。

《竞争力》，[2019-9-30]，https://baike.baidu.com/item/%E7%AB%9E%E4%BA%89%E5%8A%9B/81519。

《QS世界大学排名》，[2019-12-26]，https://baike.so.com/doc/6748930-6963476.html#refff_6748930-6963476-3。